犹太人智慧
YOUTAIRENZHIHUI

郎东波　编著

图书在版编目（CIP）数据

犹太人智慧 / 郎东波编著. — 长春：吉林文史出版社，2019.6（2023.4 重印）

ISBN 978－7－5472－6202－3

Ⅰ. ①犹… Ⅱ. ①郎… Ⅲ. ①犹太人－人生哲学－通俗读物 Ⅳ. ①B821－49

中国版本图书馆 CIP 数据核字（2019）第 102046 号

犹太人智慧

编　　著：郎东波
责任编辑：程明
封面设计：点滴空间
出版发行：吉林文史出版社有限责任公司
电　　话：0431－81629369　　邮编　130118
地　　址：长春市福祉大路出版集团 A 座
网　　址：www. jlws. com. cn
印　　刷：北京一鑫印务有限责任公司
开　　本：165mm×235mm 1/16
印　　张：20
印　　次：2019 年 6 月第 1 版　2023 年 4 月第 2 次印刷
书　　号：ISBN 978－7－5472－6202－3
定　　价：68.00 元

前　言

不管你承不承认，犹太民族的确是当今世界上优秀的民族之一，这是事实！

他们中涌现出了大批世界级的科学巨匠、思想艺术的大师、顶级的政治家、卓越的外交能手、石油王国的巨子、传媒帝国的巨擘、华尔街的天才精英、好莱坞的娱乐大亨……上帝显然对这个民族十分眷顾，让他们在饱受了长久的颠沛流离之苦后，得到了应该得到的一切。虽然犹太人口在世界所占的比例仅为 0.3%，但却掌握着世界的经济命脉。在富饶的美国，犹太人所占人口的比例仅为 3%，但是在《财富》杂志评选出来的超级富翁中，犹太裔企业家却占 20%～25%。在全世界顶级的富豪中，犹太人竟然占到一半。迄今为止，获诺贝尔奖的犹太人已超过 240 人，是世上各民族平均数的 28 倍。可以说，犹太人的左手拿着巨额的财富，右手捧着堆积如山的诺贝尔奖牌，屹立于世界民族之林，颇有独孤不败、笑傲江湖的意味。

难道犹太人果真有类似于"独孤九剑""乾坤大挪移"这样的武林秘籍？事实上，他们确实有秘籍，不过不是那种武林秘籍，而是有关经商、教育方面的智慧宝典，比如大家所熟知的《塔木德》《财箴》。

对于犹太人来说，《塔木德》就是他们日常生活的伴侣，因为这本书的内容很庞杂，可谓卷帙浩繁、头绪纷纭，大至宗教、律法、民俗、伦理、医学，小到饮食起居、洗浴穿衣等无所不含。

相传大约在公元前 400 年左右，犹太民族的先人留下了一本《财箴》，它曾在犹太人中广泛流传，并被奉为掌握理财、创富技巧的宝典。但是自公元136 年，犹太人被罗马人强行驱逐出巴勒斯坦成为"难民"以后，《财箴》也随之消失了……

后来，曾有一个名叫科比的犹太富豪出高价作担保，拿到了一份珍贵的羊皮卷，并利用高科技手段对文字进行了模拟复原。经过许多犹太专家多方史料的查证，终于确认羊皮卷上的内容正是犹太民族消失了近两千年的那部"如何面对和获取财富的理财圣典"——《财箴》。

其后，专家们进一步发现《财箴》的内容很简练，也很精辟，处处显示着犹太式的智慧。

此外，犹太人还有一部专门讲述独特家庭教育方法的典籍，那就是《诺末门》。《诺末门》是犹太人的家教圣经。作为一种培养人才的先进教育理念和完备的教育体系，它已经在世界上流行了三千多年。在犹太人看来，成功的秘密就是教育，而《诺末门》就是教育的经典，许久以来，它在每一个犹太家庭中流传。

本书在充分汲取《财箴》《塔木德》智慧的基础上，融入了《诺末门》的思想精华，堪称是一本有关犹太人智慧的百科全书。书中共分五卷，卷一结合几千年来犹太民族经典的经商事例，重点从"金钱观""经商术""理财法"等几个方面来集中阐述犹太人的智慧；卷二通过一个个生动典型的故事，从生存教育、学习教育和品质教育等方面阐释了《诺末门》成功的教育体系；卷三着重介绍了金融巨鳄索罗斯等犹太富豪的一些投资手腕，可以给正在进行投资理财的朋友一些指导性意见；卷四再现了犹太巨富们的发家史，其中的一些故事跌宕起伏、扣人心弦，包括充满神秘色彩的罗斯柴尔德家族；卷五重点介绍了犹太人的一些思维方式、方法，它的价值也不容忽视，你可以通过此部分来体悟自己的思维方式与犹太人有何异同，或许能通过一个个精彩纷呈的故事发觉犹太人获取巨额财富的真正奥秘。

最后，希望读者们能够从中受到智慧的启迪，并且变得更加优秀！

目　录

卷一　财箴——犹太人的财富秘籍

卷二　善投资，巧管理——向犹太人学习经管之道

卷三　财富博弈——解读不一样的犹太巨富

卷一　财箴

——犹太人的财富秘籍

唯有懂得金钱真正意义的人，才会致富。

第一篇 金钱观

金钱是上帝给的礼物

金钱是对人生的美好祝福，是上帝赐给人的礼物。

——《财箴》

不论在古代还是现代，金钱在社会中的作用是不可低估的。犹太人这样说："富亲戚是近亲戚，穷亲戚是远亲戚。"犹太人的历史一再地验证了这个事实。当他们没有金钱的时候，就处于社会的底层，人们都看不起他们，说他们是"犹太鬼"，他们走到哪里都会受到凌辱和压迫。而等到他们有了钱，就可以和贵族平起平坐，让人们对他们钦慕和妒忌不已。

犹太人终于认识到：在社会中，没有钱的人注定是可怜的人，而要获得尊严、受到尊敬就必须有钱。

在驻日联合国某司令部，犹太士兵总是无端地受到歧视，根本没有尊严可谈。犹太士兵只要走过，白人士兵必然要满怀憎恨而轻蔑地骂一声"犹太鬼"，任何人都可以随便地挖苦犹太士兵，而犹太士兵虽然恼火却无可奈何。

有个叫威尔逊的犹太人，由于他的军衔低微，因此，更是受尽了白人士兵和高级军官们的歧视。大家都看不起他，背地里经常议论他，他也饱尝了各种侮辱。但是他拥有智慧的头脑。威尔逊一开始口袋里也没有钱，他就省吃俭用，积攒一小笔钱，然后把这笔钱借贷出去。

在白人士兵里花钱大手大脚的现象很普遍，他们总是等不到发薪水的时候就囊中羞涩。他们看到威尔逊有钱，就迫不及待地向他借。威尔逊就借钱给他们，同时还要求他们在一个月内还清，且附带高额的利息，但是那些士兵们早就管不了那么多了。

威尔逊收到这些利息之后总是继续攒起来再借贷给那些士兵们。对于没有钱可还的人，威尔逊就让他们把一些值钱的东西做抵押，然后再高价卖出去。

这样，过了没多久，威尔逊就过上了富裕的生活。他还买了两部车和房子，变成了士兵里面的"大款"。这些待遇即使是高级军官也未必可以享受得到。那些经常过山穷水尽、灰头土脸日子的白人士兵，对威尔逊羡慕不已。威尔逊用富有为自己赢得了尊严。

有了金钱，你就拥有了大家仰慕的生活方式；有了大家对你的恭维和羡慕；你还有了发言的权利。富有的愚人的话人们会洗耳恭听，而贫穷的智者的箴言却没有人去听。

在今天，金钱已经是成功的标志和人生价值的重要衡量标准，在某些人的眼里甚至已经成为唯一的衡量标准。

犹太人认为金钱是上帝给的礼物，是上帝给人以美好人生的祝福。他们对金钱的热爱不仅仅局限于现实生存的需要，而将其视为一种精神的寄托，更是美好人生的必需的手段和工具。简言之，金钱成为犹太人现实的上帝。追溯起来，犹太人的这种金钱观是有着深厚的历史渊源的。众所周知，几千年来犹太人在历史上数次惨遭灭国之祸，他们被迫流亡世界各个国家。犹太人要想在当地生存就必须缴纳各种高额的税金和说不清楚的捐税，甚至他们日常生活中的一举一动都要受制于他们所纳的捐税。信奉同一宗教的人一起祈祷要纳税，结婚要纳税，生孩子要纳税，连给死者举行葬礼也要纳税。假如他们少缴了什么税金，立即就会遭到驱逐和屠杀。犹太人的四散分布，也使他们不可能不重视金钱。因为金钱是他们相互之间彼此救济的最方便的形式。

犹太人有着长期经商传统，尽管钱在别人那里只是媒介和手段，但在商人那里，钱永远是商业活动的最终争取目标，也是判断其成败的最终标准。犹太人对金钱几乎到了顶礼膜拜的程度。在两千多年的流浪历史中，他们没有自己的土地，也没有自己的国家，他们只能在异国他乡寄居生存。他们唯一能掌握的便是通过商业经营而赚来的钱，金钱在这个世界上无疑成了万能的上帝，它不但给犹太人生存的机会，而且能为犹太人争得权力和地位。

他们流浪到各地，可以说没有权力、没有地位、没有尊严，但是他们有钱。有了钱，他们就获得了统治者眼里的价值，也就获得了自己生存的条件。只有金钱可以给他们提供一点儿保护，让他们感觉到安全。当他们遭到各地统治者驱逐的时候，金钱就可以换取别人的收留和保护；当当地人发起反犹暴乱的时候，他们就可以用金钱贿赂而求得一条生路；他们外出做生意遭到土匪抢劫的时候，金钱可以赎回他们的性命。金钱对于犹太人来说，是看得见的、摸得着的、实实在在的"上帝"，可以永远保护自己，让自己平安的"上帝"。金钱，让世间的权势们都匍匐在他们的脚下，让犹太人能够真正地站立起来，重新获得世人对他们的尊敬。

可以说，在历史上，金钱曾多次充当犹太人的保护神。比较著名的当数20世纪70年代末的"摩西行动"。自古以来，埃塞俄比亚犹太人就是些黑人犹太人，他们自称"贝塔以色列"，意为"以色列之家"。为了让这些埃塞俄比亚犹太人返回家园，以色列政府在埃塞俄比亚政府不肯放犹太人出境的情况下，设法打通了同埃塞俄比亚毗邻的苏丹的关系，让犹太人先通过边境到达苏丹，然后再由苏丹返回以色列。而苏丹政府当时是敌视以色列的，为了让其同意以色列接运埃塞俄比亚犹太人，以色列政府采用了赎买的方式。以色列一方面请求美国向苏丹提供高达数亿美元的财政援助，一方面也以差不多3000美元一人的费用，向苏丹支付了6000万美元的赎金。这笔资金来源于世界各地犹太人的捐款。

这次行动被称为"摩西行动"，共有1万多名犹太人被接回以色列。由于行动是在苏丹政府默许的情况下进行的，不能做得过于公开。在这个关键时刻，以色列政府得到了一个真正的犹太商人、比利时的百万富翁乔治·米特尔曼的大力协助。米特尔曼拥有一个航空公司——跨欧洲航空公司，其飞行员和机组人员对苏丹首都喀土穆的机场情况非常了解。米特尔曼同意将公司的飞机交由以色列政府自由支配，并对此事保密。

后来，由于运送犹太移民的情报泄露，苏丹通道被关闭了。这样从1979年起到1985年上半年为止，共有1万多名埃塞俄比亚犹太人回到了以色列，另有1万名仍滞留在埃塞俄比亚。这意味着，以色列政府为每一个犹太人由苏丹返回，支付了6000美元。以色列以政府名义赎回本国公民，这一行动得到许多犹太巨富的资助和支持。可见，金钱对犹太人来说，绝不仅止于财富的意义。金钱居于生死之间，居于他们生活的中心地位，是他们事业成功的标志，这样的钱必定已具有某种"神圣性"。这也充分表明了金钱这位现实的"上帝"在犹太人观念中是多么根深蒂固。

由于历史和宗教的原因，犹太人的命运始终处于风雨飘摇之中。在遭受异族排挤时，在面临反犹分子的血腥杀戮时，他们不止一次地"请"出了"钱"——这位现实的上帝。这时，我们或许能明白犹太商人不惜一切赚钱的真正原因了。赚钱在他们眼里，是为了生存。

17世纪的荷兰是世界上第一个典型的资本主义国家。当时，荷兰已经一方面摆脱了西班牙的军事政治统治，另一方面摆脱了宗教的干涉和纷争。工商业尤其是商业发展很快，它的资本总额比当时欧洲其他所有国家的资本总额还要多。1654年9月，一艘名为"五月花"的航船由巴西抵达荷属北美殖民地的一个小行政区——新阿姆斯特丹。这里属于荷兰西印度公司的前哨阵地。"五月花"为北美带来了第一个犹太人团体——23个祖籍为荷兰的犹太人，他们是为了逃避异端审判而来到新阿姆斯特丹的。但当他们筋疲力尽地抵达这里时，出于宗教偏见，当地的行政长官彼得·施托伊弗桑特却不允许他们留在当地，而是要他们继续向前航行，并呈请荷兰西印度公司批准驱逐这些犹太人。

但是，施托伊弗桑特没有想到，当时的荷兰已不是中世纪的荷兰，犹太人也不是毫无权力和任人宰割的。这些新来的犹太人一方面据理力争，一方面设法与荷兰西印度公司中的犹太股东取得了联系。在犹太股东，也就是施托伊弗桑特的"雇主"的有力干预下（荷兰西印度公司对犹太股东的依赖远甚于对施托伊弗桑特的依赖），这个小行政区的行政长官不得不收回成命，准许犹太人留下，但保留了一个条例：犹太人中的穷人不得给行政区或公司增加负担，应由他们自己设法救济。这个条件对犹太人来说毫无意义，因为自大流散以来，犹太人就没有向基督教会乞讨过，他们有足够的能力照顾好自己。这些犹太人就此定居下来，并且建立了北美洲第一个犹太社团。以后，这里发展成了北美洲最大的犹太居住区。

众所周知，经济是政治的基础，政治反作用于经济。精明的犹太商人早已参透了金钱与权力之间的玄妙关系。他们以金钱为饵，换来了政治上的发言权，又倚靠着政治资本，在商场上肆意驰骋。"国会山之王"是美国政治活动家保罗·芬德利在其所著的《美国亲以色列势力内幕》一书中第一章的标题，也是他对美国犹太人院外活动组织"美国以色列公共事务委员会"（简称美以委员会）的称呼，从这一称呼里，我们不难看出美国犹太人对美国政府的最高决策层的决定性影响。用该书中的话来说："美以委员会实际上已有效地控制了国会所有的中东政策行动，这绝非夸大之词。参众两院的议员，几乎无一例外地遵照其旨意行事，因为多数人把美以委员会视为一股政治势力在国会的直接代表。一位议员能否连任，这股势力可以说是握有生杀予夺的大权。"

毫无疑问，这股力量就是美国犹太人的力量。说得更明确些，就是由美国犹太商人的经济权力衍生出来的"政治权力"。美国犹太人虽然占全世界犹太人的40％，但以其600万人口的数量，只占美国总人口的3％，投票人的4％，凭什么"予夺"了议员的连任资格？他们凭的就是手中掌握的大量的金钱。在犹太人的历史上，金钱这东西一直都是他们赖以存活的根本。金钱可以在他们被异族追杀时买通别人以得到收留；金钱可以在他们被人看不起时买回自己的尊严，得到尊敬……金钱对于犹太人来说是如此重要。因此，犹太人将其视为现实生活中的上帝，也就不难理解了。

金钱的两种属性

金钱对人而言，有着双重的属性。

——《财箴》

钱的"准神圣"地位的确立，为犹太人追求物质利益的活动清除了在其他民族中常见的各种非理性的路障，使犹太人得以最为自由地施展自己的赚钱才干。

但是，任何自由都是相对的，没有绝对的自由。个人都享受无限制的自由，最终只能导致每个人都由于相互限制而处于完全的不自由中。谋利行为带来社会冲突的现实可能性，使任何一个民族都不可能完全信奉"唯利是图"意义上的钱的"神圣性"。

钱作为一种人为产物，天然具有双重属性。一方面，钱的发生、发展是一个"自然历史过程"。另一方面，钱又是人类自觉自主行动的产物。谋利行为必须置于一定的社会约束之下，这在犹太民族和其他一切民族都是完全一样的，区别只在于约束的着眼点及相关的机制上，正是在这个问题上，犹太民族表现出同其他民族有着明显区别的、最符合真正的钱的逻辑的特性。

犹太教没有把现实世界分为宗教生活和世俗生活两大部分。犹太民族以一本《圣经》作为民族范本，而《圣经》完全是一个"道德与法律"的统一体。犹太人以遵守上帝律法作为民族身份，而上帝对他们守法的回报，就是始终赐之以福，让他们生养众多、财产丰饶。在这样一种文化安排的背景上，"应不应该谋利"的问题是不存在的。犹太教典籍《塔木德》上明确写着："如果人没有恶的冲动，应该会不造房子、不娶妻子、不生孩子、不工作才对。"恶仅仅因为有利于人类，也获得了存在的合理性，利本身还会有什么问题吗？

这意味着，在犹太民族那里，对谋利行为的限定已经从"形而上"的层面转到了操作的层面，证而不明、议而不决的无谓思辨，转化为可以具体探究实证地解决的程序与方法。原先的一个"应该不应该谋利"的问题，现在转化为或者分解为两个具体问题："应该如何谋利"和"应该如何再分配谋得的利"。

第一个问题，即"应该如何谋利"的问题的提出，表明现在有关谋利行为本身的正当性问题已经成了一个纯粹形式上的问题。只要形式上正当的行为就是正当行为。这一命题可以由犹太人自己的一则笑话而得到极为明晰的证明。

摩西走进纽约市的一个厕所，坐上马桶之后好一会儿，才发现厕所内没有准备卫生纸。于是，他便隔着墙问邻座用厕者："请问您那儿有卫生纸吗？"

传来的回答令人失望："没有，我也正为此犯愁呢。"

"请问您手边有报纸、杂志之类的东西吗？"

"什么也没有。"

"那么我用 10 美元的钞票与您兑换小票好吗？"

钞票在这里做什么用，大家都清楚，用 10 美元的钞票兑换小票的目的，大家也清楚，但这种明显的转嫁损失的做法，仅仅因为一个"自愿的等值交换"的形式上的正当，也就成为一种不正当而聪明的"谋利行为"。

正是从这则笑话中，我们可以看出犹太民族对谋利行为的"方法论"限定的意义：犹太人在意的不是消极地维护人的秩序，而是通过维护谋利活动的秩序来达到维护人的秩序的效果。打个比方，一味着意于维护人的秩序的人会因担心汽车轧死人而不许汽车上街。犹太人则听任汽车上街而到处设立交通规则，在汽车畅通无阻的同时保证不轧死人（当然偶尔的交通事故也不能排除）。

因此，犹太人不但使经济秩序得到了保证，也使社会上那部分活力最强的人的谋利积极性得到了保护和调动，而在规定形式的范围内的"唯利是图",更使犹太人的经商智慧得到了大大的开发。一个经济良性运行模式,就是在所有这一切条件得到满足时共同构成的。在这一个模式中,资本无疑可以得到最为适宜的发展条件。

同样,第二个问题,即"如何再分配谋得的利"的问题的提出,更表明现在人的秩序与谋利活动秩序的协调是通过直接的钱的转移而完成的,人理与事理的融合是在钱上面达成一致并完成的。钱作为人类社会生活的最基本媒介的特性,在这样一种安排下,可以说最充分地发挥了,而这种最符合钱的逻辑的安排,又恰恰与犹太民族古老而且持之以恒的慈善传统是一致的。

在两千多年前,犹太民族就已把"捐献 1/10 的收入"列入上帝的律法,即使在大流散的岁月中也从未中断。所谓的"慈善"不是犹太人的说法,在他们眼里,这样的行为只是一种"公义"——捐献,即一定数量的钱的转移是每个犹太人必须履行的"公共义务"。一则关于犹太人的笑话:有一个乞丐去找施主,要求每月一次的施舍。他敲了几次门,才见主人开了门,神情暗淡。

"出了什么事了?"乞丐问他。

"你不知道?我破产了。我欠了 10 万元的债务,而我的资产才 1 万元。"

"这我知道。"

"那你还来问我要什么?"

"按照你的资产,每 1 元给我 1 角。"

虽然长时期中,犹太人的慈善安排主要服务于犹太人内部,对他们寄居国的社会大环境没有直接的作用,但这种安排可以即时发挥其作用,从而加速这一过程。所有这一切无非说明,犹太民族由于其起源、历史遭遇以及由此而创设的文化机制,而孕育了现代主义的基本要素。因此,能够随着人类社会商业发展和合理性的增强而不断高速和成长,表现出高度的同步甚至超前。

用勤俭来培育金钱的种子

播下一粒金钱的种子,用勤奋的汗水加以浇灌,必将收获财富的果实。

——《财箴》

犹太人所获得的高水平的生活,依靠的是能萌发强烈进取心的勤俭意识。

说起这种勤俭意识的起源，毫无疑问它来源于《旧约全书》中创造天地的神话。在《旧约全书》中，上帝命令亚当和夏娃道："生产吧，增加吧，让大地充实起来吧！"

可是，人类的祖先亚当和夏娃在叫作伊甸园的天国里非但没有努力地进行生产，反而因为偷吃了禁果，而被逐出了伊甸园。在这个故事里面，上帝教育人们，人类是没有资格在伊甸园中生活的，人类只能通过自身的努力，在残酷的现实社会环境中开拓生活。但是上帝最初的"生产吧，增加吧，让大地充实起来吧！"的命令并没有因为驱逐令而被取消。人类被流放到了伊甸园的东方，一个没有任何依靠的世界。在这个现实的世界里，人类必须从零开始向着扩大生产的目标努力。也就是说，从犹太人最初的历史开始，他们就被赋予了不断扩大生产的志向和勤奋的动机。这一点是他们的民族特性。

在《犹太人五千年智慧》一书中曾经记载了古巴比伦一位犹太富翁的故事。这位富翁名叫亚凯德，因富有而远近闻名。他出名的另一个原因则是他乐善好施，对慈善捐款毫不吝惜，而他对家人也十分宽厚。他并没有因为慷慨捐款而变得贫穷，反而愈来愈富有。他不比别人节俭，也不比别人吝啬，为什么会比别人更富有呢？他童年时代的朋友也向他提出了同样的问题。他们说："亚凯德，你比我们幸运多了，我们才勉强够糊口，你就成了有名的富翁。你享用最珍贵的食物，穿最精致的服装。我们若能让家人穿上可以见人的衣服，吃到可口的饭菜，心里就非常满足了。"

"我们不理解的是：小时候，我们都是平等的，我们向同一位老师学习，玩同样的游戏。那时，无论是读书还是游戏，你都和我们一样，毫无出众之处。青年时期，你和我们也一样，是同等的平民。而现在，我们都成了终日为家人温饱而忙碌奔波的人，你却成了悠闲的亿万富翁。"

"我们了解你，你做事并不比我们更辛苦，你工作的忠实程度也不能超过我们。究竟命运之神为什么会眷顾你，而不给我们相同的福气呢？"

亚凯德劝他们："你们之所以没有得到富裕的生活，是因为没有学到发财的原则，不能运用发财的原则。你们忘记了，在我们古老的《财篓》中就曾经写道：'财富像一棵大树，它是从一粒小小的种子发育而成的。金钱就是种子，你越勤奋栽培它，它就长得越快。'"

的确，在犹太人的家庭里，父母很注意培养子女的勤俭精神。犹太人认为对于勤劳的人，造物主总是会给他们最高的荣誉和奖赏；而那些懒惰的人，造物主不会给他们任何礼物。犹太人崇尚工作，他们讨厌整天清闲、无所事事、到处游走，他们认为那是最难受的事情，而整天忙碌甚至紧张地工作才是他们喜欢的。

可以说，犹太人是世界上最努力的人群，他们似乎是一群从来不知疲倦的、不知辛苦的人，他们可以长期忍辱负重地工作而没有丝毫的怨言。正是这种勤俭的习惯成就了许许多多的犹太富翁。犹太人哈同当年在上海，将洋行的房屋和地皮出租给他人。为了准时收到租金，他经常亲自上门催讨。即使他成为大亨后，也会乐此不疲，总是亲自出马收租，有时只为了区区的十几元，他也不辞辛劳、不怕麻烦，穿过小弄堂，走进破旧的老式房子，踩着吱吱作响的狭窄楼梯，挨家挨户地敲开房门。如果遇到租户不在家，他甚至就会在杂乱、脏臭的小厨房里等上几小时，这同他的大亨形象形成明显反差。正因如此，他有了这样一个绰号——"终身致力于收租的人"。

以色列人杜伐夫，大学毕业后就进入电机公司做了管理员。以后一直在电机公司工作十多年，从管理员到经理，又从经理升到总经理。到了最后，他的电机公司成为当今以色列最有名的电机公司，在同行业中位居老大，拥有资产上亿美元。是什么原因促使他成功的？还是勤勤恳恳、任劳任怨的工作态度。杜伐夫最初做管理员时，工作总是尽心尽力、认认真真，由此得到了老板的信任与赏识，他才有了出人头地的机会。

可见，犹太人这种勤俭的观念正是犹太人经营致富的奥秘之一。据说洛克菲勒曾有过这样一件趣闻：洛克菲勒刚开始步入商界之时，经营步履维艰，他朝思暮想发财，但苦于无方。有一天晚上，他从报纸看到一则出售发财秘诀的广告，高兴至极。第二天急急忙忙到书店去买了一本，他迫不及待地把买来的书打开一看，只见书内仅印有"勤俭"二字，他大为失望和生气。洛克菲勒回家后，夜不成眠。他反复考虑该"秘诀"的"秘"在哪里？起初，他认为一本书只有这么简单的两个字，可能是书商和作者在欺骗读者，而且他一度曾想指控他们。但经过千思万虑，他越想越觉得此书言之有理。确实，要致富发财，除了勤俭以外，别无其他方法。于是他加倍努力工作，千方百计增加收入。这样坚持了 5 年，积存下 800 美元，然后将这笔钱用于经营煤油，终于成为美国屈指可数的大富豪。

可以说，在犹太人的心中，财富的符号是金钱，金钱是天使，也是魔女。它可以使人奋发向上，可以给人带来幸福，也可以再生出造福于人的新财富。追逐金钱是众多人的梦想。追逐金钱的游戏既公平，又不公平。说它公平，是它要求参与者共同参加；说它不公平，是因为有些人生来就拥有较多的财富。但是 80％ 的富豪都是由穷人变成的，而勤奋经营却是这些穷人变成富豪的共同特点。为此，如果一个人想要致富的话，就应该学习犹太人的精神：将金钱播种，用勤俭来浇灌，必将收获累累的财富。

你爱钱，钱才来

金钱容易引发意外。任何人对待金钱都要谨慎，否则就要损失金钱。

——《财箴》

洛克菲勒习惯到他熟悉的一家餐厅用餐，用餐后往往会付给服务员 15 美分的小费。但是有一天，他用餐后却不知为何原因，仅付了 5 美分的小费。服务员见比往常的小费少，不禁埋怨道："如果我像您那么有钱的话，我绝不会吝惜那 10 美分的。"

洛克菲勒却毫不生气，笑着说："这也就是你为何一辈子当服务员的缘故。"

洛克菲勒还有一种习惯，就是记账。每天晚上祷告之前，总要把每便士的钱花到哪儿去了弄个一清二楚，然后才上床睡觉。

"紧紧地看住你的钱包，不要让你的金钱随意地出去，不要怕别人说你吝啬。你的钱每花出去一分都要确保有两分钱的利润，这样才可以花出去。"犹太巨富洛克菲勒是这个信条虔诚的遵守者。

世界上流行这样的说法："犹太人是吝啬鬼。"此说法有一定的依据，但亦是一种误解。因为犹太人中有很多是经商的，而且是经商高手。作为商人，对物品斤斤两两计较和对金钱分分毫毫的核算是职业本能的反应。作为商人，如不精打细算，不爱惜钱财，怎能获得经营的赢利呢？

连锁商店大王克里奇也是以崇尚节俭、爱惜钱财著称。他的商店遍及全美 50 个州和国外很多地方。他的资产数以亿计，但他的午餐从来都是 1 美元左右。克德石油公司老板波尔·克德有一天去参观一个展览，在购票处看到一块牌子写着："5 时以后入场半价收费。"克德一看手表是 4 时 40 分，于是就在入口处等了 20 分钟后，才购买了一张半价票入场，节省下 0.25 美元。要知道，克德公司每年收入上亿美元，他之所以节省 0.25 美元，完全是受他节俭的习惯和精神所支配，这也是他成为富豪的原因之一。

犹太人特别是犹太商人不管多么富有，都绝不会随意挥霍钱财。在宴请宾客时，以吃饱吃好为尚，不会讲排场乱开支；在生活中，以积蓄钱财为尚，不会用光吃光。犹太人测算过，依照世界的标准利率来计算，如果一个人每天储蓄 1 美元，88 年后可以得到 100 万美元。这 88 年时间虽然长了一点，但每天储蓄 2 美元，大都在实行了 10 年、20 年后很容易就可以达到 100 万美元。可见对金钱除了爱之外，还要惜。也就是说，除了想发财外，还要想办法保护已有的钱财。这就是犹太人经营致富的一个奥秘。犹太富商亚凯德说："犹太人普遍遵守的发财原则，那就是不要让自己的支出超过自己的收入。如果支出超过收入便是不正常的现象，更谈不上发财致富了。"

犹太人有句格言这样说："花 1 美元，就要发挥 1 美元 100% 的功效。"要把支出降到最低点。很多犹太人老板，对任何的开支都精打细算，为的就是尽量地降低成本，减少费用。他们总是说："要把一块钱当作两块钱来使用。如果在一个地方错用了一块钱，并不只是损失一块钱，而是损失了两块钱。"

犹太人的这一节俭作风甚至为一些日本商人所仿效：如果你到日立公司的工厂去，哪怕是酷暑，办公室也没有冷气设备。这是因为，日立的厂房很高，安装冷气太浪费。厂房不安装，办公室也不能特殊，职工都强忍着。办公室里，用不着的电灯就一定要熄灭。日立的职工讲究时间效率，日立的大瓷工厂有一条标语——"1 分钟在日立应看成 8 万分钟"。意思是一个人浪费 1 分钟，日立 8 万职工就要浪费 8 万分钟。

日立的经理人员"惜墨如金"。公司绘制了"代号一览表"，将各机构、各负责人的代号告诉职工。如"吉田博总经理先生"只用日语读音的第一个字母代替就行了。如果你在文件上加敬语，就会受到训斥。

除此之外，日立人还充分利用废旧物品。凡是写便条，都要取用过的纸，即使送给大人物的文件也往往是写在废纸的反面。所用的信封，第一次写信时，收信人写在第一行。第二次使用时，收信人写在第二行。

松下公司创始人松下幸之助曾告诉人们：要爱金钱。这句话说得一针见血。如果不爱钱，就抓不住财富。只有爱钱，财富才会逐日增加——钱怎么会躲在不爱钱的人的手中呢？因此，与其对钱"欲说还休"，倒不如像犹太人一样，将钱爱得明明白白、真真切切。犹太人深信：只有对钱具有爱惜之情，它才会聚集到你身边。你越尊重它，珍惜它，它越心甘情愿地跑进你的口袋。

天下的金子是同一种颜色

金钱无姓氏，更无履历表。

——《财箴》

钱在犹太人那里有着很典型的双重性：一方面，金钱在犹太人心目中非常重要，是散发温暖的"圣经"，是世俗的"上帝"；另一方面，犹太人视钱为一张纸，一件平常的物。"手中有钱，心中无钱"是他们对待金钱的态度。过去，一提起钱，有些人总是爱恨交加。爱的时候是称兄道弟，"孔方兄"挂在嘴边不停地叫，甚至不惜一日三炷香，乞求财神爷保佑发达。恨的时候则对它咬牙切齿地说："钱啊，一把杀人不见血的刀！"

在我国旧有的传统文化中存在着一些根深蒂固的观念，比如对金钱的鄙弃。如"铜臭"这样的词语就是一个例证。贪婪、无情和虚伪等，是人们附加于金钱上的态度。而犹太人对钱的观念自有见解，他们认为"金钱无姓氏，更无履历表。"他们认为，不管方式方法如何，只要是通过经营赚来的钱，均拿得心安理得。因此，他们通过千方百计的经营，尽量赚取更多的钱，不管这些钱是农民出售产品得来的，或是赌徒赢来的，还是知识分子靠脑力劳动得来的，都会收之无愧、泰然处之。犹太人的字典里，没有"仇富"二字。

很多年前，年仅 24 岁的犹太人哈同来到中国上海谋生，当时他除了拥有健康的体魄及敏锐的大脑外，几乎一无所有。他立志来中国要赚钱发财，但一无资本，二无特长和靠山。于是他在一个洋行找了一份看门的工作。对于许多血气方刚的年轻人而言，看门的工作极其难堪。但哈同却不那么想，他认为看门赚来的钱是一种报酬，毫无丢脸和失身份之说。在他看来，只要是自己流汗挣来的钱就无愧无羞。

犹太人就是这样的观念。他们从不以自己做的生意小而自卑，在他们看来，所有的生意都是由小做到大的。那些成天只想干一番大事业，对一些小生意提不起兴趣的人，到头来总是一事无成。因而在他们的经商历史中，他们从不会喜"大"厌"小"。他们喜欢把"钞票不问出处"这句话挂在嘴上，实际上是在教人们创造和积累财富必须处心积虑，必须巧捕商机，必须妙用手腕。钱是货币,是一个人拥有物质财富多少的标志,有时候更是一个人社会地位的象征。它本身不存在贵贱问题。犹太人的赚钱观念和我们的传统观念不一样。他们丝毫不认为拉三轮、扛麻袋就低贱,而当老板、做经理就高贵。钱在谁的口袋里都一样是钱,它们不会到了另一个人的口袋就不是钱了。因此,他们在赚钱的时候,不会觉得钱是低贱或高贵的。他们不会因为自己目前所从事的职业不好而感到自愧不如。他们在从事所谓的低贱职业的时候,心态也表现得十分平和。更主要的是由于犹太人对金钱不问出处,这样保证了他们的思想丝毫不受世俗观念的拘束。在他们的眼里,什么生意都可以做,什么钱都可以赚,即使"卖棺材的也可以赚钱"。

有一位演讲者在一个公众场合演讲。他拿起了 50 美元,高举过头顶:"看,这是 50 美元,崭新的 50 美元。有谁想要?"所有的人都举起了手。然后,他把这张纸币在手里揉了揉,纸币变得皱巴巴的了,然后又问观众:"现在有人想要这 50 美元吗?"还是所有的人都举起了手。

他把这张纸币放在地下,用脚狠狠地踩了几下。钱币已经变得又脏又烂了。他拿起钱来,又问:"现在还有人想要吗?"结果还是所有的人都举起了手。于是他说:"朋友们,钱在任何时候都是钱,它不会因为你揉了它,你把它踩烂,它的价值就会有任何的变化。它依然可以在商店里花出去。"为什么那张钞票在那个演讲者的手里揉皱了,又被他踩脏、弄破了,还是有人想要它呢?因为钞票就是钞票,钞票是没有高低贵贱的。它不会因为受到了什么"待遇"就有所差别。它还具有和以前一样的价值,和其他等面值钞票的价值是一样的。只要它们的价值一样,钞票都是平等的。

正是因为犹太人认识到金钱的性质,所以,犹太商人在投机时,对于所借助的东西,是不存在一点感情的,只要有利可图,且不违法的事情,拿来用就是了,完全不必过多考虑。这就是犹太商人的金钱观念。为了赚钱,可谓用尽千方百计,绞尽脑汁。如果不是这样嗜钱如命,犹太巨商怎能形成呢?在他们看来,如果一味地区分钱的性质,不但会浪费时间,而且会束缚自己的思想。《塔木德》中便有这样的表述:金钱是没有臭味的,它是对人类安逸生活的祝福。但是历史上的犹太人一直没有过上幸福安逸的生活。他们颠沛流离,不断地在世界各地奔跑。也许正是因为如此,他们比其他民族更会生存,更会赚钱,也更愿意享受现世的生活以及追求自由。

此外,犹太人的经商活动,有一个看似简单却很难做到的特点,他们对顾客总是一视同仁,且不带一丝成见。在犹太人看来,因为成见而坏了可以赚钱的生意，简直是太不值得了。要想赚钱，就得打破既有的成见，这是犹太人经商得出的训示。就像金钱没有肮脏和干净之分似的，犹太人对赚钱的对象也是不加区分的。只要能赚钱，达成生意协议，能从你的手中得到钱，就可以做。犹太人观念中，除了犹太人外，不管是英国人、德国人、法国人或意大利人等，一律被称之为外国人。为了赚钱，不管你是哪一国的人，主张何种主义，信仰何种宗教，都是他们交易的对象。他们绝对不会因为对方是异教徒或者是黑人而放弃一笔能赚钱的生意。

犹太人散居世界各地，虽然依地区有美国系及苏俄系之别，但是他们都自视为同胞。无论是住在华盛顿、莫斯科或伦敦等地，犹太人之间都经常保持密切的联系。例如，住在美国的一位名叫合利·威尔斯顿的犹太人钻石商人，他联合全世界的犹太钻石商组成一个庞大的集团和其他国家的人做生意。又如居住在瑞士的犹太人，最能利用中立国的特性，同时联络美国的犹太人和俄国的犹太人来从事国际性的交易。在犹太人的脑海里，没有资本主义和共产主义的意识存在。无论是资本主义社会里的犹太人，还是共产主义社会里的犹太人，为了各自共同的目的，他们可以紧密地联系在一起，共同对付外人。在进行贸易往来时，无论你是美国人还是俄国人，无论你是西欧人还是非洲人，只要你和他的这笔交易能给他带来利润，他就可以和你交易。他们的目的就是赚钱，他们所信奉的就是做生意，获得最大的利益。

哈默就是突出的代表。在苏联刚刚成立时，世界上的资本家都不敢涉足这个国家，只有这个犹太人"胆大包天"，与苏联人做生意，在苏联发了大财。他也由此起步，成了20世纪世界历史上最富传奇色彩的商人。要赚钱，就不要顾虑太多，不能被原来的传统习惯和观念所束缚，要敢于打破旧传统，接受新观念。试想一下，如果因为和对方的思想意识不同，自己在原来成见的作用下，主动放弃了一次赚大钱的机会，岂不是太可惜，太不值得了！金钱是没有国籍的，所以，赚钱就不应当区分国籍，为自己设置赚钱的种种限制。

总之，犹太人认为金钱不可分类。虽然钱不是万能的，但是没有钱是万万不能的。在这方面，犹太人注重的是现实。他们赚钱的目的是生存，赚钱只是生存的手段罢了。所以，当他们把钱装到钱袋里的时候，当然不会去考虑钱的出处。这种金钱观，为他们赚钱减少了障碍，为他们开辟了众多通畅的赚钱途径！

小钱也是钱

金钱如同人一样，你越尊重它，它就越拥护你；你越藐视它，它越避开你。

——《财箴》

悉尼奥运会上曾经举办过一个以"世界传媒和奥运报道"为主题的新闻发布会。在座的有世界各地传媒大亨和记者数百人。

就在新闻发布会进行之中，人们发现坐在前排的炙手可热的美国传媒巨头 NBC 副总裁麦卡锡突然蹲下身子，钻到了桌子底下。他好像在寻找什么。大家目瞪口呆，不知道这位大亨为什么会在大庭广众之下做出如此有损自己形象的事情。

不一会儿，他从桌下钻出来，手中拿着一支雪茄。他扬扬手中的雪茄说："对不起，我到桌下寻找雪茄。因为我的母亲告诉我，应该爱护自己的每一个美分。"

麦卡锡是一个亿万富翁，有难以数计的金钱，他可以买到一切可以用钱买到的东西，一支雪茄对于他来说简直微不足道。按照他的身份，应该不理睬这根掉到地上的雪茄，或是从烟盒里再取一支，但麦卡锡却给了我们第三种令人意料不到的答案。

财富的积累离不开金钱的积累，这是麦卡锡给我们的启示。而要积累金钱，还得掌握金钱的特性，因为钱是喜欢群居的东西，当它们处于分散的状态时，也许没有什么威力。但当它们由少成多地聚集起来时，成千上万的金币就会发挥巨大的力量。另外，金钱还有这么一个特性，就是你越尊重它，它便越拥护你；你越藐视它，它便越避开你。为此，要想积累财富，首先就得掌握金钱的特性，不要放过身边的每一个小钱。

有两个年轻人一同去找工作，其中一个是英国人，另一个是犹太人。他们都满怀希望，寻找适合自己发展的机会。有一天，他们一起走在大街上，发现地上有一枚硬币，英国青年装作没看见就走了过去，而犹太青年却激动地将它捡了起来。英国青年对犹太青年的举动非常鄙视：真是太没出息了，连一枚硬币也捡！望着远去的英国青年，犹太青年心中感慨万分：让钱白白地从身边溜走，真没出息！后来，两个人同时进了一家公司。公司规模不大，工资低，工作也很累，英国青年不屑一顾地走了，而犹太青年却高兴地留了下来。

两年后，两人又在街上相遇，英国青年还在找工作，而犹太青年已成了老板。

"这么没出息的人怎么会当老板呢？"英国青年对此感到不理解。

犹太青年说："因为我不会让财富白白从自己身边溜走。对于每一分钱，我都会非常珍惜，而你连一枚硬币都不要，怎么会发财呢？"

也许这个英国青年并非不要钱，可他眼睛盯着的是大钱而不是小钱，所以他的钱总在明天。但是，没有小钱就不会有大钱，你不懂得从小钱积累起，那么财富就永远不会降临到你的头上。老子曾说过："合抱之木，生于毫末；九层之台，起于累土。"这句话的意思是：任何事情的成功都是由小而大逐渐积累的。积累财富也如用土筑台一样，需要许许多多的小钱做铺垫，方能成为大富翁。

"不积跬步，无以至千里；不积小流，无以成江海。"这是中国圣贤的名训。虽然《塔木德》的故事是流传于国外的经典之作，但其积少成多、集腋成裘的哲理和中国的圣贤名训是息息相通的。上例中两个人在面对一枚硬币的取舍时，英国人以他的绅士作风选择了藐视，最终一无所获；而精明的犹太人却不放过任何一个积累财富的机会，终于成为了大富翁。犹太人告诉我们，金钱也跟人一样，你尊重它们，它们就不会亏待你；你忽略它们，它们就会从你的身边溜走。在人生的旅途中，不要忽视任何一次机会，也不要轻视任何一分钱。说不定哪一天正是那一次机会、那一分钱使你步入了辉煌。

年轻富翁戈德曼控制着世界金融市场，他小时候受过很多苦，10岁时就开始自己赚钱。在暑假期间，每天凌晨4点就起床，把晨报和烤面包片分送到各家。这样，每个星期下来都能挣上几十美元。他不会放弃每一个挣钱的机会，哪怕只挣一美分。这为他长大后积累财富打下了坚实的基础。有些人一开始就摆出一副要赚大钱的架势，小钱不去赚，结果常常是两手空空，一分钱也没赚到。

其实，有很多大富翁、大企业家，都是从挣小钱起家的。从挣小钱开始，可以培养你的自信。因为，挣小钱容易，每当挣到第一笔钱后，你就会对自己的能力有所了解，你就会相信自己也有把事情做大的能力。犹太商人的成功并不是起点很高，并不是一开始就想着要做大生意，赚大钱。他懂得，凡事要从细小的地方入手，一步一步进行财富的积累，雪球才会越滚越大。

凡事从小做起，从零开始，慢慢进行，不要小看那些不起眼的事物。犹太商人的经商之道从古至今永不衰竭，已经被许多成功人士演练了无数次。拉链，可谓是很细小的物品，好像并没有厚利可图，但是日本的吉田忠雄却是靠着小小的拉链成就了自己的大业。他没有小看拉链的商机，他垄断了拉链市场。40多年来，吉田忠雄一手创办的吉田兴业会社发展十分迅速，它已成为日本首屈一指的拉链制造公司，在世界同行业中也名列前茅。它生产的拉链，占日本拉链总产量的90％，占世界拉链总量的35％，它每年生产的拉链总长度达190万公里，年销售额高达20多亿美元。由一条小小的拉链起家，吉田忠雄被誉为"拉链大王"。最终，吉田已同丰田、索尼等名字一样，成为发达的日本工业的代名词。

可见，对于一个成功者来说，金钱的积累是从"每一个硬币"开始的，没有这种心态就不可能得到更大的财富。一个成功致富者绝不会放弃每一分钟。对金钱的态度也反映了一个人对待人生和事业的态度。只有在任何时候都不好高骛远的人，才能认真地干好每一件事，实现自己的目标。反之，不仅不能得到大的财富，小的财富也与他无缘。

时间就是金钱

爱惜时间吧！时间可以使金钱"无中生有"。

——《财箴》

日本某著名百货公司宣传部的一位年轻职员，曾经为了进行市场调查，来到纽约市。当他想到自己应该有效地运用自由时间时，就直接跑到纽约某个著名犹太商人的百货店，贸然叩开了该公司宣传部主任办公室的大门，向门房小姐说明了来意。

门房小姐问："请问先生您事先预约好时间了吗？"这位青年微微一愣，但马上滔滔不绝地说："我是日本某百货店的职员，这次来纽约考察，特意利用空闲时间，来拜访贵公司的宣传部主任……"

"对不起，先生！"小姐打断了他的话说。

就这样，这位职员被拒之于冰冷的大门之外。

这位职员利用余暇，主动地访问同行人，从某个角度看，应该值得表扬。但犹太人不假思索地拒绝了他，为什么呢？这和犹太人"盗窃时间"的警言有关。对于贯彻"时间就是金钱"的犹太人来说，在工作时间里，放弃几分钟而跟一个根本没有把握的"不速之客"去谈判，是根本不可想象的。犹太人从来不做没有把握的生意，因此，"不速之客"在犹太人看来是妨碍他们工作的绊脚石。只有拒绝他，才能让自己的工作畅通无阻，直奔"时间就是金钱"的主题。在犹太人看来，时间和商品一样，是赚钱的资本，因此，盗窃了时间，就等于盗窃了商品，也就是盗窃了金钱。

犹太人把时间看得十分重要，在工作中也往往以秒来计算时间。一旦规定了工作的时间，就严格遵守。下班的铃声一响，打字员即使只有几个字就可以打完，他们也会立即搁下工作回家。因为，他们的理由是"我在工作时间没有随便浪费一秒钟，因此，我也不能浪费属于我的时间"。

这就是犹太人的时间观念。

他们把时间和金钱看得一样重要，无缘无故地浪费时间和盗窃别人金柜里的金钱一样是罪恶的事情。一个犹太富商曾经这样计算过：他每天的工资为8000美元，工作8小时，那么每分钟约合17美元，假如他被打扰而因此浪费了5分钟时间，这样就等于自己被盗窃现款85美元。犹太人的思想观念里，时间是如此重要，千万不可以随便浪费。即使一些看来是必要的活动，也被他们简单化了。比如，客人和主人约定时间谈事情，说好在上午10:00～10:15的，那么时间一到，无论你的事情是否谈完，都请自动离开。犹太人为了把会谈的时间尽量压缩，通常见面后，他们便直奔主题"今天我们来谈谈什么事情……"而不像其他民族，见面就谈一些"今天的天气不错"之类的客套话。在犹太人看来，那些是毫无意义的，纯粹是在浪费时间，除非他觉得和你客套能从中得到什么好处，才跟你客套几句。

约定时间，请务必准时到达，即使差一分钟也是不礼貌的。一进办公室，立即进行谈话，这样才是礼貌的商人。在规定的时间把话题说完，如果需要，请你来之前做好谈话的准备，既然来了，切勿拖延对方的时间，这就是礼貌。钱可以再赚，商品可以再造，可是时间是不能重复的。因此，时间远比商品和金钱宝贵。犹太人把时间看得那么重，是有其道理的。时间是任何一宗交易必不可少的条件，是达到经营目的的前提。与对方签订合同时，要充分估计自己的交货能力，是否能按客户要求的质量、数量和交货期去履行合约。如果可以办到，就与其签约，如果办不到，切不可妄为。

时间的价值还显示在赶季节和抢在竞争对手前获取好价格和占领市场方面。在竞争激烈的市场中，谁能在一个市场上一马当先，把质优款新的产品抢先推出，谁就一定能够获得较好的经济效益。不仅如此，时间的金钱价值还呈现在整个交易过程中，企业盈利的多寡，始终是与企业资金周转的快慢相关联的。在企业核算中，如某个企业一年的营业额达 10 亿美元，而它的资金使用率为一年两次，假定该企业每次周转产生的利润达 6000 万美元，若是企业能充分利用好时间，善于经营，将资金使用率达到每年四次，那么同样的资金每年利润可达 2.4 亿美元，这样企业可多盈利 1.2 亿美元。它显示时间将创造出价值，利润来源于对时间的有效利用。

犹太商人看重时间，远远超过了其他民族的商人。尤其当时间直接显现出金钱或时间直接创造出财富时，犹太商人将其价值看得比什么都重要。如果你走进犹太巨商摩根的办公室，就会发现摩根的办公室和其他人的办公室是连接着的。摩根这样做就是为了经理们如果有什么需要请示的事情，他直接就在现场指导，如果工厂出现了什么问题，就可以直接来找他解决问题，他不让问题随便拖延哪怕 1 分钟。摩根和人会面的时候，就是犹太人的处理方式。他直接地问你有什么事情要处理，一般简明扼要地交代三两句，就把来人打发了。他的经理们都知道他的这种作风，于是向他汇报工作的时候，都必须干净利落地说明问题，任何含糊和拖泥带水的行为都会遭到他严厉的批评。

他也很少和人客套寒暄，除非是某个十分重要的人物来了，他才说几句客套的话。但是他有个原则就是与任何人的聊天时间不超过 5 分钟，即使是总统来了，他也一样对待。在犹太人那里，有时候时间还可以使财富"无中生有"。巴奈·巴纳特是一个旧服装商的儿子，出生于佩蒂扣特巷，以后就读于一所专为穷人孩子建立的犹太免费学校。成年后，巴纳特带着 40 箱雪茄烟作为创业资本来到南非。他把这些雪茄抵押给探矿者，获得了一些钻石，从而开始了钻石买卖。巴纳特的赢利呈周期性变化，每个星期六是他获利最多的日子，因为这一天银行较早停止营业，巴纳特可以放心大胆地用支票购买钻石，然后赶在星期一银行重新开门之前将钻石售出，以所得款项支付货款。

说到底，巴纳特其实是钻了银行停止营业一天多这个"时间"空子，然而只要他有能力在每星期一早上给自己的账号上存入足够兑付他星期六所开出的所有支票的钱，那他就永远没有开"空头支票"。所以，巴纳特的这种拖延付款，是在吃透了市场运行的时间表，没有侵犯任何人的合法权利的前提下进行的。

巴纳特靠打"时间差"生财，真可谓精明到了极点。在此，时间成了商人手中的"王牌"，"一寸光阴一寸金"已不再是一个隐性的比喻，而成为了一种现实的陈说。商业竞争就是时间的竞争。学会合理有效地安排时间，这是商人最大的智慧。的确，时间对任何人来说，都是这个世界上最宝贵的东西。它不像金钱和宝物，丢失了可以再找到或者赚回来，时间只要被浪费掉了，就永远不会回来了。

人最不该浪费的东西就是时间，对人而言，时间就是命运；对于商人而言，时间就是金钱。要经商，首先就要保证自己拥有充足的时间。

智慧和金钱同在

智慧化入金钱，才是活的智慧；金钱化入智慧，才是活的金钱。

——《财箴》

在商界，流传着这么一个故事：

一次，美国福特汽车公司的一台大型电机发生故障，公司的技术人员都束手无策。于是公司请来德国电机专家斯坦门茨，他经过检查分析，用粉笔在电机上画了一条线，并说："在画线处把线圈减去 16 圈。"公司照此维修，电机果然恢复了正常。在谈到报酬时，斯坦门茨索价 10000 美元。一根线竟然价值 10000 美元！很多人表示不解。斯坦门茨则不以为然："画一条线只值 1 美元，然而，知道画在哪里值 9999 美元。"

这就是知识的价值。

有智慧的人敢于为自己的知识喊价，这也是他们善于把知识转化为金钱的聪明之处。许多人拥有智慧，但是他们的智慧都没有用来创造价值，所以他们始终是十分贫困的。学者应该运用自己的知识来获得智慧，而且应该学习那些真正的智慧，把它转化为金钱。这就是犹太人对于智慧的一种理解。

曾经有则犹太人笑话，谈的是智慧与财富的关系。一天，两位拉比在交谈："智慧与金钱，哪一样更重要？"

"当然是智慧更重要。"

"既然如此，有智慧的人为何要为富人做事呢？而富人却不为有智慧的人做事？大家都看到，学者、哲学家老是在讨好富人，而富人却对有智慧的人摆出狂态。"

"这很简单。有智慧的人知道金钱的价值，而富人却不知道智慧的重要。"

拉比即为犹太教教士，也是犹太人生活等方面的"教师"，经常被作为智者的同义词。所以，这则笑话实际上也就是"智者说智"。拉比的说法不能说没有道理，智者知道金钱的价值，才会去为富人做事。而富人不知道智慧的价值，才会在智者面前露出狂态。笑话明显的调侃意味就体现在这个内在悖谬之上。有智慧的人既然知道金钱的价值，为何不能运用自己的智慧去获得金钱呢？知道金钱的价值，但却只会靠为富人效力而获得一点带"嗟来之食"味道的酬劳，这样的智慧又有什么用，又称得上什么智慧呢？

所以，学者、哲学家的智慧或许也可以称作智慧，但不是真正的智慧。在金钱的狂态面前俯首帖耳的智慧，是不可能比金钱重要的。相反，富人没有学者之类的智慧，但他却能驾驭金钱，却有聚敛金钱的智慧，却有通过金钱去役使学者智慧的智慧。这才是真正的智慧。

不过，这样一来，金钱又成了智慧的尺度，金钱又变得比智慧更为重要了。其实，两者并不矛盾，活的钱即能不断生利的钱，比死的智慧即不能生钱的智慧重要；但活的智慧即能够生钱的智慧，则比死的钱即单纯的财富——不能生钱的钱——重要。那么，活的智慧与活的钱相比哪一样重要呢？我们都只能得出一个回答：智慧只有化入金钱之中，才是活的智慧；钱只有化入智慧之后，才是活的钱。活的智慧和活的钱难分伯仲，因为它们本来就是一回事。它们同样都是智慧与钱的圆满结合。

智慧与金钱的同在与统一，使犹太商人成了最有智慧的商人，使犹太生意经成了智慧的生意经！乔治·哈姆雷特曾在伊斯诺州的退伍军人医院疗养，他的时间很多，但是除了读书和思考之外，能做的事情并不多。但他懂得智慧的价值。乔治知道很多洗衣店在烫好的衬衣领加上一张硬纸板，防止变形。他写了几封信向厂商咨询，得知这种硬纸板的价格是每千张 4 美元。他的构想是，在硬纸板上加印广告，再以每千张 1 美元的低价卖给洗衣店，赚取广告的利润。乔治出院后，立刻着手进行，并持续每天研究、思考、规划的习惯。

广告推出后，乔治发现客户取回干净的衬衫后，将衣领的纸板丢弃不用。他问自己："如何让客户保留这些纸板和上面的广告？"答案闪过他的脑际。他在纸板的正面印上彩色或黑白的广告，背面则加进一些新的东西——孩子的着色游戏、主妇的美味食谱或全家一起玩的游戏。有一位丈夫抱怨洗衣店的费用激增，他发现妻子竟然为了搜集乔治的食谱，把可以再穿一天的衬衫送去洗！乔治并未以此自满，他要让自己的事业更上一层楼。他把每千张 1 美元的纸板寄给美国洗衣工会，工会便推荐所有的会员采用他的纸板。因此，乔治有了另外一项重要的发现，用自己的脑袋思考致富，便会得到源源不断的财富。

可见，正是智慧为乔治带来可观的财富。真正有智慧的人，懂得金钱的价值，懂得如何用自己的知识来获取金钱，用自己的知识来创造现实社会的财富。有位叫阿巴的外科医生非常著名，他给人看病是收费的。当时人们的观念是医生是救死扶伤的天使，收费是不应该的，医生们通常会在大街上摆上一个箱子，向路人募捐。所以，人们纷纷指责这位名医，但是阿巴告诉他们："不收费的医生是不值钱的医生。"

对于犹太人，他们最重视的是能赚钱的活智慧。所罗门王曾经说："去买真理，买了以后就不要卖掉。你还要去买智慧、教导和领悟。"由此，让人想到了犹太人银行家——弗利克斯·洛哈廷。

他曾在 1970 年为了再建即将崩溃的纽约市财政而四处奔走。

在第二次世界大战时期，他和家人从纳粹手里逃出，徒步穿越了比利牛斯山脉。在一个晚上，他打开了牙刷筒，底部是全家剩下的唯一一枚金币。这枚金币将是穿越国境到达美国之前的全部费用。但是，他从身无分文到重建生活的智慧是谁也夺不走的。到现在他还说："对我来说，现实的财富，不是牙刷桶里的金币，而是我头脑中随时可以带走的智慧。"可见，在犹太人看来，财富不光是钱，也不光是财产。财富是智慧，财富是力量，财富是智慧和魄力的结晶，是物质和精神的统一。

高风险、高利润

财富就是风险的尾巴。

——《财箴》

有人说，犹太人是天生的冒险家。的确，许多的犹太大亨都曾经历过各种各样的风险，他们在风险的惊涛骇浪中自由地活动，做了一场又一场风险的游戏，也获取了一笔笔丰厚的利润。美国石油大王洛克菲勒就是一个善于在风险中抓住机遇的人。

南北战争前，时局动荡不安，各种令人不安的消息不断传来，战争的阴影笼罩着美国的大地。人人都在忙着安排自己身边的事，忙着安排家庭、财产。而约翰·洛克菲勒却在运用他的全部智慧来思考怎样利用这场战争，怎样从战争里获得附加利益。

战争会使食品和资源缺乏，还会使交通中断，使市场价格急剧波动。洛克菲勒为自己的发现惊呆了，这不是一个金光灿烂的黄金屋吗？走进去，将会是满载而归。那时的洛克菲勒仅有一个资金 4000 元的经纪公司，而且其中一半的资金属于英国人克拉克。

洛克菲勒对这个问题着了迷，甚至和女友的父亲谈话时，也禁不住发问："要是发生战争，北方的工业家和南方的大地主，哪个更赚钱？"这句唐突的问话使未来的岳父无言以对，并对他投以轻蔑的目光。

洛克菲勒匆忙回到他的办公室，对伙伴克拉克说："南北战争就要爆发了，美国就要分成南北两边打起来了。""打起来，打起来又会怎么样呢？"

克拉克一副迷迷糊糊没有睡醒的样子。

洛克菲勒胸有成竹地决定，我们要向银行借很多的钱，要购进南方的棉花、密西根的铁矿石、宾州的煤，还有盐、火腿、谷物……克拉克惊诧无比，摊出双手："你疯了，现在这么不景气！可你居然还想投机。"

洛克菲勒嘲笑克拉克的无知，他说："明年我们的目标是取得 3 倍的利润。"他昂着头，冷静而又自信。

在没有任何抵押的情况下，洛克菲勒用他的设想打动了一家银行的总裁汉迪先生，筹到一笔资金。一切都如洛克菲勒预料的那样，第四年他们小小的经纪公司利润已高达 17 万美元，是预付资金的 4 倍。在第一笔生意结账后仅仅两周，南北战争爆发了，紧接着，农产品的价格又上升了好几倍。洛克菲勒所有的贮备都带来了巨额利润，财富就像滚动的雪球跟随着战争的车轮。等到美国南北战争结束时，洛克菲勒已不再是个小小的谷物经纪人，而是腰缠万贯的富翁，并开始涉足石油工业。洛克菲勒在风险中的决策是他事业的一个转折点，他在后来的经营中，始终记住了这一要诀：机遇存在于动荡之中，关键在于投身进去。

其实很多事在未真正完成之前，都是具有风险性的，常常会有一波未平一波又起的时候，也常常会有看似平静，但内部暗藏危机的时候。商业场上更是如此。一旦你勇于去开拓，敢于去克服那些困难，那么在最后你将会有意想不到的收获。在那些看似难以捉摸的风险背后，往往隐藏着巨大的财富！犹太人相信"风险越大，回报越大""财富是风险的尾巴"，跟着风险走，随着风险摸，就会发现财富。

确实，犹太商人长期以来不仅是在做生意，而且也是在"管理风险"，就是他们的生存本身也需要有很强的"风险管理"意识。所以在每次"山雨欲来风满楼"时，他们都能准确把握"山雨"的来势和大小。这种事关生存的大技巧一旦形成，用到生意场上去就游刃有余了。有不少时候，犹太商人正是靠准确地把握这种"风险"之机而得以发迹。公元 1600 年前后，摩根家族的祖先是从英国迁移到美洲来，到约瑟夫·摩根的时候，他卖掉了在马萨诸塞州的农场，到哈特福定居下来。

约瑟夫最初以经营一家小咖啡店为生，同时还卖些旅行用的篮子。这样苦心经营了一些时日，逐渐赚了些钱，就盖了一座很气派的大旅馆，还买了运河的股票，成为汽船业和地方铁路的股东。

1835 年，约瑟夫投资参加了一家叫作"伊特纳火灾"的小型保险公司。所谓投资，也不要现金，出资者的信用就是一种资本，只要在股东名册上签上姓名即可。投资者在期票上署名后，就能收取投保者交纳的手续费。只要不发生火灾，这无本生意就稳赚不赔。

然而不久，纽约发生了一场大火灾。投资者聚集在约瑟夫的旅馆里，一个个面色苍白，急得像热锅上的蚂蚁。很显然，不少投资者没有经历过这样的事件。他们惊慌失措，愿意自动放弃自己的股份。约瑟夫便把他们的股份统统买下。他说："为了付清保险费用，我愿意把这旅馆卖了，不过得有个条件，以后必须大幅度提高手续费。"

这真是一场赌博，成败与否，全在此一举。另有一位朋友也想和约瑟夫一起冒这个险。于是，两人凑了10万美元，派代理人去纽约处理赔偿事项，结果，代理人从纽约回来的时候带回了大笔的现款。这些现款是新投保的客户，出的比原先高一倍的手续费。与此同时，"信用可靠的伊特纳火灾保险"已经在纽约名声大振。这次火灾后，约瑟夫净赚了15万美元。

这个事例告诉我们，能够把握住关键时刻，通常可以把危机转化为赚大钱的机会。冒险是上帝对勇士的最高嘉奖。不敢冒险的人就没有福气接受上帝恩赐给人的财富。一位很成功的企业家邱德根曾经这样说过："我不信命运，我从风浪中捱出来，建立了自己的事业，即使到最后一刻也不会放弃，我的许多生意都是在风险中度过的。"

其实，任何一个企业要想做大，所面临的风险都是长期的、巨大的和复杂的。企业由小到大的过程，是斗智斗勇的过程，是风险与机会共存的过程，随时都有可能触礁沉船。在企业的发展过程中常常会遇到许多的困难和风险，如财务风险、人事风险、决策风险、政策风险、创新风险等。对犹太人而言要想成功，就要有"与风险亲密接触"的勇气。不冒风险，则与成功永远无缘。而商战的法则是风险越大，赚钱越多。当机会来临时，不敢冒险的人，永远是平庸之人。而犹太商人大多具有乐观的风险意识，所以常能发大财。

绝对的现金主义

拥有很多的现金，忧愁的事可能相对增加；但完全没有现金的人，忧愁更多。

——《财箴》

在生活中，犹太人对银行存款不感兴趣。银行存款虽然短期内的确可以获得一大笔利息，但是物价在存款生息期间不断上涨，货币价值随之下降，尤其是存款者本人死亡时，还需向国家缴纳继承税。所以，无论多么巨大的财产，存放在银行，相传三代，将会变成零。这就是税法上的原则，世界各国概莫能外。

现款确实不增值，但物价上涨对其影响不大，而且最关键的是手持现款，避免了在银行的财产登记。在财产继承时，不需要向国家缴纳遗产继承税。所以，手持现款时，财产既不增多，也不减少。

银行存款和现金相比，当然是现金可靠，既不获利也不亏损。小心谨慎的犹太人自然在二者择一的条件下选择了后者，因为对犹太人来说，"不减少"正是"不亏损"的最基本做法。想借助银行存款求得利息，是不太可能获得利润的。对钱财的保管，从古至今，每个国家的人们都有自己的一系列办法。中国在银行出现以前，人们为了生命和财产安全，通常把金银元宝埋藏在秘密的地方，只有自己或家人知道。在当时保险措施不健全，技术落后的时代，这算是一种比较安全的现款保藏法。当前，也有一些人，不太信任银行，仍旧用原始方法保存现款。这种方法存在许多弊端。

首先，人们拥有的现款大多数是纸币。纸币易受损坏，一旦发生意外事故如失火等，将损失惨重。其次，巨款在身，对生命也构成威胁。犹太人认为世界变化太快，没有谁能预测明天会怎样。一切都在变，只有现金不变，只有现金才可以给他们的生活带来一定的保障，才可以对付难以预料的天灾人祸。这表现在商业活动中，就是彻底的"现金主义"，即唯有现金是最实在的。

再来看一则笑话：有一位犹太人，临终之际，把所有的亲戚朋友都叫到了床前，对他们嘱托后事，说道："请将我的财产全部换成现金，用这些钱去买一床最高档的毛毯和一张最昂贵的床，然后把余下的钱放在我的枕头底下。等我死了，再把这些钱放进我的坟墓，我要带着这些钱到那个世界去。"亲友们按照他的安排，买来了毛毯和床。这位富翁躺在豪华的床上，盖着柔和的毛毯，摸着枕边的现金，安详地闭上了眼睛。

遵照富翁的遗嘱，死者留下的那一笔现金和他的遗体一起，被放进了棺材。这时，死者的一位老朋友前来向他的遗体告别。当他听说死者的财产都换成了现金并已随死者的遗体一起被放入了棺材时，立即从衣袋里掏出了支票和笔，飞快地签上金额，撕下支票，放入棺材。同时，又从棺材中取出现金，并轻轻地拍着死者的脑门，说道："老朋友，金额与现金相同，你会满意的。"

这则笑话说明了犹太人对现金的偏爱。在现实生活中，犹太商人中不乏痴爱现金的。19世纪的南非首富之一犹太钻石商巴奈·巴纳特就说："始终和现金或现金之类的东西打交道，喜欢钻石、金镑和纸币。"这位富翁从来不喜欢那些称为"股票"的纸类玩意儿。

还有一位英国犹太富商，欧洲第三大食品生产和经营集团卡文哈姆公司的老板詹姆斯·戈德文密斯爵士也特别迷恋现钞，他有这样的怪癖：他在卖东西时，一般都要求别人支付现金，但是在买别人的东西时，他尽量地用股票支付或者用长期赊购的方式。

犹太人之所以奉行彻底的现金主义，一方面是因为他们在大流散中可以随身携带现金逃跑，另一方面是因为他们对任何人都不放心，一旦将商品赊出去，拿不回钱来怎么办？如果马上要逃跑，岂不要白白损失？所以，唯有现金是安全、可靠和永恒的。我们知道，自从罗马帝国沦亡以来，犹太人便开始受到驱逐，过着四处流浪的生活。政治风云变化莫测，当地对犹太人的政策完全随其主观意识而变动。这种不安定的生活，使犹太人为了免遭杀戮和迫害的命运而随时都得做好迁徙的准备。动荡的生活和社会环境，决定了犹太人在财产选择上与众不同。他们通常是持有现金，或把钱换成黄金及钻石，固定财产少之又少。因为土地、建筑物等固定财产是无法携带的，一旦时局紧张就得弃之而走，这对爱财的犹太人来说无疑是巨大的损失。聪明的犹太人不会去购买土地营建奢侈豪华的别墅，尤其在兵荒马乱的年代。一看政治风向不对，他们就马上卷起家产而逃，能随身携带的财产是他们逃难时的生活依靠，有了它们，无论遇上什么天灾人祸他们都不会担心。现金是他们生活的保障和依靠，犹太人对现金的偏爱程度是无以复加的。

有一家犹太人的小餐馆的墙壁上贴着一首歌谣："我喜欢你，你要借钱，我只能不借，怕借了你便不再上门。"说白了，就是"现金交易，恕不赊欠"，然而其言语却很婉转。其实，这小餐馆的一杯酒才几块钱，却为何绞尽脑汁，编出这样的歌谣来拒绝顾客的赊欠呢？答案很明显，如果小餐馆允许顾客赊欠，其中的利息势必自己承担。换言之，自己所得利润必然被这部分利息所侵蚀。再者，小本经营的生意，如果赊欠太多，必将影响餐馆的资金周转，甚至使餐馆陷入困境。从这首歌谣，便可以看出餐馆主人如何煞费苦心了。

彻底采取现金主义，是犹太人的商法之一。这在日常生活及交往中表现得特别明显。与他国商人打交道时，他们心中想的是："那个人今天究竟带了多少现款？"更令人惊讶的是他们对公司的评价："今天那个公司，换成现款，究竟值多少？"总的来说，他们关心的是现金，脑子中除了现金，没有其他的货币形式。他们力求把一切东西都"现金化"。

犹太人这一"保守"的观念，决定了他们的商品交易力求现金交易。纵然交易的对方，在一年后确能变成亿万富翁，也难保证他明天不发生意外。人、社会及自然，每天都在变，只有现金是不变的。这是犹太人的信念，也是犹太教的"神意"。

此外，为了保证最大限度的现金化，犹太商人奉行如下原则：

（1）在契约上标明付款条件。

（2）互惠互利，不强买强卖；商品不卖给没有支付能力的顾客。

（3）信用限度表明可以赊欠多少，超过限度不予赊欠。

（4）收款态度坚决，不让对方有拖延的余地。

（5）约定期一到，立即上门收款。

（6）对经常拖欠货款的顾客慎重发货。

由于犹太商人奉行"现金主义"，长期以来，在犹太商人中流行着两条交易的铁的规定：

（1）钱只有一直处于流动状态才能够发挥它的增值功能。

（2）经济社会里，白条不可流通。

事实上，在当今的贸易活动中，现金仍是十分重要的，瞬息万变的市场，风险潜伏在各种买卖活动中，如果忽视了现金主义，往往会导致血本无归。所以，犹太商人的现金主义观念是很有道理的。

第二篇　经商术

点燃财富的梦想

贫穷不是因为没有钱，而在于缺少赚钱的野心。

——《财箴》

大部分人认为，穷人最缺少的是金钱，穷人还能缺少什么呢？当然是钱了，有了钱，就不再是穷人了。有一部分人认为，穷人最缺少的是机会。一些人之所以穷，就是因为没遇到好时机，股票疯涨前没有买进，股票疯涨后没有抛出……总之，穷人都穷在背时上。另一部分人认为，穷人最缺少的是技能。现在能迅速致富的都是有一技之长的人，一些人之所以成了穷人，就是因为学无所长。还有的人认为，穷人最缺少的是帮助和关爱。每个党派在上台前，都给失业者大量的许诺，然而上台后真正关爱他们的又有几个？

但是，在犹太人看来，穷人最缺少的是赚钱的野心和发财的梦想。犹太富豪克洛克曾经这样幻想：我希望钱就像拧亮电灯或打开水龙头那么多，永远不会够。富有戏剧意味的是，在他说完此话后的八年里，他的梦想就成为了现实。

克洛克的父亲是一家公司的职员，母亲在家教授钢琴补贴家用，全家过着紧巴巴的日子。正是家境贫寒使他对金钱产生了强烈的渴望。他曾经公开表述："我希望钱就像拧亮电灯或打开水龙头那么多，永远不会够。"

少年时代的克洛克表现并不突出，天资并非聪颖，成绩也平平常常。然而，与其他少年不同之处在于他经常胡思乱想，编造种种致富发财的梦想，常常在他人面前冷不丁地冒出赚钱的点子，因此，被人送了个雅号——"丹尼梦游人"。克洛克虽然对读书兴趣不大，成绩平常，倒也讨人喜欢。他经常帮助母亲干些家务活以减轻母亲的负担。闲时，母亲教他弹钢琴。经过母亲的严格训练，克洛克弹钢琴颇为出色，小有名气，并在教堂担任唱诗班的钢琴伴奏。

不想，这竟成为克洛克后来谋生的一种技艺。为了补贴家用，也为了实现自己的赚钱梦想，上小学时他就到舅父家的音乐店去打工挣钱。上中学时，小小年纪的克洛克居然就梦想独立开店，并且立即付诸实际。他用打工积攒的钱与两位朋友合伙开了一家音乐商店，主营乐谱和便宜的乐器。每逢营业时间，克洛克就会坐在钢琴旁轻松弹唱，以吸引人们驻足光顾。然而，生意并不像克洛克想象的那么火爆，不久只好关门大吉。克洛克初试牛刀，但以失败告终。克洛克读中学时，正逢美国卷入第一次世界大战。他响应政府号召，说服家人，虚报年龄，未满15岁便辍学从军，奔赴欧洲参战。两年后，他退役返乡，开始四处寻找工作。他先后卖过咖啡豆、小说，推销过纺织品，做过证券交易厅的服务生，还曾担任公司出纳员等，经历了就业的兴奋，也多次品尝失业的痛苦。1922年，克洛克终于成了纽约百合纸杯公司芝加哥分公司的推销员，从此开始了他长达32年之久的推销员生涯。

纸杯的主要客户来自大大小小的餐饮店，尤其是冷饮店。但纸杯生意并不好做，冬天生意更差。众多小本生意店主让克洛克碰鼻触灰，他们总是说："不要了，我们用玻璃杯，它们比较便宜耐用。"为了大量推销纸杯挣钱，他四处游说，不惜磨破嘴、跑断腿，不辞辛劳，早出晚归，拼命苦干，为的就是哪怕能多卖出一只杯子。每天早晨7点钟，他准时离开家，手提纸杯样品于全市奔波。在芝加哥，无论是街头巷尾、公园、动物园的冷饮摊点，还是赛马场、棒球场、海滩的冷饮部，总之，只要有餐饮店的地方，就有克洛克反复出现的身影。在棒球赛季，克洛克还不得不在凌晨2点起来排队购买门票，为的是抓住机会向比赛场的冷饮摊点零售纸杯。

辛勤的汗水终于换来了成功的收获，克洛克因业绩突出，升为百合公司西部分公司的一名部门经理，手下有15名业务员。他作为一名优秀的推销员，处处显示出他精明的商业头脑。一家饮料店的老板觉得买纸杯不合算，不愿意买，于是克洛克便白送给他300只试用。结果试用几天后，该店营业额有所提高，毕竟顾客还是认为纸杯更干净卫生。

克洛克的聪明才智在纸杯推销中发挥得淋漓尽致，连续创造公司的纪录。1932年，他首次创下向客户一次销售出10万只纸杯的纪录。以后又创造了一年内销售 500 万只纸杯的最高纪录，令人刮目相看。含辛茹苦近 15 个年头，克洛克的事业终有所成。他们一家终于过上了小康的日子，买了新居，雇了保姆，并且还购进了别克牌汽车，终于实现了自己的梦想，过上了富人的生活。

可见，穷人的穷不仅仅是因为他们没有钱，而是他们根本就缺乏一个赚钱的头脑。富人的富有不仅仅是因为他们现在手里拥有大量的财富，而是他们有一个发财的野心。巴拉昂是一位媒体大亨，以推销装饰肖像画起家，在不到十年的时间里，迅速跻身于法国五十大富翁之列，后来因前列腺癌在法国博比尼医院去世。临终前，他留下遗嘱，把他 4.6 亿法郎的股份捐献给博比尼医院，用于前列腺癌的研究，另有 100 万法郎作为奖金，奖给揭开贫穷之谜的人。巴拉昂去世后，法国《科西嘉人报》刊登了他的遗嘱。他说，我曾是一个穷人，去世时却是以一个富人的身份走进天堂的。在跨入天堂之前，我不想把我成为富人的秘诀带走，现在秘诀就锁在法兰西中央银行我的一个私人保险箱内，保险箱的三把钥匙在我的律师和两位代理人手中。谁若能通过回答"穷人最缺少的是什么"而猜中我的秘诀，他将能得到我的祝贺。当然。那时我已无法从墓穴中伸出双手为他的睿智欢呼，但是他可以从那只保险箱里荣幸地拿走 100 万法郎，那就是我给予他的掌声。

巴拉昂逝世周年纪念日之际，律师和代理人按巴拉昂生前的交代在公证部门的监视下打开了那只保险箱，在 48561 封来信中，有一位叫蒂勒的小姑娘猜对了巴拉昂的秘诀。蒂勒和巴拉昂都认为穷人最缺少的是野心。

谁都知道犹太人中富人众多，但富人不是天生的。穷人之所以能够成为富人，实际上就是由于他们具有富人的思维方式，具有想成为富人的强烈欲望。这不是什么实用的技术，而是一种人生态度。犹太人始终将此人生态度付诸日常生活的经商之中，从而成就了一个个了不起的犹太富翁。

女人的钱最好赚

挣钱的是男人，用男人的钱养家的是女人。

——《财箴》

精于商业之道的犹太人认为，聪明的商人应该有独具慧眼的赢钱之道。

他们认为赚女人的钱是挣钱的秘诀，因为在这个世界上男人挣钱，女人用男人挣的钱操持家业。所以，尽管男人大把大把地挣钱，可开销权却在女人手上。因此，这一点是生意场上的要点，只有女人心动，才能使财源广进。

关于做女人生意，犹太人中流传着许多民谚："从男人身上赚钱，其难度要比以女人为对象大 10 倍。"

"挣钱的是男人，用男人的钱养家的是女人。"

"钱是男人挣的，开销权却在女人手里。"

"让女人掏腰包的机会远比让男人掏腰包的机会多。"

"做女人的盯梢者，打动女人的心，我们的生意才容易成功。"

犹太商人既这样说了，也这样做着。

世界最有名的高级百货公司"梅西"公司从一个小商店开始起步，经过 30 多年发展，成为世界一流的庞大企业。创办这家公司的犹太人施特劳斯结束打工生涯当上了老板，就是因为发现顾客中的女性居多，即使男女结伴购物，购买的决定权仍然在女性手中。

于是施特劳斯的女性用品专营店开业了。一开始，他经营的是时装、手袋和化妆品。几年之后，增加了钻石和金银首饰等业务。他在纽约的梅西百货公司共有 6 层展销铺面，其中女性用品占了 4 层，展示综合商品的另外两层中也有不少商品是专为女性摆设的。

"我盯住了一大群女人"施特劳斯后来感慨地说，"我的店员全部盯上了她们"。

追溯起来，人类自从有历史以来，世界就分为两半，一半是属于男人的，另一半是属于女人的。社会开始慢慢进化，工作成了男人的主要任务，而女人则逐渐与工作脱离而主持家务，自由支配男人所赚的钱。这样世界上的金钱，几乎都集中到女人手中。

而在现实生活中，男人总是围绕着女人转，男人想尽办法讨得女人的欢心。男人一旦结了婚，女人就成了男人永久的资金保存库，男人说女人是家里的"财政部长"。犹太人早就知道这个道理了，这个世界上是男人赚钱，女人用男人赚的钱养家。钱虽然是男人赚的，但开销权却掌握在女人手里。所以，如果想赚钱，就必须先赚取女人手里的钱。

日本的佐藤对此也是深有同感的。正是"盯牢女人"，做女人生意这一黄金法则使他一跃而成为日本首富。

佐藤专营店的分销点达到了 100 多家，基本引导了全日本的女性袜子和内衣市场。佐藤总结了以下女性消费者的特点："原价 100 元的东西降价为 98 元，三位数降到两位数，女人的感觉便是便宜了许多。"

"男人会花 2 元钱去买标价 1 元的他所需要的东西，女人则会花 1 元钱去买标价 2 元的她不需要的东西。"

"只要某广告提到某厂商正在某地举办大拍卖，大多数女人就甘愿花 30 元的车费，去购买一样只便宜 10 元钱的东西。"

"女人比男人喜欢触摸。女人的触摸往往表现为一种暗自揣摩。若没有摸一摸、揉一揉衣物，女人是绝对不会下决心购买的。其他商品也是一样。"

"不可品尝的食品，女人也要用手捏捏，以鉴定其品质。精美的商品被不透明的纸袋精美地包装着，女人们就不敢做购买的尝试。"

"与其大费唇舌地向女人推销，不如让女人摸一下、看一下。"

佐藤不愧是佐藤。他说：不仅把商品以高价卖给女人，还要让女人把眼睛看花。

在佐藤 70 大寿时写给儿子的信中，他这样说道："一方面盯紧别人的女人，赚女人掌管的钱；另一方面盯紧自己的女人，别让她花销无度。"

可见，佐藤的确把犹太商人的生意经学到了家，而且总结得精辟之极。此外，犹太人埃默德也是一位运用"女性生意经"的高手。

埃默德曾经在伦敦一条繁华的街道上开了一家百货商店。地理位置相当好，每天来往的人也很多，可是开业两三年了，店里总是冷冷清清的。埃默德十分郁闷。经过长时间观察，埃默德发现了这样一个规律：在平时光顾公司的人中女性居多，差不多占 80%，偶尔有男人来商店，也大多是陪妻子购物，他们很少单独买东西。他越想越觉得自己的经营方向有问题：女人才是真正的消费主体，自己却把目光瞄在不赚钱的生意上，这样不是偏离赚钱越来越远了吗？埃默德于是果断地决定将百货商店的营业对象限定在女性身上。

他把所有的营业面积全部用上，全都摆上女性用品。不过，精明的埃默德这次想出了高招：把正常的营业时间一分为二，白天他摆设家庭主妇感兴趣的衣料、内裤、实用衣着、手工艺品、厨房用品等实用类商品；晚上则改变成一家时髦用品商店，以便迎合那些年轻的女性。这样，最有消费实力的女人都被他的经营方针给覆盖了。

尤其是针对年轻时髦的女孩子们，埃默德可以说是费尽了心机。光是女孩子们喜欢的袜子就陈列了许多种，内衣、迷你裙、迷你用品、香水等都选年轻人喜欢的样式和花样进货。凡是年轻女性喜欢的、需要的、能够引起她们购买欲望的商品，他都尽量满足，并把它们摆在柜台显眼的位置上。

最绝的是，他从美国进口了最流行样式的商品，并且进行了巧妙的宣传："本店有世界最风行的新款女士内衣，包您穿了青春靓丽。"没过多久，埃默德商店有世界上最流行的内衣的消息不胫而走，许多女性真的如风一般赶来，争相购买。

埃默德的商店成了女性常来光顾的地方，不久，其分销点就已经达到100多家，狠狠地赚了女人一大笔钱。

犹太人就是这么厉害，他们在那些富丽堂皇的高级商店里，专门经营那些昂贵的钻石、豪华的礼服、价格不菲的项链、戒指、香水、手提包……这些无一不是专为女性顾客准备的。犹太商人就是瞄准了这个市场，获得了比别人更多的盈利。

逆境之中寻发展

不幸是为了让我们邂逅幸福而出现的。

——《财箴》

有这样一个笑话：飞机正飞越大西洋，机内引擎突然着火，机长请求每个乘客按照自己的信仰"做些最后的事情"。于是，罗马天主教徒数着念珠祈祷；清教徒唱起了赞美诗；而一个犹太乘客则挨着各位推销护身符，又赚了不大不小的一笔。

犹太人在逆境中看到了做生意的最佳机会，甚至在绝境中也不放弃赚钱，这就是犹太商人在逆境中发财的生意经。

在两千多年的漂泊流离生活中，犹太人一直处在逆境之中。在这漫长的日子里，他们学会了忍耐和等待，学会了低调处事做人，学会了如何在逆境中生存发展。犹太商人能在危险来临时，仍泰然自若地做生意，甚至把逆境看成是做生意的最好时机。许多犹太巨富早年都是在逆境中成长，他们甚至没有接受过多少正规的学校教育。在逆境中磨砺，在逆境中奋斗，在逆境中发财，他们走的是一条更为艰辛的路。美国钢铁业巨头安德鲁·卡内基，出生于苏格兰的亚麻编织匠家庭。在他的童年时代，父母因为无法维持生计而迁居美国，当时拍卖完全部值钱的家当以后还不足以支付全家人的船票，靠亲友的资助才得以成行。

由于生活艰难，年仅13岁的卡内基就进入纺织厂，在昏暗狭窄的锅炉室里工作。后来，他又做了电报信差、报务员、铁路职员、秘书等差事，历尽艰辛，最后在一个上司的提拔和支持下，投身于钢铁制造业，终成大器。

如今，"洛克菲勒"这个姓氏象征着财富和势力，而这个家族发迹的鼻祖，曾经名列全美第二大工业公司的标准石油公司的创始人——约翰·洛克菲勒，在少年时期却因为经济上的原因而不能进入大学，只念到高二，就中途辍学投身生意场了。

这些世界经济舞台上的巨子们的青少年时代都很清贫，他们无法完成正常的学业，没能够进入大学的校园。然而，从逆境中，他们又学到了很多。从知识的点滴积累，到性格的磨砺锻炼。一次次的失败和绝境，让他们悟出了某些书本里学不到的真谛。所以，他们成功了。施特劳斯是美国著名的梅西百货公司的创始人，也是20世纪二三十年代全美首屈一指的富豪。然而，他最初不过是一个贫困家庭的苦孩子。施特劳斯出生于德国，后移居北美，由于贫困，他不得不在读完初一后就辍学，当了杂货店的童工。他读书不多，但深受犹太人传统教育的影响。

他想通过自己的努力与奋斗去开拓自己的事业，为此，他一刻也没有停息过。他14岁时，白天在杂货店干活，晚上自修文化。他勤奋聪明，干事也十分利落，老板很赏识他。他从勤杂工转为记账员，又升为售货员，再到售货经理，直至最后当上了公司的经理。虽然有了可观的收入，但他毫不满足。接着，他利用积蓄开设了自己的小百货店，取名为梅西百货公司。由于自己的努力和经验，加上广泛的供销渠道，梅西公司快速发展，几年时间，便成为一个中等的百货公司，且很有名气。

但他仍不满足于已有的成绩，他决心将梅西办成全美乃至全世界一流的百货公司。于是，他主动研究市场，马不停蹄地大搞市场调研，得出在北美这样的买方市场上应该执行以顾客为中心的市场营销手段的论断。一方面，他要求公司的销售人员要对公司的商品有足够的了解，真诚地为顾客着想，争取让顾客最满意；另一方面推出了"给消费者赠品""有奖销售""新产品用户试用""产品当场演示""时装表演"等多种促销手段。

施特劳斯的不断探索为公司赢得了成功。在当时，梅西公司的业绩和信誉远远领先于别的公司。正是在这不断进取的30多年经营中，梅西公司由小变大，最终成为了世界一流的百货公司，一直持续到 20 世纪 70 年代末，而施特劳斯在 30 年代就逝世了。可以说，富翁就是这样"炼"出来的。世界上没有任何一个富翁是一帆风顺的。同样，盖尔·博登也是一个善于在逆境中发财的人，正是这一点，使他有了辉煌的成功。早年，博登埋头于发明创造。他先是发明了脱水肉饼干，但未给他带来多少好处，相反，却使他在经济上陷入窘境。有了第一次失败的教训，博登未被击倒。又经过两年反反复复的试验，他终于又制成了一种新产品——炼乳，并决定把它推向市场。

博登的第一步是要寻找专利保护。博登发明的炼乳，是一种纯净、新鲜的牛奶，牛奶中的大部分水分在低温中利用真空被抽掉。但是，博登为他的制造方式寻求专利权时，得到的答复是产品缺乏新意，并且，专利局官员告诉他，在已批准的专利申请存档中已经有数十种"脱水乳"的专利权，其中包括一种"以任何已知方法脱水"。博登并不甘心，又一次提出申请。但他的第二次申请再度被驳回，因为专利官员判定"真空脱水"并非必要的过程。第三次申请仍被拒绝，理由是博登未能证明"从母牛身上挤出的新鲜牛奶在露天地方脱水"与他的制作方式的目的不一致。三次申请，三次被驳回，并未把博登击倒。他对专利权仍然穷追不舍，因为他坚信他的创造。他的第四次申请终于被批准了。

但是推销新产品也不是一帆风顺的。尽管博登每天花费 18 个小时在厂里教导炼乳的生产方法，监督生产程序，检查卫生清洁情况；尽管他的工厂由一家车店改造，租金便宜，附近又有纯正、营养丰富的牛奶供应，因而炼乳的成本较低；尽管他小心地挑选一位社区领袖作为他的第一位顾客，因为这位社区领袖对炼乳的意见会有助于巩固这家新公司及其新产品在该地区的地位，而且这位社区领袖对产品也表示了赞赏……但是，当时当地的顾客习惯把掺有水分的牛奶放入一些发酵品，进行蒸馏。他们只觉得炼乳稀奇古怪，对它存有疑心，所以，很少有人问津。出师屡屡不利，甚至到了山穷水尽的地步——博登的两位合伙人都失去了信心。第一家炼乳厂被迫关闭了。

博登破釜沉舟，又建起了新工厂。也许是他的努力感动了上帝，他的第二次尝试终于获得了成功。他的公司在他逝世时，已成为美国具有领导地位的炼乳公司。而博登的创业奋斗奠定了现代牛奶工业生产的基石。在博登的墓碑上，有这样一段墓志铭："我尝试过，但失败了。我一再尝试，终于成功。"这正是对他一生的总结。

很显然，杰出的人物之所以能成功，另一个重要的原因就是他们均能自强不息，并且具有必胜的信念。即使面对种种逆境、重重困难，他们也从未放弃过。生活中总有许多人抱怨自己没本事，从而消极平庸，但实际上每个人都有成功的潜质。正如拿破仑所言："世上没有废物，只是放错了地方。"只要选准一条适合自己的路，坚持下去，自强不息，积极进取，就一定能成功。

吃小亏赚大便宜

只想着自己赚钱的人是赚不到大钱的。

——《财箴》

有位中国留美学生讲了这样一件事：他刚到美国时，用 500 美元在一家犹太人经营的商店买了一台彩电，回去后发现质量有问题，于是给商店打电话。电话刚挂断，商店就来人了，确认了质量有问题后，马上行礼，并说："请原谅，马上换一台。"在零售店，经理随手一指："请随意选一台，但一定请多关照。"这位留学生没有挑价值比原彩电高得过多的彩电，而是客气地选了一台 800 美元的彩电。

从这件事上看，精明的犹太商人以一台彩电，也就是 300 美元的代价，避免了企业声誉受损，所以最终赔也是赚。"赔本赚吆喝"是犹太人的经商俗语，说的就是先"舍"后"得"的道理。这其实是一种表面上亏损的促销方法，但它在打开产品销路方面却能够起到良好的效果。

有一位犹太商人开发了一种保健饮料，其销售势头一直长盛不衰，这种饮料打开市场时用的就是一种"赔本赚吆喝"的生意经。他们独出心裁想了一个新招。根据自己产品的特性，他们花钱登广告征寻 1000 个拿着医院体检单，已被儿科医生认可的厌食、瘦弱、体质差的孩子，免费供应这千名儿童一天两瓶。当然，这位犹太商人最终目的是为了打开产品的销路，但这种"赔本赚吆喝"的买卖经，却不失为一种有益的尝试。

如果说犹太商人"赔"的是数以千瓶的饮料，那么，花旗银行的一位犹太小职员"赔"的只是 15 分钟的小小耐心，而他们所取得的效果却是一样的。

故事发生在美国花旗银行的一位小职员身上：有个陌生的顾客从街上走进这家银行，要换一张崭新的 100 美元钞票，准备那天下午作为奖品用。这个职员花了 15 分钟，打了两次电话，最后找到了这样一张钞票，并把它放进一个小盒子里，递上一张名片，上面写着："谢谢您想到了我们银行。"后来，那位偶然光顾的顾客又回来了，并开了一个账户。在以后的几个月里，他所工作的那个法律事务所在花旗银行存款 25 万美元。

由于那个职员无懈可击的优质服务，使偶然光顾的顾客特意回来开户存款，这样的服务魅力恐怕是难以抗拒的吧！还有一些聪明的犹太商人采用白送机器零件这样一种看似赔本的方法来促销自己公司的机器，并最终获得成功。

美国凯特皮纳勒公司，是世界性的生产推土机和铲车的大公司。它在广告中说："凡是买了我们产品的人，不管在世界哪一个地方，需要更换零配件，我们保证在 48 小时内送到你们手中，如果送不到，我们的产品白送给你们。"他们说到做到，有时为了一个价值只有 50 美元的零件送到边远地区，不惜动用一架直升机，费用竟达 2000 美元。有时无法按时在 48 小时内把零件送到用户手中，就真的按广告所说，把产品白送给用户。

"吃小亏就是赚便宜"，这是犹太人的生意经之一。对此，被犹太人称为"致富圣经"的《塔木德》中将这一点说得很明白："暂时地放弃一些利益，是为了得到更多的利益。"

在美国这样一个种族歧视严重的国度里，一个一文不名、靠借来的 470 美元起家的黑人小伙子却成了拥有资本 800 万美元的大公司老板，成为美国的黑人大亨，他就是约翰逊。约翰逊成功的秘诀是"欲取之，先予之"。

约翰逊最初在一家名为"富勒"的大公司负责推销黑人专用化妆品。虽竭尽全力，却成效甚微。他终于悟出："自己推销的商品是特殊商品，特殊之处就在于消费者是黑人。"而黑人在美国的经济地位和社会地位普遍低下，受教育程度也大大落后于白人。他们不仅购买力有限，而且大多数人还不懂如何使用化妆品，甚至根本连使用化妆品的欲望还没产生呢！他必须摒弃传统做法，另辟新路。这一认识是约翰逊推销生涯的一个质的飞跃，为他开创一种全新的推销方式奠定了基础。

怎样让黑人妇女喜欢化妆品呢？关键是要让她们体验到化妆前后的差别，以活生生的事实刺激她们想修饰自己的欲望。他冒着赔本的风险，冒着丢掉"饭碗"的危险，一个"先尝后买"的全新推销方式脱颖而出。

约翰逊在黑人居住地区铺开摊子，先用租来的手风琴自拉自唱流行歌曲，吸引了来往的黑人。待人们聚拢后，他开始介绍化妆品的功效，并慷慨请大家随意试用。爱美是人类的天性，谁不想使自己变得更漂亮些，更何况不用花钱就能打扮自己呢？羞怯的黑人妇女开始壮着胆凑过来，在约翰逊的指导下涂脂抹粉，陶醉在别人的注视和自我欣赏之中。可第二天一早恢复本来面目，就远不如化妆后漂亮。妇女们不甘心了，约翰逊终于唤起了黑人妇女对化妆品的欲望。一个月后，"先尝后买"取得惊人成果，约翰逊的公司声威大震。

因此，犹太人在长期的经商生涯中深信这一点：如果想赚钱的话，必须先让对方赚钱。只想自己赚钱的人，不仅不能赚大钱，而且还会被视为吝啬鬼。

从前有一位贵族，很喜欢收藏古董。他备有两个仓库，一个仓库放的是赝品，而真品则放在二号仓库。古董店的老板一有新货，就会把东西带到那个贵族家。当然其中有真品也有赝品。但是，贵族从不计较，只说声谢谢，便照单全收。不过他会告诉管家，哪些古董该放一号库，哪些该放二号库。

明知是赝品还付钱，表面上看起来，好像吃亏了，其实不然，因为这么一来，古董店认为对方带给自己赚钱的机会，所以，一有真正的好货，就会拿到贵族那里。因而，这个贵族收集到很多好古董。如果当初他不愿让对方赚钱，就无法收集到这么多珍贵的东西，当然更别奢望赚钱了。做生意与古董业一样，每个人都是因为自己能赚钱才肯和对方合作，如果总吃亏而不赚钱，当然就不谈了。能让自己赚到钱，也能让别人赚到钱，彼此才会努力协作往来时，获利也才会更多。

洛斯查尔德家族的开创者麦雅，当初是一位犹太穷孩子，做着古币和徽章收藏的小买卖。在生意场上遭受种种歧视和碰了一次次壁的经历告诉麦雅：做生意必须要具有一定的地位和身份，这样才能挣大钱，才能不受别人轻视。

麦雅经过三番五次的努力，终于打通了通往宫廷的门径。

一天，他获准晋见当地的领主毕汉姆公爵。麦雅趁此机会，以牺牲血本的超低价格向公爵推销珍贵的徽章和古钱币。公爵正在兴头上，一股脑儿地买下了麦雅推荐的徽章和古钱币。但此时这位 20 岁的犹太小商人似乎并没有引起公爵的注意。

麦雅的目标不是这一笔买卖，也不全是长期买卖，而是要通过建立长期买卖抓住公爵这个人，他认为公爵对他将会有更大的用处。他不断地以超低价格的方式向公爵推销古钱币和徽章。这样收集和买卖终于成为公爵的一大嗜好。

而麦雅呢？损失了许多经济利益，却牢固了和公爵的关系，并且深深赢得了公爵的信任。他经常替公爵兑换一些汇票。再后来，他掌握了公爵的一部分财产处理权，并在25岁的时候荣获了"宫廷御用商人"的头衔，实际上也就解除了许多套在犹太人身上的枷锁。麦雅整整为公爵效力了20年。

在法国大革命期间，麦雅协助公爵进行金融和军火交易，为公爵赢得了不少利益。他把巨额资金借给那些正缺乏军费的君主和贵族以赚取定额利息，同时他还进行军火交易。很快地，珠宝、借据、期票等便堆满了他的金库。

当然，麦雅不会忘了自己的家族、自己的身份。他大力施展自己的商业才华，在战乱年代，他为家族赢得了巨额资产。他借用公爵为其后来建立犹太金融帝国打下了坚实的基础。在后来的岁月里，将金钱、心血和精力押宝般地投注到某一特定人物身上的做法，已成为洛斯家族最基本的战术。

不惜血本与特权、强权建立牢固关系，然后回过头来再从这些人身上获取远甚于此的更大利益。先舍后得，为了自己的长期利益暂时放弃一些近期利益。实践证明，麦雅的确做对了。现在，以"欲取之，先予之"的方法推销，在世界各地已非常普遍。

曾有一段时间，香港男士服饰店大量批发绅士服。由于生意竞争激烈，有些商店就以"买一套绅士服赠送一条长裤"为口号，希望引发顾客的购买欲。其实，一套衣服，真的需要两条长裤吗？但由于人人都有"贪小便宜"的心理，既然是免费赠送，谁不喜欢呢？所以受赠品的吸引，前去购买的人很多。

日本某家威士忌制造商，为了提高威士忌的销售量，以赠送精美的酒杯、酒盘和细致的小酒壶来吸引顾客。根据统计，前来购物的大多数人是受到赠送品的吸引。所以，馈赠品的魅力还是很大的。由于这种馈赠促销的经营方法确实能增加销售额，所以历久不衰。但也有人认为，与其赠送，不如降低价格更实际。然而，对于已经熟悉了大商场打折推销积压品的消费者来说，馈赠比降价更可信。譬如，价值1000元的商品，以700元的价格售出，消费者并不会觉得获得了300元的利益。他们反而会以为，这商品本来就值700元而已。但是若以1000元价格出售，另外赠送300元的礼物，情形就不一样了，消费者会以为，自己以1000元买到了1300元的商品。

换句话说，就人的心理满足程度而言，赠品确实比降低价格更吸引人。

因为获得赠品的购买者，会有意外收获的感受——这东西来得太容易了。即使并无实际用处，他们心理上也会觉得很快乐。

如前面提到的买威士忌附赠酒杯、酒盘、酒壶等精美酒具，要让人花钱去买的话，会觉得不值，但有人愿意赠送，当然不要白不要。有经验的犹太人，就经常利用了人们这种心理弱点，大做生意。

契约是上帝的约定

人与人之间的契约，也和神所定的契约相同，绝不可以毁约。

——《财箴》

有一个犹太商人和雇工订了契约，规定雇工为商人工作，每周发一次工资，但工资不是现金，而是雇工从附近的一家商店里领取的与工资等价的物品，然后由犹太商人和商店老板结账。

过了一周，雇工气呼呼地跑到商人跟前说："商店老板说，不给现款就不能拿东西。所以，还是请你付给我们现款吧！"过了一会儿，商店老板又跑来结账了，说："你的雇工已经取走了这些东西，请付钱吧！"

犹太商人一听，给弄糊涂了，经过反复调查，确认是雇工从中做了手脚。但是犹太商人还是付了商店老板的钱，因为唯有他同时向双方做了许诺，而商店老板和该雇工之间并没有雇佣关系。既然有了约定，就要遵守。虽然吃了亏，也只能怪自己当时疏忽轻信了雇工。犹太人之所以不毁约，是认为契约是和神的约定，绝不可以毁约。

综鉴一部分犹太人的经商史，可以说是一部有关契约的签订和履行的历史。犹太人一旦签订了契约就一定执行，即使有再大的困难与风险也要自己承担。他们相信对方也一定会严格执行契约的规定，因为他们深信：我们的存在，不过是因为我们和上帝签订了契约，如果不履行契约，就意味着打破了神与人之间的约定，就会给人带来灾难。签订契约前可以谈判，可以讨价还价，也可以妥协退让，甚至可以不签约，这些都是我们的权利，一旦签订了就要承担自己的责任，而且要不折不扣地执行。

犹太人在经商中最注重"契约"。在商界中，犹太裔人的重信守约是有口皆碑的。犹太人认为"契约"是上帝的约定。他们说："我们人与人之间的契约，也和神所定的契约相同，绝不可以毁约。"既然"契约"是和上帝的约定，那么若毁约，就是亵渎了上帝的神圣。

《圣经·旧约》有这样一句话："我们的存在，就是履行和神签订的契约。"从这句话不难看出，犹太人对于契约所持的神圣态度。这种态度不是偶然的，而是来自于他们民族的文化根源。

《圣经》中说：亚伯拉罕把上帝视做对手，并进行了数次谈判，终于签订了契约。上帝与人类缔结的是平等之约，人类如能遵守上帝之约，上帝便保证人类的幸福。合同书上对权利与义务都做出了明确的规定：你如留心听从耶和华上帝的话，谨守遵行他的一切诫命，就是我今日所吩咐你的，必使你超乎天下万民之上，你如听从耶和华上帝的话，这以下的福必追随你，临到你身上。同时，对于违约的人，它也规定了必须承担的后果："你如不听从耶和华上帝的话，不谨守遵行他的一切诫命，就是我今日所吩咐你的，这以下的诅咒都随你，临到你身上。"最后，上帝和人类签名盖章，并留下了信物。

另外，在《创世纪》里也有一则美丽的故事：上帝为了惩罚行恶的世人，决定降大雨毁灭人类，唯有诺亚及其一家被作为人类新的始祖，被上帝赦免。于是，上帝命诺亚造了一艘长约150公尺，宽约25公尺，高约15公尺的3层方舟，诺亚一家携鸟类和兽类避在里面。大雨一连下了40个昼夜，淹没了所有的陆地，只有诺亚一家劫后余生。洪水退后，诺亚建起祭坛，献上供品，感谢上帝的庇护。

上帝接受了供品，并和诺亚约定，今后不再毁灭世上的生物，而且还在天地之间画了彩虹来作为凭证。这就是所谓的"彩虹之约"。

从此，犹太人便认为上帝和人类之间具有一层契约关系。上帝要犹太人作为自己的"将选之民"，犹太男人出生的第八天就要在父母的带领下做"割礼"（即将男子的包皮割去），作为上帝和犹太人之间契约的证明。耶和华要求犹太人历尽流浪之苦最后等待救世主弥撒亚的到来，到时候，所有的人都必将得到救赎。因此，犹太人深信：我们的存在，就是履行和神签订的契约。契约就是人存在的理由。因此犹太人极为注重契约，认为契约是和耶和华签订的，是无比神圣的事情。

犹太人由于普遍重信守约，相互之间做生意时经常连合同都不需要。口头的允诺也有足够的约束力，因为"神听得见"。

犹太人信守合约几乎达到令人吃惊的地步。在做生意时，犹太人从来都是丝毫不让，分厘必赚，但若是在契约面前，他们纵使吃大亏也要绝对遵守。这对他们而言，是非常自然的事情。日本的藤田先生之所以获得"银座的犹太人"的雅号，是因为他的生意经学到了家，而且运用得得心应手。"银座的犹太人"在世界性贸易中，无疑是一本烫金的通行证，是信誉的象征。藤田先生之所以获得这个雅号，是他付出了血本代价的结果。

1958 年，美国一家石油公司向藤田先生订购了 3 万把餐刀和叉子，交货日期为 9 月 1 日，地点定在芝加哥。藤田先生不敢怠慢，立即商请歧埠的厂商为他赶制。

值得说明的是这家美国石油公司是犹太人的公司。没想到麻烦出来了。藤田先生打算 8 月 1 日由横滨出港，9 月 1 日肯定可以在芝加哥交货。可是因为厂商违约，致使他不能按期交货。藤田先生气得对厂商大发脾气，因为他是和犹太人做生意，犹太人对时间的要求之严格是举世皆知的。

厂商却说："稍微迟一点，对方不至于发火吧！"就这样厂商一直拖到 8 月 27 日才交货，此时轮船插上翅膀也难飞到芝加哥了。为能按期交货，只有让餐刀和叉子坐飞机了。而坐这趟飞机的价格是 6 万美元，这个代价简直是高得不能再高了。但是藤田别无他法，只得租用昂贵的飞机，因为犹太商人从来不听人辩解。藤田按照合约严格要求，9 月 1 日到芝加哥如期交货。犹太人只说了一句："按期交货，OK！听说你租用飞机空运了，真了不起！"而对飞机租金不闻不问。其实，光是犹太人那句赞扬的话就已经很值钱了。

第二年，美国石油总公司又向藤田先生订购了 6 万把刀叉。没想到，货又不能按期完成。因为刀叉不是流水生产而是作坊似的小厂生产，需要多个生产厂家合作，才能够生产出这 6 万把刀叉来。在这期间，虽然厂家日夜加班，但还是没能赶上交货期装船。

于是藤田先生只得再次租用飞机，按期赶到芝加哥交货。犹太人没有说一句感激的话，仍是一句"OK"。

两次花费昂贵的运输费，实在是让藤田有些承受不了。他把厂商召集在一起，要求他们分担部分飞机租金。厂商多多少少感到自己有些责任，经过一番讨价还价，厂家只答应出 20 万日元。

两次租用飞机，使得藤田先生蒙受了巨大的损失，但损失的金钱却买得了犹太人的高度信任。犹太人在全球的商业网络极为广泛，不久，所有的犹太人都知道日本有个藤田先生是个信守诺言的人。

因为这两件事，藤田先生获得了"银座的犹太人"的雅号，当然这个雅号也带给藤田先生无穷的价值。因为从某种程度上来说，信誉才是生意真正的开始。既然犹太人如此信守承诺，重视契约，那么对于违约者，犹太人自然深恶痛绝，一定要严格追究责任，毫不客气地要求赔偿损失。

有一位日本商人和犹太商人签订了 10000 箱蘑菇罐头的合同。合同规定每箱 20 罐，每罐 100 克。但在出货的时候，日本商人却装了 10000 箱 150 克的蘑菇罐头，货物的重量虽然比合同多了 50%，但是犹太商人却拒绝收货。日本出口商无奈地表示，愿意超出合同的重量不收钱，但是犹太商人还是不同意，并要求赔偿，理由是违反了他们之间签订的合同。最后几经谈判，出口商无可奈何，赔了犹太商人 10 多万美元，还要把货物另作处理。犹太人被称为"契约之民"，他们把合约引入了生意，并且认为合约是生意的精髓，是神圣不可侵犯的，谁若无缘无故毁约，就是对神的亵渎，不尊敬神的人必遭到神的惩罚。犹太人极为注重合同，一切买卖都笃信合同。谁不履行契约，就被认为违反了神意，犹太人是绝对不会容许这样的人存在的，他们一定会严格追查到底，不留任何情面。所以，日本商人虽然多给了，但是仍然违背了合同，当然应该赔偿了。

总之，契约是神圣的，不可毁坏，因为神的旨意不可更改。这便是犹太人的契约观。因此，如果你想做生意，想赚钱，特别是赚犹太人的钱，提醒你一定要严格遵守订下的契约。

化腐朽为神奇

世界上没有废物，只是放错了地方。

——《财箴》

很多年前，一则小道消息在人们之间传播：皇宫的大殿需要重新装修，其中的石料因破损需要更换。这时，一位不起眼的犹太老板却没有等闲视之，他毅然买下了这些报废的石料。

没有人知道这个老板的企图。他一定是疯了，人们都这样想。他关起店门，将那些石料重新打磨切制，变成一小块一小块的石块，然后装饰起来，作为纪念物出售。皇宫大殿的纪念物，还有比这更有价值的纪念品吗？

就这样，他轻松地发迹了。接着，他买下了宫廷中流传的皇后的一枚钻石。人们不禁问："他是自己珍藏还是抬出更高的价位转手？他不慌不忙地筹备了一个首饰展示会，当然是冲着皇后的钻石而来。可想而知，梦想一睹皇后钻石风采的参观者会怎样蜂拥着从世界各地接踵而至。他几乎坐享其成，毫不费力就赚了一大笔的钱财。

犹太人认为，在这个世界上没有一件无用的东西，任何东西都是可以利用的。一个商人要想使一些看似无用的东西变为商品，他就必须具备一种能够化腐朽为神奇的智慧的眼光。和那位巧用石块发大财的犹太小老板类似的是，犹太人麦考尔也是靠一堆废弃的石料发家的。1946 年，犹太人麦考尔和他父亲到美国的休斯敦做铜器生意。20 年后，父亲去世了，剩下他独自经营铜器店。麦考尔始终牢记着父亲说过的话："当别人说 1 加 1 等于 2 的时候，你应该想到大于 2。"他做过铜鼓，做过瑞士钟表上的弹簧片，做过奥运会的奖牌。然而真正使他扬名的却是一堆不起眼的垃圾。美国联邦政府要重新修建自由女神像，因为拆除旧神像而扔下了大堆大堆的废料。为了清除这些废弃的物品，联邦政府不得已向社会招标。但好几个月过去了，也没人应标。因为在纽约，垃圾处理有严格规定，稍有不慎就会受到环保组织的起诉。

麦考尔当时正在法国旅行，听到这个消息，他立即终止休假，飞往纽约。看到自由女神像下堆积如山的铜块、螺丝和木料后，他当即就与政府部门签下了协议。消息传开后，纽约许多运输公司都在偷偷发笑，他的许多同事也认为废料回收是一件出力不讨好的事情，况且能回收的资源价值也实在有限，这一举动未免有点愚蠢。

当大家都在看他笑话的时候，麦考尔开始工作了。他召集了一批工人，组织他们对废料进行分类：把废铜熔化，铸成小自由女神像；旧木料加工成女神的底座；废铜、废铝的边角料做成纽约广场的钥匙；甚至从自由女神身上掉下的灰尘都被他包装了起来，卖给了花店。结果，这些在别人眼里根本没有用处的废铜、边角料、灰尘都以高出它们原来价值的数倍乃至数十倍的价格卖出，而且居然供不应求。不到 3 个月的时间，他让这堆废料变成了 350万美元。他甚至把一磅铜卖到了 3500 美元，每磅铜的价格整整翻了 1 万倍。这个时候，他摇身一变成了麦考尔公司的董事长。

麦考尔的成功之处，就在于把别人眼里的垃圾变为自己生财的聚宝盆。什么都可以成为商品，垃圾也不例外。

还有这样一个成功案例：美国有家公司名叫"富顿兴产公司"，是专门生产经营机械设备的，随着市场竞争日益加剧，其生意日渐惨淡。董事长乔治富顿是出生和成长在美国的，长期受到美国文化和思维方式的影响。当公司经营上出现困难时，他开始思考和观察怎么使企业走出困境。

一天，乔治富顿发现纽约市街道旁有一堆堆的垃圾。他想：垃圾是城市必有的产物，天天不断产生，它作为废物给城市管理带来环境污染和清除的经济负担等。他想，可不可以在垃圾上做些文章呢？如果我能够利用垃圾来制造一些有用的东西，它既不用原料成本，取之不尽，又可为城市解决污染的公害问题，也可使我的企业振兴发达。

乔治富顿马上组织人员一起致力研究垃圾的开发。经过一番试验和市场调查研究后，大家一致觉得把垃圾碾碎、压成建筑材料最有可行性。因为当时是 20 世纪初期，美国正是经济大发展时期，建筑业兴旺发达。同时，自己的公司是生产机械设备的，研制一种压缩机是轻而易举之事。据此研究和分析，乔治富顿立即让自己公司转产压碎机和垃圾建筑材料。果然不出所料，生意十分火旺。加上成本低，公司利润就十分可观，这不但使富顿兴产公司起死回生，而且乔治富顿本人也发了大财。其实，犹太人的这种充分利用智慧、化腐朽为神奇的能力也被许多日本商人所成功运用。

1953 年，历时 3 年的朝鲜战争结束了，用来筑工事的沙袋大批量地闲置起来，并且占满了仓库。当初经营沙袋的公司大多是临时租用仓库，停战说明沙袋已经成了废物，而占用仓库，租金却得按日交付，这可急坏了这些沙袋经营商。

藤田先生瞅准了这个机会，觉得从中发一笔财是很有可能的。于是，他找到了那些沙袋经营者商谈生意。他摆出一副帮他们排忧解难的样子，说可以免费帮他们把沙袋弄走。有这样的好心人，这些沙袋经营者们当然高兴不已。

"一袋 5 日元 10 日元都可商量，折得太多啦。"

藤田最后以 5 日元一袋的价码买了 20 万袋。货到手后，藤田仗着能说英语的方便，拜会了一个国家驻日大使。这个国家是殖民地，当时正在闹内乱。藤田想着他们肯定需要武器和沙袋。不出所料，该国驻日大使亲自出面查看样品，20 万只沙袋很快成交。沙袋以 10 日元的标准价格卖掉了。

从看似无用的废物中发现商机，日本人藤田的成功与犹太人麦考尔如出一辙。此外，日本"水泥大王"浅野总一郎也是一个善于利用一切资源，白手起家的典范。日本水泥大王，浅野水泥公司的创建者浅野总一郎，他 23 岁时穿着破旧不堪的衣服，失魂落魄地从故乡富士山走到东京来。因身无分文，又找不到工作，他有一段时间每天都处在半饥饿状态之中。正当他走投无路时，东京的炎热天气启发了他。"干脆卖水算了。"

他灵机一动，便在路旁摆起了卖水的摊子，生财工具大部分都是捡来的。"来，来，来，清凉的甜水，每杯1分钱。"浅野大声叫喊。果然，水里加一点糖就变成钱了。头一天所卖的钱共有6角7分。简单的卖水生意使这位历尽千辛万苦的青年不必再挨饿了。浅野后来说："在这个世界上没有一件无用的东西，任何东西都是可以利用的，只要有利可图，就赶紧去做。"浅野卖了两年水，25岁时已赚了一笔为数不少的钱，于是开始经营煤炭零售店。30岁时，当时的横滨市长听说浅野很会使看似无用的东西产生价值，就召见他说："你是以很会利用废物闻名的，那么人的排泄物你也有办法利用吗？"浅野说："收集一两家的粪便不会赚钱，但是收集数千人的大小便就会赚钱。"市长问："怎么样收集呢？"浅野说："盖个公共厕所，我做给你看，好不好？"这样，浅野就在横滨市设置了63处日本最初的公共厕所，因而他就成了日本公共厕所的始祖。厕所做好之后，浅野把汲粪便的权利以每年4000日元的代价卖给别人，两年后设立了一家日本最初的人造肥料公司。也许你会感到震惊，设立日本最大的水泥公司——浅野水泥公司的资金，是从这些公共厕所的粪便上赚来的！

浅野日后成为了大企业家，就是由于他对任何事都能够好好地加以利用。也就是说：人在困境时是一个绝好的机会，反而能给予他一个转机，使他产生无比的勇气，使他更加聪明，更加能勇往直前。因此对人生厄运不应恐惧，应感谢才是。利用一切可利用的东西，赚一切可以赚的钱，这就是犹太商人的精明之举。

善于运用创意赚钱

创意比黄金更重要。

——《财箴》

有个叫洛瑞的犹太青年，有一次，他到剧院观看演出，当看到一个讲笑话的节目时，被逗得捧腹大笑。绝大多数观众笑后就抛在脑后，但洛瑞与众不同，他反复思考此事，认为可以将"笑话"变成赚钱的"商品"。

经过认真的研究分析，洛瑞决定搞一个独特的电话服务公司，叫作"笑话公司"。他千方百计汇集了世界各国出版的 500 多册笑话选集，从中精心挑选了成千上万则精彩的笑话，请专家教授译成英语，并使其富有英语的幽默感。然后再聘请滑稽演员把这些笑话制成录音，在电话上增设一个特制系统，备有专用电话号码。用户只要一拨这个专用号码，就能听到令人捧腹大笑的笑话。当然，用户每听一次，就要交付一定的费用，这种别开生面的业务一开张，就受到广大听众的欢迎，洛瑞也由此获得了丰厚的利润。

为了保护自己的专利，洛瑞在工业产权局进行了注册登记，后来，随着生意的兴隆，他又在全世界 16 个国家进行了专利注册。他先后与全国 300 个城市的电话局签订合同，都安上了特种设备，开展笑话业务。在国内业务的基础上，他又开始向英国、日本、德国、法国、希腊、阿根廷、智利、西班牙、葡萄牙等市场出口，年业务额达 3000 多万美元。

犹太人深深地懂得，成功需要独辟蹊径，走别人未走的路。旧有的想法是创新的头号敌人，它们牢牢盘踞在你的心灵中，冻结你的思维，阻碍你的进步，干扰你进一步发挥创造的能力，使你永远不能和成功亲密接触。

1957 年，在美国芝加哥一个全国博览会上，犹太人比尔将自己生产的罐头食品送去展览，但博览会却分给他一个最偏僻的阁楼作为会场。

比尔没有怨天尤人，而是沉着冷静地张罗着，并以他那灵活的头脑和强烈的自信心影响着事态的发展。

博览会开幕后，前来参观的人络绎不绝，而到比尔阁楼上去的人却寥寥无几。比尔突发奇想，制作了很多小铜牌，并在铜牌上刻一行字：谁拾到这些铜牌，就可以到博览会的阁楼上比尔食品陈列处换一件纪念品。制作好之后，他就在博览会的每一个角落里撒下这些铜牌，人们捡到铜牌后，在好奇心的驱使下，纷纷前往参观。

这一招果然厉害。不久，那间小小的阁楼便被挤得水泄不通，比尔的陈列处几乎成了大会的"名胜"，参观者无不争相前往。即使后来铜牌绝迹，盛况仍一如当初，比尔所得到的利润共计 50 万美元。聪明的比尔化不利为有利，出奇致富的故事由此传开了。

要想有好的点子，就要勇于挖掘大脑中的"第一金矿"。赚钱的门路很多，关键就在于你善不善于转换思路，调动你的智慧，去想出一些好的创意。一切成就和财富都始于一个意念。念头就是实物，当你有固定的目标，以顽强的毅力和炽热的愿望去追求时，你的念头就会转化成最现实的财富。

德国有一家高脑力公司。公司上层发现员工一个个萎靡不振，面带菜色。经咨询多方专家后，他们采纳了一个简单而别致的治疗方法——在公司后院用圆滑光润的小石子约 800 个铺成一条石子小道。每天上午和下午分别抽出15 分钟时间，让员工脱掉鞋在石子小道上如做工间操般随意行走散步。起初，员工们觉得很好笑，更有许多人觉得在众人面前赤足很难为情，但时间一久，人们便发现了它的好处，原来这是极具医学原理的物理疗法，起到了一定的按摩作用。

一个犹太人看了这则故事，便开始着手他的生意。他请专业人士指点，选取了一种略带弹性的塑胶垫，将其截成长方形，然后带着它回到老家。老家的小河滩上全是光洁漂亮的小石子。他在石料厂将这些拣选好的小石子一分为二，一粒粒稀疏有致地粘满胶垫，干透后，他先上去反复试验感觉，反复修改好几次后，确定了样品，然后就在家乡因地制宜开始批量生产。后来，他又把它们确定为好几个规格，产品一生产出来，他便尽快将产品鉴定书等手续一应办齐，然后在一周之内就把能代销的商店全部上了货。

将产品送进商店只完成了销售工作的一半，另一半则是要把这些产品送进顾客眼里。随后的半个月内，他每天都派人去做免费推介员。商店的代销稳定后，他又开拓了一项上门服务：为大型公司在后院中铺设石子小道；为幼儿园、小学在操场边铺设石子乐园；为家庭铺室内石子过道、石子浴室地板、石子健身阳台等。一块本不起眼的地方，一经装饰便成了一处小小的乐园。

紧接着，犹太人将单一的石子变换为多种多样的材料，如七彩的塑料、珍贵的玉石，以满足不同人士的需要。800 粒小石子就此铺就了这个犹太人的财富之路。

犹太人明白，要学会创新思维，就应善于培养精细的观察力和深刻的洞察力，不以放任自流的态度对待身边的小事，因为美丽的、性情古怪的幸运天使可能就藏在你不注意的角落里，如果你稍有不慎，她又将翩然而去，留下你独自扼腕叹息。

在普通人眼中，电影院是看电影的地方，只能是一种用途、一种样式，在他们的印象中，电影院里无非是银幕，一排排椅子，几扇太平门……除此之外，不会再有别的什么大变化。而犹太人约翰却创造了电影院的另一种格局。

有一天，约翰的一位朋友对他说，他现在越来越不满意一成不变的电影院格局，正在想着如何打破这种陈旧的格局。约翰一听，意识到机会来了。于是，他投资 10 万美元建成了一个餐厅电影院，让电影院观众如同上酒吧的顾客一样，坐在舒服的坐椅上吃着三明治，喝着啤酒，同时悠然自得地观看电影。

不久，餐厅电影院开张了。这种别出心裁的新鲜事物一出现，立刻受到人们的欢迎，尤其适应了年轻人的胃口。这里没有传统的一排排固定的坐椅，而是较为宽松地放置着桌椅。穿着燕尾服的服务员彬彬有礼地为观众送上三明治、意大利脆饼、啤酒和各种饮料。店堂里布置得非常雅观，在放映的时候，人们常会感到是在家里与亲朋好友聚会，吃着点心，看着电视节目。

到这儿来看电影只需付 2 美元门票，而普通的电影院门票却是 5 美元。约翰并不会因此而亏本，他们的赚头来自食物和饮料。有趣的是：许多观众或顾客并不在意这里将要放什么影片，他们喜欢的是这儿的"家庭影院"的气氛，还有很多人是冲着这儿的饮料和食物来的。一面吃东西一面看电影似乎是精神和物质的双重享受，会给人们带来许多乐趣。

约翰的餐厅电影院开张以后，很快就容纳不下纷至沓来的顾客。第二家、第三家开张以后，还是满足不了更多顾客的需求。于是，约翰在全国开了 21家这样的场所。白天，这里不放电影，约翰将电影院出租，供人们举行会议和其他活动。这样，影院的利用率就更高了。他们还在 20 多家餐厅电影院里安装了卫星接收器和屋顶天线，以便收闭路电视，进行电视会议，等等。这种新型的电影院给电影业带来了一股新鲜的空气。

犹太人约翰之所以成功，不是他有着什么超凡的能力，而在于他能冲破直线思考的常规模式，准确地预见到"能吃饭的电影院"的市场效益。正是因为约翰能冲破直线思维的禁锢，他们才获得了巨大的成功。

无独有偶，犹太人罗伯斯也是一个非常喜欢创意的学生。他在大学三年级时就已经退学了，年仅 23 岁的他在家乡克利夫兰一带销售自己创作的各种款式的软雕玩具娃娃，同时还在附近的多巨利伊国家公园礼品店上班。

然而曾经连房租都交不起，穷困潦倒的罗伯斯如今已成了全世界最有钱的年轻人之一。这一切不是缘于他的玩具娃娃讨人喜爱的造型和它们低廉的售价，而是归功于他在一次乡村市集工艺品展销会上突然冒出的一个灵感。在展览会上，罗伯斯摆了一个摊位，将他的玩具娃娃排好，并不断地调换拿在手中的小娃娃，他向路人介绍说："她是个急性子的姑娘"或"她不喜欢吃红豆饼"。就这样，他把娃娃拟人化，不知不觉中他就做成了一笔又一笔的生意。

不久之后，便有一些买主写信给罗伯斯，诉说他们的"孩子"也就是那些娃娃被买回去后的问题。

就在这一瞬间，一个惊人的构想突然涌进罗伯斯的脑海中。罗伯斯忽然想到：他要创造的根本不是玩具娃娃，而是有性格、有灵魂的"小孩"。

就这样，他开始给每个娃娃取名字，还写了出生证书并坚持要求"未来的养父母们"都要做一个收养宣誓，誓词是："我某某人郑重宣誓，将做一个最通情达理的父母，供给孩子所需的一切，用心管理，以我绝大部分的感情来爱护和养育他，培养教育他成长，我将成为这位娃娃的唯一养父母。"

玩具娃娃就这样不仅有玩具的功能，而且凝聚了人类的感情，将精神与实体巧妙灵活地结合在一起，真可谓是一大创举。

数以万计的顾客被罗伯斯异想天开的构想深深吸引，他的"小孩"和"注册登记"的总销售额一下子激增数亿美元。

许多创意并非凭空而来，如果平时对生活和社会多加留意，必然会获得许多新的认识和感悟。毕竟创意并非完全源于思考，而更多地源于生活。

依靠脑袋来发财

只要能够正确使用，你的头脑就是你最有用的资产。

——《财箴》

《塔木德》里有这样一个故事：有位国王拥有一大片葡萄园，雇了许多工人来照管，其中有一位工人能力特别强，技艺超群。于是国王让他来管理这片园子。有一天，这位国王来到葡萄园散步，让他陪同。这天工作完后，工人们排起长队领取工资，几乎所有人的工资都相同，但是当这位看管园子的人领取工资的时候，却遭到了大家的抗议和议论。他们认为这位工人只干了两个小时的活，其他的时间都在陪国王到处闲逛，所以不能领取与别人等同的工资。这时，国王说话了："我派他来是因为他熟悉你们的工作，是来看管你们的。今天他虽然只干了两个小时的活，但是他走的时候，你们仍然按他给你们的规定完成了任务，他的两个小时就干完了你们一天才完成的工作量，所以他的工资和以前一样。"

工作成就不能以工作时间来计算，也不是按他干了多少活来计算，而是应该以他实际工作所获得的有效劳动成果的多少来计算。犹太人在他们历史的早期就已经这样做了。在 1910 年，大量犹太人进入北美。开始的时候，他们和一起移民来的英国人、西班牙人、葡萄牙人一样，都是从事最简单的体力劳动。他们每 10 个人里有 8 个是体力工人，但是不久他们就都不干了。因为，对于犹太人来说，开始他们从事这些出卖体力的职业是由于遭受歧视，缺乏机会才不得不这么做。当他们有了基本的生存保证，就不再这样做了。这些工作报酬低微，但是付出的辛苦又很多，工作还很不稳定，这完全不符合犹太人的追求。

于是，他们依靠自己良好的教育背景纷纷去找那些体面、薪水报酬高、有油水可捞的工作。过了几十年，他们中有不少人成为了百万富翁。著名的罗斯柴尔德家族就是从这个时候开始闻名的。到了后来，这 10 个犹太人里就只有 1 个是蓝领工人了，其他的人都变成有产阶级了。在人们的眼睛里，每一个犹太人都成了重要的人物。而那些其他民族的人还是不得不继续卖力地挥动他们的锄头，汗流浃背地工作，以求每日的餐饭。

这就是两种不同的观念造成的不同命运：前者依靠自己的智慧变得富有；后者则依旧靠出卖体力来生活，他们的一生也不得不继续他们的被奴役的生活。可以看出，财富绝对是靠智慧的大脑得来的，那种传统的依靠体力来劳作是不会得到大量财富的。在今天越来越重视知识的年代，富有智慧的人们注定是这个世界的主宰者。

犹太人对于赚钱，自有主见。他们认为，赚钱有三种方式：一是靠身体，二是靠体力，三是靠脑袋。出卖自己是最可悲也是最下等的赚钱方式，而靠出卖体力赚钱则是其次，最上层的赚钱方式就是靠脑袋。犹太人向来就是靠脑袋致富，世界上有很多犹太人在各国过得逍遥自在，但是他们能在休闲中赚取自己想要的东西。这就是说犹太人赚钱是靠脑袋而不是靠身体或体力。

10 年前，一个 24 岁的青年巴鲁克，以普普通通的出身，凭着自己准确的判断和锲而不舍的努力，用借来的 5 万美元在 10 年间滚出了亿元身价，铸造了以色列第一财软的宏伟事业。当时电脑行业正在时兴，随着大量国外品牌电脑的进入，国外大公司开发的各种软件也开始长驱直入，计算机行业再次面临着机会的诱惑，不少人认为国外的计算机无论硬件还是软件均远远超过本国，与其苦苦开发民族软件，不如直接销售推广国外的硬件和软件，这样风险小，来钱快。

仍然潜心致力于民族财务软件的开发、销售，巴鲁克似乎并不在乎国外同行的竞争。在他看来，软件应用离不开技术和服务的本地化支持。国外许多公司可以将软件加以调整推向市场，但其母版是国外的，不可能完全符合国家企业的要求。致力于民族软件业的企业其优势就在这里，不仅完全做到了应用、服务的本地化支持网络，而且从软件设计上一开始就充分考虑到了以色列企业的现状。也正是凭借这一优势，2000年，巴鲁克击败国外著名公司，以不菲的价格拿下了仅软件服务就达1000万美元的大洋公司财务软件合作项目，巴鲁克的判断力再一次得到了高分。

犹太有一句格言："只要能够正确使用，你的头脑就是你最有用的资产。"这就是犹太人的商业原则。作为商人，他的任务就是想办法制定好一套完整的合理的商业计划，剩下的事情就让别人去摆弄，自己等着赚钱就可以了。

有一位犹太人叫布拉德利，最初向客户推销保险时，一见到客户便向他们介绍保险的好处，同时还向对方大讲现代人不懂保险会带来什么不利。最后他就会说："最好你也买一份保险。"可是，却很少有人向他买保险，一个月下来，他没有得到一份保险业务。后来经过仔细思考，他改变了策略，不再对客户夸夸其谈，而是换了一种交谈的方式。

"您好！我是国民第一保险公司的推销员。"布拉德利说。

"哦，推销保险的。"客户应道。

"您误会了，我的任务是宣传保险，如果您有兴趣的话，我可以义务为您介绍一些保险知识。"布拉德利说。

"是这样啊，请进。"客户说。

布拉德利初战告捷。在接下来的谈话中，他像是叙说家常一样，向客户详细介绍了有关保险的全部知识，并将参加保险的利益以及买保险的手续有机地穿插在介绍中。

最后，布拉德利说："希望通过我的介绍能让您对保险有所了解，如果您还有什么不明白的地方，请随时与我联系。"说着布拉德利就递上了自己的名片，直到告辞也只字未提动员客户买他的保险的话。但是到了第二天，客户便主动给布拉德利打电话，请他帮忙买一份保险。

布拉德利成功了，一个月卖出的保险单最多时达150份。可见，财富是靠脑袋的。犹太人常说，你的价值是脑袋，而不是手。他们就是依靠脑袋发财的，而其他民族的人则是靠手。犹太人在经商的时候显得很轻松，他们其实都是在思考问题。

"钞票有的是，遗憾的是你的口袋太小了。如果你的思维足够开阔，那你的钱包就会随之增大了。"犹太人如是说。

犹太人做生意是极为精明的，他们用自己聪明的头脑构筑了一个个绝妙的想法而赚到了钱。

信誉第一

诚信是衡量一个人道德品质的天平。

——《财箴》

诚实为经商的第一要务，这是犹太人的经商法则。他们对于善于欺骗的人的态度是非常激烈的，并认为他们是不可饶恕的。犹太人认为不贪图小便宜，不偷税漏税，做一贯诚实的人是很好的。

犹太先知说，世界末日早晚是要到来的。当末日到来的时候所有人都要接受大审判。如果谁在这个世界上做了好事，他死后灵魂就会进入天堂；如果谁在生前作恶多端，那他死后，灵魂就会被打入地狱，接受炼狱之苦。世界末日来临时的大审判判断孰好孰坏要问 5 个问题，分别是：

你在做生意的时候诚实吗？

你腾出时间学习了吗？

你尽力工作了吗？

你渴望得到神的救赎吗？

你参与过智慧的争论吗？

可以看到，犹太人把做生意是否诚实、遵守信誉放在第一条，把做生意的诚实摆在学习、工作、信仰和智慧之前，可见犹太先知对诚信经商的重视程度。尽管各民族皆有"经商应童叟无欺"的说法，但只有犹太民族是最严格执行这种正直交易的民族。《塔木德》记载了许多关于诚实经商的实例，培养了犹太人诚实的商业原则：唯有诚实正直的经商之道才是生存处世的最高法则。

诚信意味着平等的交易、公平的竞争。《塔木德》中是这样说的："你们不可行不义，要用公道天平、公道砝码、公道升斗、公道秤。"然后他们把这种交易情况做了细致的规定：不可有一大一小两样的砝码和量器。批发商每个月清洗一次量器，小生产商一年清洗一次。小生产商要经常清洗砝码，以其不发粘为度。店主每周要清洗一次量器。每天清洗一次砝码，每称完一样东西都擦拭一次天平。

《塔木德》记载了这么一则案例，说有个奴隶染黑头发并在脸上涂抹化妆品，以使自己显得年轻，来达到欺骗买主的目的，这是不道德的。还有，蔬果商不可将新鲜的水果铺在腐烂的水果上来卖。

此外，《塔木德》里也禁止商人在销售商品之时附上任何名不符实的称号。《塔木德》这样告诫犹太人：你们不可偷盗，不可欺骗，不可抢夺他人的财物，不可向着我起假誓，亵渎我的名。在犹太人中流传着这样一个古老的故事：一姑娘外出游玩，不小心掉进了井中，正巧遇到一个青年人路过，将她从井中救了出来。姑娘为了报答救命之恩，就与他私订终身。订下婚约后，由于没有证婚人，恰好见到一只黄鼠狼。于是黄鼠狼和那口水井就成了他们的证婚人。

青年继续他的行程，而姑娘则回到家中开始等候。正当姑娘还在痴心地等待时，那个青年却在异地结了婚，并且生了两个小孩。没多久，青年的两个小孩，一个被黄鼠狼咬死，另一个则在井边玩耍时掉进了井里。这个时候的青年，想起了他和姑娘的订婚和证婚人黄鼠狼和井。他如梦初醒，和现在的妻子离了婚，回到了痴心等他的姑娘身边。

这个故事就是用来告诫人们不要背信弃义。一旦你置契约于不顾，那么你就会得到上帝给予的严厉惩罚。犹太人就是这样，经商的时候一定讲究诚信，绝不用那种欺骗的手段来获取财富。因此，犹太人从来不做那种"一锤子买卖"的事情，更不屑于做"只要每个人上当一次，我就发财了"的生意。他们厌恶那种流寇式的作战方法和短期策略。他们看重的是长期的合作，注重信誉，拥有很好的商业口碑，而且他们的商品绝少有假冒伪劣的。

在以色列，曾经有一家犹太人经营的光缆公司，一直都是全国小有名气的光缆生产厂家。因一次工作的疏忽，在1997年全国邮电行业统检的产品质量公告中，发现在光缆全部39项考核中有38项合格，只有内外护套之间渗水试验一项未能通过，被确定为不合格。面对这样的检测结果，一般老板可能不会太关注，可是这个犹太老板却把这次事件当成企业生死存亡的大事来抓，向所有用户致信通报实际情况，承认他们生产的光缆有不足之处，并下大工夫找出问题出现的原因，着手解决它，用事实说话。同年 4 月 28 日，改善过的光缆经权威机构检测，全部合格。这位犹太商人用磊落与诚实赢得了用户的信任。他在总结大会上说："在哪里跌倒，就在哪里爬起。如果没有这次的教训，也许本公司就不会发展到现在的局面，我们要质量和服务双管齐下。"这只是犹太人在经商中注意诚信的一个小环节，但这也足以反映出犹太人对诚信经营的肯定态度。

犹太人认为诚信经商是商人最大的善，所以在犹太人的生意场上最为看重诚信。对于不诚信的人，他们是无法原谅的。在犹太人的内部，他们之间极为重视诚信，极为重视契约，一旦签订了就必须遵守，绝对不可以有任何理由不履行契约。

下面这个真实的例子也说明了诚信的重要性："棕色浆果烤炉"公司是美国一家知名的面包公司。公司的经营原则很简单，只有四个字：诚实无欺。公司标榜凡出卖的面包都是最新鲜的，硬性规定绝不卖超过三天的面包，已过期的面包由公司回收。

有一年秋天，公司所在州的部分地区发大水，导致那里的面包畅销，但公司照样按规定把超过三天的面包收回来。哪知车行至半路，抢购的人一拥而上，把车子团团围住，一定要买过期面包。但押车的运货员怎么也不肯卖。他哭丧着脸解释："不是我不卖，实在是老板规定得太严了。如果有人明知面包过期还卖给顾客，一律开除。"大家以为运货员要花招，就跟他激烈地争吵起来。

最后，一位在场的记者向运货员恳求："现在是非常时期，总不能让人们看着满车的面包忍饥挨饿吧！"运货员听之有理，凑到记者耳边悄悄地说："我是说什么也不卖的，但如果你们强买，我就没有责任了。你们把面包拿走，凭良心丢下几个钱，反正公司是不会可惜一车过期面包的。"这么一说，一车面包很快被强行买光了。运货员趁机特意让记者拍了一个他阻止大家强拿面包的场面，以证明这不是他的责任。

这个故事，后来经新闻记者在报上大肆渲染，"烤炉"的面包给消费者留下了深刻的印象，顿时，公司信誉鹊起。"烤炉"公司以其诚信为自己赢得市场。严格说来，在犹太商人作为"世界第一商人"的商旅生涯中，犹太民族与其他民族打交道最多。作为一个弱小的民族，在 2000 多年的流浪中，没有被其他民族同化或湮灭，并且还能不断从他们的腰包中大把大把地赚钱，其中一个重要的原因就在于他们诚信经商、坦诚为人、尊重他人、彼此宽容的道德操守。因为严于律己，重信守约，犹太人才赢得了"世界第一商人"的口碑；而诚信经商，更使得犹太商人得到了世人的信任和尊敬，这在商业社会无疑是一笔最重要、最宝贵的无形资产。

厚利多销

一便士买起，从中赚到一分利。

——《财箴》

"薄利多销"是很多国家商界牢不可破的商业法则。但是犹太人却相反，他们的口号是"厚利才能赚钱"，结果，他们比其他民族和国家的人赚取了更多的财富。在犹太商人的眼里，奇货可居，采取高额定价必须以此为基本原则。奇货包括新产品、稀有品，更包括名牌产品。名牌产品，着重于名气。换句话说，名气就是本钱，而这些名气，都是建立在价格的基础上。

名牌产品在营销中一般以高额定价法为主，这样能够巩固名牌的高贵地位，保持特优的身价，维护其至高无上的优势和超额利润。紧俏商品的标准是：名牌、质量绝对过硬、市场需求量看好。对于这类商品，宁可不卖，也不可以削价。能获厚利者，绝不薄利多销。厚利多销才是犹太人生意的原则之一。

美国的威尔逊在20世纪40年代继承父业时，塞洛克斯公司只是一个不知名的经营杂货的小公司。1946年，威尔逊瞄准商机，向市场推出了"塞洛斯914型干式复印机"，进而发了大财。其实最初定价时，威尔逊曾主张将利润定为零，即用成本价向用户推出，以期开拓市场。可是，他的律师尼诺威提醒了他，向他说明，这是"抛售"或者叫"倾销"，是美国法律禁止的。威尔逊沉思良久，最后决定将卖价定为29500美元一台。干式复印机的成本只有2400美元，威尔逊却喊出了超出10多倍的高价，所以"塞洛斯914型干式复印机"推向市场后，连续14年无人问津。就在这期间，塞洛克斯公司为它耗去了7500万美元的巨款。可是即使在这样捉襟见肘的时刻，威尔逊仍不愿放弃自己制定的高价，他坚信，"干式复印机"一定会取代旧有的"湿式复印机"。

终于，在濒临破产的 1960 年，奇迹发生了！干式复印机由于性能稳定，受到了高消费顾客群的青睐，猛然成了抢手货，在美国、在全世界，对它的需求变得越来越迫切，仅 1960 年一年，塞洛克斯公司的营业额就高达 3300 万美元。干式复印机的市场占有率达到了 15%。1966 年，营业额跃升到 53000 万美元！这一年，塞洛克斯公司在美国的"500 家最大公司排名录"上居第 145 位，威尔逊振兴公司的愿望终于实现了！公司被美国《财富杂志》誉为"10 年中发展最快的 20 家公司之一"。

犹太商人"厚利适销"的营销策略，是以有钱人和巨额营业为着眼点的。名贵的珠宝、钻石、金饰，只有富裕者才买得起。相反，如果商品价格过低，反而会使他们产生怀疑。俗语说："价贱无好货。"犹太商人就是这样抓住消费者的心理，开展"厚利适销"策略营销的。即使经营非珠宝、非钻石首饰商品，也是使用高价厚利策略。

这是因为在他们看来：压低价格，说明你对自己的商品没有信心。"绝不要廉价出售我们的商品"，是犹太人的信条。

为什么当其他的商家表示"要把降价进行到底"的时候，犹太人却要反其道而行之呢？他们说，同行之间开展薄利战争，总是把自己的价格定得比别的同行低一些，这样大家互相压低价格，那么商品的利润在哪里呢？薄利虽然多销了一些，但是市场的容量就是那么一点，大量廉价商品进入市场，最后市场也饱和了，无法容纳更多的商品，那以后生产出来的商品怎么办呢？薄利竞争的结果就是，厂家大批大批地倒闭，并且，大家的生存会越来越艰难。

对于这样的营销策略，犹太人认为是非常不可取的。因为薄利以后的效果就是卖 3 件商品所得的利润只是 1 件商品的利润，这样不是事倍功半吗？上策是经营出售 1 件商品，应得 1 件商品的利润，甚至是两三件的利润。这样可以节省出各种经营费用，还可以保持市场的稳定性，并很快可以按高价卖出另外两件商品。

如美国最大百货公司之一的梅西百货公司，它是犹太人施特劳斯创办的，出售的日用百货品总要比其他一般商店同类商品价高出 50% 左右，但它的生意仍不错。如 1993 年销售额为 63 亿美元，是当年全美 100 家最大百货公司排名的第 26 位，但它的利润值为 544 亿美元，在全美排第 4 位，与排第 3 位的年销售额 341 亿美元的凯马特百货公司的利润相差无几。

犹太商人的高价厚利营销策略，表面上从富有者着眼，但他们的商品，一般在两年左右就会在中下层社会流行开来。道理很简单，介于富裕阶层与下层社会之间的中等收入人士，他们总想进入富裕阶层，由于心理的驱使，为了满足心理的需求或出于面子的原因，总要向富裕者看齐。因此，他们也购买时髦的高贵新品。而下层社会的人士，虽然力不从心，价格昂贵的产品消费不起，但崇尚心理作用总会驱使一些爱慕富贵的人行动，使他们也不惜代价购买。这样的连锁反应，昂贵的商品也成为社会流行品，彩电、音响等原来属昂贵商品，现在也进入了平民百姓家庭；小轿车也成为西方大众的必需品。可见，犹太商人的"厚利适销"策略是"醉翁之意不在酒"，是盯着全社会大市场的。日本商人藤田也受惠于这一营销策略。

在他经营之初，曾接受了一位犹太人的教诲。这位犹太人告诉他：一种商品在社会上流行的情形为两类，一是先流行于高收入阶层，即富翁，然后再渐次普及于大众；另一是突如其来爆炸性地流行于大众，但是很快就会销声匿迹。而自富翁阶层流行的商品，其寿命至少可维持两年以上。而这类商品又以高级的舶来品为数最多。事实上，某种舶来品，其品质和本国的产品一样，但价格远超过本国的数倍以上，可是有钱的人往往情愿买舶来品，似乎越买得起贵的东西，才越显得出自己的身份地位比别人高。因此，商人们便抓住顾客的此种心理，竞相把舶来品上的标签售价定高，顾客反而乐于抢购，商人便厚利多销了。

藤田接受了这位犹太朋友的忠告，在输入服饰品时，以国内上流阶层最有钱的人为对象，输入一流的昂贵服饰品，让一流阶层的人选购。不久，次一层收入的人为了向第一流的人"看齐"，也争相抢购。如此一来，顾客便增至原先预想数目的两倍，如此类推，陆续增至 4 倍、8 倍、16 倍……终至扩大到社会大众。

必须承认，在这个社会中，人是分层次的。很多有钱或有品位的人，会特别"迷信"高价货物，认为价钱越高，货物自然越好，而这样也能显示出自己的消费品位。要是商品价钱很低，即使商品外观再美，推销者把它吹得再响，问津者也寥寥无几。这是世界各国许多顾客相同的心理，犹太人经商时往往就抓住了这种心理，他们认为高价出售商品，绝对赚钱。

双赢才是赢

如果不顾他人的利益，只知道往自己的荷包里塞钱，那么，总有一天会有人将你的钱从荷包里掏走。

——《财箴》

在犹太传说中有一个关于"折箭"的故事：很久以前，一位希腊国的国王有三个儿子。这三个小伙子个个都很有本领，难分上下。可是他们自恃本领高强，都不把别人放在眼里，认为只有自己最有才能。平时三个儿子常常明争暗斗，见面就互相讥讽，在背后也总爱说对方的坏话。国王见到儿子们如此互不相容，很是担心，他明白敌人很容易利用这种不睦的局面来乘机击破，那样一来国家的安危就悬于一线了。国王一天天在衰老，他明白自己在位的日子不会很久了。可是自己死后，儿子们怎么办呢？究竟用什么办法才能让他们懂得要团结起来呢？一天，久病在床的国王预感到死神就要降临了，他也终于有了主意。他把儿子们召集到病榻跟前，吩咐他们说："你们每个人都放一枝箭在地上。"儿子们不知何故，但还是照办了。国王又对大儿子说："你随便拾一枝箭折断它。"大王子捡起身边的一枝箭，稍一用力箭就断了。国王又说："现在你把剩下的两枝箭拾起来，把它们捆在一起，再试着折断。"大王子抓住箭捆，折腾得满头大汗，始终也没能将箭捆折断。

这时国王语重心长地说道："你们都看得很明白了，一枝箭，轻轻一折就断了，可是合在一起的时候，就怎么也折不断。你们兄弟也是如此，如果互相斗争，单独行动，很容易遭到失败，只有三个人联合起来，齐心协力，才会产生无比巨大的力量，战胜一切，保障国家的安全。这就是团结的力量啊！"儿子们终于领悟了父亲的良苦用心，国王见儿子们真的懂了，欣慰地点了点头，闭上眼睛安然去世了。一笔生意，两头赢利，能不能策划得如此完美，就看你的经商智慧了。其实，这是犹太人的一种双赢策略。大多数犹太商人进行商务往来时，能够通过巧妙调整而实现双赢。

莱曼兄弟的故事对双赢这一技巧有很好的说明。莱曼兄弟公司是19世纪70年代末期一家历经150年的美国犹太老字号银行。一年利润数额可观，高达 3500 万美元。它的创业史具有相当传奇的色彩。1844 年，德国维尔茨堡的一个名叫亨利·莱曼的人移居美国，他在南方居住一段时间，就和自己的两个弟弟——伊曼纽和迈耶一起定居在亚拉巴马，并开始做起杂货生意。

亚拉巴马是美国的一个产棉区，农民手里多的是棉花，但却没有现金去买日用杂货，于是就产生了用杂货去交换棉花的方式。双方都皆大欢喜，农民得到了需要的商品，他也卖掉了杂货。这种方式，乍看上去与犹太人"现金第一"的经营原则不符，但这却是莱曼兄弟"一笔生意，两头赢利"的绝招。这种方式不仅吸引了所有没有钱买日用品的顾客，扩大了销售，而且有利于莱曼兄弟降低棉花价格，提高日用品的价格，并且在杂货店进货之际，顺便把棉花捎出去，避免了单程进货，更省下不少运输费。

没过多久，莱曼兄弟便由杂货店小老板发展成经营大宗棉花生意的商人。棉花典当成了他们的主要业务。美国南北战争期间，莱曼兄弟在伦敦推销邦联的商务，在欧洲大陆推销棉花。战后，他们在纽约开办了一个事务所，并于 1877 年在纽约交易所中取得了一个席位，成为一个"果菜类农产品、棉花、油料代办商"。莱曼兄弟公司从此走上了规模化发展的道路。一般人看事物多用二分法：非强即弱，非胜即败。利人利己者把生活看作是一个合作的舞台，而不是一个角斗场。其实，世界之大，人人都有足够的立足空间，他人之得不必视为一己之失。现代商战，少不了"硝烟"，但也离不开双赢。

而这种共同得利的交际准则和商业准则早于千年之前，就进入了犹太民族的法则。精明的商人在处理利益时，特别善于做到两头赢利。因为他们明白，两头赢利的生意不但能使对方欢喜，更能为自己争取更大的利益。一个人如果光想着自己的利益，只知往自己的口袋里塞钱，那么，当对方知道自己的利益受到了严重的损害时，他们便会义无反顾地与你断绝生意上的往来，到那时，你就得不偿失了。

所以，好生意要尽量做到两头赢利。路德维希·蒙德是一位犹太实业家，曾创立世界上最大的生产碱的化工企业——布隆内尔·蒙德公司。1889 年，布隆内尔·蒙德公司做出了一项重大决定，将工人的工作时间定为每天 8 小时。在当时的英国，工厂中普遍实行一天 12 小时工作制，工人一周要工作 84 小时。所以，蒙德的决定被称为"令人惊讶的变革"。但事实证明，工人每天 8 小时内完成的工作量和原来 12 小时的一样多，因为他们的积极性极为高涨。这种两全其美、皆大欢喜的效果，可以说正是最善于从人与物两个角度来考虑问题并使之达到和谐一致的犹太商人所着意追求的。

善于变通

无论以何种方式赚钱，都必须为自己争取到足够宽广的生意空间。

——《财箴》

自从传言有人在萨文河畔散步时无意发现金子后，这里便常有来自四面八方的淘金者。的确，有一些人找到了，但另外一些人因为一无所得而只好扫兴归去。

也有不甘心落空的，便驻扎在这里，继续寻找。彼得·弗雷特就是其中的一员。他在河床附近买了一块没人要的土地，一个人默默地工作。他把所有的钱都押在这块土地上。他埋头苦干了几个月，翻遍了整块土地，但连一丁点金子都没看见。

六个月以后，他连买面包的钱都快没有了。于是他准备离开这儿到别处去谋生。就在他即将离去的前一个晚上，天下起了倾盆大雨，并且一下就是三天三夜。雨终于停了，彼得走出小木屋，发现眼前的土地看上去好像和以前不一样：坑坑洼洼已被大水冲刷平整，松软的土地上长出一层绿茸茸的小草。

"这里没找到金子，"彼得忽有所悟地说，"但这土地很肥沃，我可以用来种花，并且拿到镇上去卖给那些富人，装扮他们华丽的客堂。那么有朝一日我也会成为富人……"彼得仿佛看到了将来："对，不走了，我就种花！"

于是，他留了下来。他花了不少精力培育花苗，不久田地里长满了美丽娇艳的各色鲜花。他拿到镇上去卖，那些富人很乐意付少量的钱来买彼得的花，以便使他们的家庭变得更加富丽堂皇。五年后，彼得终于实现了他的梦想——成了一个富翁。

犹太人就是善于活用一切。他们由于历史的原因，所处的环境和条件千差万别，但不管在欧洲、美洲或者在亚洲乃至非洲，不管从事商业、科学技术事业或是文化艺术乃至农业，都涌现出大批事业有成的佼佼者。究其原因，其中很重要的一条就是他们能适应环境，活用一切有利条件，充分发挥自己的潜能。

犹太人认为，人生的过程中离不开自己所处的客观环境，也离不开自身的主观条件。改变整个客观环境，是整个社会的事，作为个人或企业只能适应客观环境。至于主观条件，有些是可以改变的，有些则是不能改变的，这得靠自身的努力和善于活用主观条件了。以色列的住房很紧张，几个德裔犹太商人只好将一个报废的火车车厢用做临时住所。有一天晚上，那几个犹太商人穿着睡衣，在寒风中颤抖不已地来回推动车厢。一个本地犹太人不解地问："你们到底在干什么？""因为有人要上厕所，"推车人耐心地说明，"车厢里写着：停车时禁止使用厕所。所以，我们才不停地推动车厢"。

这个笑话从另一个角度，可以看出犹太商人的变通能力：从形式上遵守规定，同时又不真正改变自己原有的活动方式。这几个寄居在火车车厢之中的犹太人，就像犹太人长期寄居在其他民族的社会中一样。这条规定是铁路部门制定的，这几个犹太人没有立法的权力，自然也没有废除某项法律的权力。说实在的，犹太人在各自的所在国家中，经常也要面临这类原该自然废弃但偏偏还实际起着"作用"的法律或约定俗成的规矩，因此规定不能废除，用厕所又在情理之中，聪明的犹太商人就想出了让列车"动起来"的点子。

犹太人坚信，在这个世界上，只要你善于变通，可以活用的条件到处潜在。他们还认为，人生的机会，大量存在于自己的周围和本身所潜在的条件中，关键在于你是否练就出了开发这些条件的意志和眼光。十九世纪中叶，发现金矿的消息从美国加州传来。17岁的犹太人亚默尔也成为庞大的淘金队伍中的一员，他历尽千辛万苦，赶到加州。淘金梦的确很美，做这种梦的人比比皆是，而且还有越来越多的人纷至沓来，一时间加州遍地都是淘金者，而金子变得越来越难淘。不但金子难淘，生活也越来越艰苦。当地气候干燥，水源奇缺，许多不幸的淘金者丧身此处。亚默尔经过一段时间的努力，和大多数人一样，不但没有发现黄金，反而被饥渴折磨得半死。

一天，望着水袋中一点点舍不得喝的水，听着周围人对缺水的抱怨，亚默尔忽发奇想：淘金的希望太渺茫了，还不如卖水呢。于是亚默尔毅然放弃寻找金矿的努力，将手中挖金矿的工具变成挖水渠的工具，从远方将河水引入水池，用细沙过滤，成为清凉可口的饮用水。然后将水装进桶里，挑到山谷一壶一壶地卖给找金矿的人。当时有人嘲笑亚默尔，说他胸无大志："千辛万苦地到加州来，不挖金子发大财，却干起这种蝇头小利的小买卖，这种生意哪儿不能干，何必跑到这里来？"

亚默尔毫不在意，不为所动，继续卖他的水。结果，淘金者都空手而归，而亚默尔却在很短的时间靠卖水赚到了几千美元，这在当时已经是一笔非常可观的财富了。其实，每个人都有一些无法改变的条件，比如眼睛的颜色、身材的高低、出身背景，等等。每个人也有一些可改变的条件，如文化水平、工作能力、身体的强弱，等等……只要自己奋发学习，注意方法，适当地锻炼保养，是可以提高文化水平、增强工作能力、强健体魄的。有些人的通病在于漠视本身的条件，没有灵活运用和充分发挥自有的潜能，不懂得变通，却祈求或奢望自己所没有的东西，那是难以有所成就的。

看看犹太人是如何身体力行的：19 世纪中期，英国一个叫詹姆士·高史密斯的犹太人从哥哥那里借来一点钱开办了一间小药厂。他亲自在厂里组织生产和销售，从早到晚每天工作 18 个小时。几年后，他的药厂办得有点规模了，每年有几十万美元盈利。但灵敏的詹姆士经过市场调查和分析研究后，觉得当时药物发展前景不大，而食品市场却前途光明。

经过深思熟虑后，他毅然出让了自己的药厂，又向银行贷款，买下"加云食品公司"的控股权。这家公司是专门制造糖果、饼干及各种零食的。它的规模不大，但经营类别不少。詹姆士掌控该公司后，在经营管理和行销策略上进行了一番改革。

他首先将产品的规格和式样进行了扩展延伸，如把糖果延伸到巧克力、香口胶等多个品种；饼干除了增加品种，细分为儿童、成人、老人饼干外，还向蛋糕、蛋卷等方面发展。这样就使公司的销售额迅速增长。接着，詹姆士在市场领域上下工夫，他除了在法国巴黎经营外，还在其他城市设立分店，后来还在欧洲众多国家开设分店，形成了广阔的连锁销售网。随着业务的增多，资金变得雄厚起来，詹姆士又随机应变，把英国、荷兰的一些食品公司收购下来，使其形成大集团，声名鹊起。20 年后，他的食品连锁店已达 2500 家，成为英国最大的食品公司，而詹姆士本人也成为了世界 20 位超级富豪之一。

詹姆士的成功，正是得益于他当初对小药厂经营前途不佳的理智分析，及时舍弃，从而转向食品行业。可见，懂得变通、善于舍弃也是商业经营中的一种高级智慧。

第三篇　理财法

勿以钱少而不理财

赚钱不难，花钱不易。

——《财箴》

在我们的日常生活中，总有许多工薪阶层或中低收入者抱有"有钱才有资格谈投资理财"的观念。普遍认为每月固定的工资收入应付日常生活开销就差不多了，哪来的余财可理呢？"理财投资是有钱人的专利，与自己的生活无关"仍是一般大众的想法。

事实上，越是没钱的人越需要理财。举个例子，假如你身上有 5 万元，但因理财错误，造成财产损失，很可能立即出现危及到你生活保障的许多问题，而拥有百万、千万、上亿元"身价"的有钱人，即使理财失误，损失其一半财产亦不至影响其原有的生活。因此说，必须先树立一个观念，不论贫富，理财都是伴随人一生的大事，在这场"人生经营"过程中，愈穷的人就愈输不起，对理财更应要严肃而谨慎地去看待。

理财投资是有钱人的专利，大众生活信息来源的报纸、电视、网络等媒体的理财方略是服务少数人理财的"特权区"。如果真有这种想法，那你就大错而特错了。在芸芸众生中，所谓真正的有钱人毕竟占少数，中产阶层工薪族、中下阶层百姓仍占大多数。由此可见，投资理财是与生活休戚相关的事，没有钱的穷人或初入社会又无固定财产的中产"新贫族"都不应逃避，运用得当还可能是"翻身"的契机呢！

　　其实，在我们身边，一般人只会说穷，时而抱怨物价太高，工资收入赶不上物价的涨幅，时而又自怨自艾，恨不能生在富贵之家，或有些愤世嫉俗者更轻蔑投资理财的行为，认为是追逐铜臭的"俗事"，或把投资理财与那些所谓的"有钱人"划上等号，再以价值观贬低之……殊不知，这些人都陷入了矛盾的逻辑思维——一方面深切体会到金钱对生活影响之巨大，另一方面却又不屑于追求财富的聚集。

　　犹太人认为：理财，便是管理自己的财富，进而提高财富的效能。比如说，你拥有一辆汽车，可以自己用，每天上下班和出门旅游，也可以租出去收取租金。因此，选择一辆汽车作为理财目标，可以解决个人的行走问题，也可以以之谋利。广义的理财则包含了负债的管理，也就是运用他人的资金来增加自己的财富。如你向银行或朋友借钱，若借钱利率为10％，而你运用这笔资金的年收益率为15％，那么你就有5％的净收益，该收益也就是你管理负债的成果。负债管理还包括消费信贷在内，即向银行借入资金购买房子或汽车，日后分期还款。

　　理财，是与我们日常生活密切相关的。毫不夸张地说，在凡人那里个人理财是一辈子的事，不论政治社会是动荡或安定，不论货币政策是松是紧，不论经济是繁荣还是萧条，也不论个人际遇顺利还是挫折，只要你生活在世上，便要有起码的经济能力，起码的衣食住行，就得要学会理财。而正确的理财观念和行为，是妥善运用钱财，在现有钱财的基础上赚取最大的财富，过最好的生活，这是理财的目的。上面说到的社会富裕，是正确理财、科学理财的基础，拥有大量财富的人比普通人拥有更多的理财机会和理财压力。

　　在长期的经商生涯中，犹太商人充分研究了自己民族的致富之道后，发现了理财的五个基本法则，每个法则都是得知怎样创造财富的法宝。这些法宝能使你所拥有的价值至少增加十至十五倍，那么就能够很容易增加你的收入。

　　理财的第一个法则是想如何理财，也就是有理财的意识。比如，我如何在更短时间内创造出更多的价值？有什么方法可以降低成本并提升品质？有什么新的技术可使公司竞争力提升？

　　理财的第二个法则就是怎样维持财富，唯一的方法便是支出不要超过收入，同时多方投资。

　　理财的第三个法则就是要增加你的财富。你要想加快致富的速度，就要把过去赚得的利润再投资——而不是花掉的。要做到这一点，就是支出不要超过收入，并且多方投资，把赚得的钱再拿出来投资，以求得"利滚利"，这样所赚得的钱往往能以倍数增长。

理财的第四个法则便是保护你的财富。处在今天这个诉讼漫天的社会里，许多人在有钱之后反而失去安全感，甚至于比没有钱时更没有安全感，只因为他们知道现在比任何时刻都有可能被别人控诉。你是否把保护财产列入考虑范围呢？若是你目前还没有考虑，此刻就应开始跟专家多商量些，并且多跟那些专家学习，就如同你人生中其他的学习一样。

理财的第五个法则就是懂得享受财富。当你致富之后，不要舍不得去享受快乐，大部分人只知道拼命赚钱，等攒到一定的财富时才去享受，不过除非你能够把提升价值、赚取财富跟快乐联系在一起，否则就无法长久地做下去。

因此说，我们这些芸芸众生必须要改变的观念是，既知每日生活与金钱脱不了关系，就应正视其实际的价值，学会犹太人那样理财。当然，过分看重金钱亦会扭曲个人的价值观，成为金钱的奴隶，所以才要诚实面对自己，明白自己对金钱究竟持何种看法？所得是否与生活不成比例？金钱问题是否已成为自己"生活中不可避免之痛"？

总之，不要因为钱少而忽视理财，要知道小钱就像零碎的时间一样，懂得充分运用，时间一长，其效果自然惊人。最关键的问题是要有一个清醒而又正确的认识，树立一个坚强的理财信念和必胜的信心。一定要牢记犹太人的经验：勿以钱少而不理财。

让金钱流动起来

钱，只有进入流通，才能发挥它的作用。

——《财箴》

曾有一个日本人叫井上多金，10 年前结了婚。由于夫妻俩每月省吃俭用，所以银行存折中的数字直线上升，现在已经有 2000 多美元了。井上夫人时常向左邻右舍的太太们说："如果没有储蓄，生活就等于失去了保障。"

但是这个消息不知怎么竟传到一位犹太人富凯尔博士的耳朵里。他是美国耶鲁大学的毕业生，专攻心理学，一年前来东京经商。

富凯尔博士对井上夫人如此注重储蓄的行为非常的不欣赏，他讥讽道：

"你看，没有储蓄就会觉得生活上失去了保障，如此看重物质，成为物质的奴隶，人的尊严到哪儿去了呢？男人每天为了衣、食、住在外面辛苦工作，女人则每天计算如何尽量克扣生活费存入银行，人的一生就这样度过，还有什么意思呢？可悲的是，不但大部分的日本人如此，其他各国人也大多如此。"

"众所周知，犹太人有一个世界闻名的富豪家族叫罗斯柴尔德，这个家族自拿破仑时代起就一直保持巨富的地位。你们日本人之中能够找出一位世界上知名的富豪来吗？"

"认为储蓄是生活上的安定保障，储蓄的钱越多，则在心理上的安全保障的程度就越高，如此累积下去，永远没有满足的一天。这样，岂不是把有用的钱全部束之高阁，使自己赚大钱的才能无从发挥了吗？你再想想，哪有省吃俭用一辈子，在银行存了一生的钱，光靠利息滚利息而成为世界上知名的富翁的？"

不少日本人对富凯尔的言论虽然无法反驳，但心里总觉得有点不服气，便反问道："你的意思是反对储蓄了？"

"当然不是彻头彻尾的反对，"富凯尔解释道，"我反对的是，把储蓄当成嗜好，而忘记了等钱储蓄到一定时候把它提出来，再活用这些钱，使它能赚到远比银行利息多得多的钱。我还反对银行里的钱越存越多时，便靠利息来补贴生活费。这就养成了依赖性而失去了商人必有的冒险精神。"

犹太人经商，独特之处就是有钱也不存银行。他们很清楚地算过这笔账：银行存款，的确可以获得一大笔利息，但是物价在存款生息期间不断上涨，货币就随着上涨，银行存款的利率和物价的上涨率几乎是相等的。所以，有了钱就要投资到有更高回报的地方。

在18世纪中期以前，犹太人就热衷于放贷业务，就是把自己的钱放贷出去，从中赚取高利。直至现在，犹太人宁愿把自己的钱用于高回报率的投资或买卖，也不肯把钱存入银行。即使他们将钱暂时存入银行，也不是因为钱存入银行有利息，只不过是将银行当作一个保险柜使用而已。

犹太商人普吉天生有数学头脑，他认为，银行存款的利息不大，物价在存款生息期间会不断上涨，钱存在银行就会贬值。而且存款本人死亡时，必须向国家缴纳继承税，如果钱存放在银行，相传三代后将会变成零，这样的认识是从他祖辈的亲身经历得来的。他曾祖父留下的巨款存入银行，经过他爷爷，到他爸爸时已经所剩无几。

所以，普吉的爸爸就开始做投资生意，普吉更是凭着他的数学头脑，在证券公司发挥了他的才华，5年内赚取了上百万美元。然后自己做起了投资的生意，赚了上百亿美元，成为了投资界的名人。

其实，在犹太人的观念里面，素来就有一种"有钱不置半年闲"的理财观念，与其把钱放在银行里面睡觉，靠利息来补贴生活费，养成一种依赖性而失去了冒险奋斗的精神，还不如活用这些钱，将其拿出来投资更具利益的项目。

做生意总得要有本钱，但本钱总是有限的，连世界首富也只不过百亿美元左右。但一个企业，哪怕是一般企业，一年也可做几十亿美元的生意，如果是大企业，一年要做几百亿美元的生意，而企业本身的资本，只不过几亿或几十亿美元。他们靠的是资金的不断滚动周转，把营业额做大。

在犹太人眼里，衡量一个人是否具有经商智慧，关键看其能否靠不断滚动周转的有限资金把营业额做大。

犹太人普利策出生于匈牙利，17岁时到美国谋生。开始时，他在美国军队服役，退伍后开始探索创业路子。经过反复观察和考虑后，他决定从报业着手。

为了搞到资本，他靠运筹自行做工积累的资金赚钱。为了从实践中摸索经验，他到圣路易斯的一家报社，向该报社老板求一份记者工作。开始老板对他不屑一顾，拒绝了他的请求。但经过普利策反复自我介绍和请求，老板勉强答应留下他当记者，但有个条件，半薪试用一年后再商定去留。

普利策为了实现自己的目标，忍受着老板的剥削，并全身心地投入到工作之中。他勤于采访，认真学习和了解报馆的各环节工作，晚间不断地学习写作及法律知识。他写的文章和报道不但生动、真实，而且法律性强，吸引了广大读者。面对普利策创造的巨大利润，老板高兴地聘用他为正式工，第二年还提升他为编辑。普利策也开始有点积蓄。

通过几年的打工，普利策对报社的运营情况了如指掌。于是他用仅有的积蓄买下一间濒临倒闭的报社，开始创办自己的报纸——《圣路易斯邮报快讯报》。

普利策自办报纸后，资本严重不足，但他很快就渡过了难关。19世纪末，美国经济开始迅速发展，很多企业为了加强竞争，不惜投入巨资搞宣传广告。

普利策盯着这个焦点，把自己的报纸办成以经济信息为主的报纸，发挥广告部作用，承接了多种多样的广告。就这样，他利用客户预交的广告费使自己有资金正常出版发行报纸。他的报纸发行量越多广告也越多，他的资金进入了良性循环。即使在最初几年，每年的利润也超过 15 万美元。没过几年，他就成为美国报业的巨头。

普利策初时分文没有，靠打工挣的半薪，然后以节衣缩食省下极有限的钱，一刻不闲置地滚动起来，发挥更大作用，是一位做无本生意而成功的典型。这就是犹太人"有钱不置半年闲"的体现，是成功经商的诀窍。

这个故事也告诉我们这样一个道理：要想赚取金钱，收获财富，使钱生钱，就得学会让死钱变活钱。千万不可把钱闲置起来，当作古董一样收藏，而要让死钱变活，就得学会用积蓄去投资，使钱像羊群一样，不断地繁殖和增多。

在犹太人看来合理的投资将使你的金钱快速增长。

曾有一位农夫在他的长子出生之后，拿了 10 美元给经营贷款业务的钱庄老板，要求老板替他放款，直到他儿子 20 岁为止。老板答应每四年给他二成五的利息。农夫要求说，因为这笔钱是准备存给他儿子用的，因此，利息全都归到本金里面。

当这男孩 20 岁时，农夫向钱庄老板索回这笔钱。老板解释道，由于这笔钱是以复利计算，因此，原先的 10 美元现在变成了 31 美元。

农夫非常高兴，而由于他儿子还用不到这笔钱，因此，农夫继续将钱放在钱庄。到了他儿子 45 岁时，农夫过世了，钱庄老板结算这笔钱给农夫的儿子，共得 167 美元。

依次算来，这笔钱 45 年间靠利息增加了将近 17 倍！

动用每一分钱，不停生出利息，帮你带来收入，使财富源源不断地流入你的口袋。

对这个道理，许多善于理财的小公司老板都明白，但他们却没有真正地利用。往往一到公司略有盈余，他们便开始胆怯，不敢再像创业阶段那样敢做敢说，总怕到手的钱因投资失败又飞了，赶快存到银行，以备应急之用。虽然确保资金的安全乃是人们心中合理的想法，但是在当今飞速发展、竞争激烈的经济形势下，钱应该用来扩大投资，使钱变成"活"钱，来获得更高的利益。这些钱完全可以用来购置房产铺面，以增加自己的固定资产，到十年以后回头再看，会感觉到比存银行要增加很多，你才会明白"活"钱的威力。

商业是不断增值的过程，所以要让钱不停地滚动起来，犹太人的经营原则是：没有的时候就借，等你有钱了就可以还了，不敢借钱是永远不会发财的。

有句话说："人往高处走，水往低处流。"还有句话说："化钱如流水"金钱确实流动如水。它永远在不停地运动、周转、流通，在这些过程中，财富就产生了。像过去那些土财主一样，把银子装在坛子里埋在房子下面，过一万年还是只有这么多银子，丝毫也不会增值。

钱是赚出来的不是攒出来的

放在自家的钱罐里，一块金子永远只是一块金子。

——《财箴》

在百货公司的柜台前，卡恩目不暇接地浏览着形形色色的商品。他身旁有一个穿戴得很体面的绅士，站在那里悠闲地抽着雪茄。卡恩毕恭毕敬地对绅士说："您的雪茄很香，好像不便宜吧？"

"2美元一支。"对方回答。

"好家伙……您一天抽多少支呀？"

"10支。"

"天哪！您抽多久了？"

"40年前就抽上了。"

"什么，您仔细算算，要是不抽烟的话，那些钱就足够买这家百货公司了。"

"那么说，您也抽烟了？"

"我才不抽呢。"

"那么，您买下这家百货公司了吗？"

"没有啊！"

"告诉您，这家百货公司就是我的！"

我们不能说卡恩没有智慧，因为他算账速度很快，很短时间就算出每支2

美元每天 10 支 40 年的雪茄烟钱可以买一家百货公司，而且对勤俭持家、由小变大这个道理，他比谁都明白，并身体力行，从来没有抽过烟，更不用说是 2 美元一支的雪茄了。

但是他雪茄没抽上，而百货公司也没攒下，还不得不对绅士表示敬意。卡恩的智慧是死智慧，绅士的智慧才是活智慧：钱是靠钱生出来的，不是靠自己勒紧裤腰带攒下来的！

这就是犹太人的观念，在他们看来，攒钱是成不了富翁的，只有赚钱才能成为富翁，这是一个普通的道理。并不是说攒钱是错误的，关键的问题是一味地攒钱，花钱的时候，就会极其的吝啬，这会让你获得贫穷的思想，让你永远也没有发财的机会。

犹太巨富比尔·萨尔诺夫小时候生活在纽约的贫民窟里。他有六个兄弟姐妹，全家只依靠父亲做一个小职员所得的微薄收入来维持，所以生活极为拮据，他们只有把钱省了又省，才可以勉强度日。到了他 15 岁那年，他的父亲把他叫到身边，对他说："我攒了一辈子也没有给你们攒下什么，我希望你能去经商，这样我们才有希望改变我们贫穷的命运，这也是我们犹太人的传统。"

比尔听了父亲的忠告，于是去从事经商。3 年之后，他就改变了全家的贫穷状况。5 年之后，他们全家搬离了贫民区。7 年之后，他们竟然在寸土寸金的纽约买下了一套房子。

犹太人世代都在经商，因为他们知道只有经商才能赚取更多的利润，才能彻底地改变自己贫穷的命运。一代代犹太人从事经商，赚取了让世人瞠目的财富。

犹太商人有白手起家的传统，现在世界上许多犹太大亨，其发迹时间也不过两三代人。但犹太商人没有靠攒小钱积累的习惯，而且，犹太人没有禁欲主义的束缚，中国厨子、美国工资、英国房子、日本妻子是他们理想生活的四大目标。再加上犹太商人的投资大多集中在金融业等回收较快的项目上，他们崇尚的是"钱生钱"，而不是"人省钱"。

当一个人接受了人生给他的剧本角色——穷人或富人之后，他们总是要找出一些逻辑关系来使自己表现得更加自然：因为我生在这个贫困的家庭里，所以我是穷人，这是应该的。或者说我生在这个富裕之家，因此，我的命运是注定的。殊不知，正是这一错误的逻辑理论，使他一辈子无法超越自己，战胜自己。人生的每一个角色从来不是固定的，穷人可以变富，富人也可以变穷，是玫瑰总会开放，是金子总会闪光，只要你肯努力，你一定能改变自己的人生。

犹太商人史威特曾经穷困潦倒过。有一次他的车抛锚了，为了节约拖车的费用，他硬是冒着大雪，踏着泥泞和积雪，把车推到 1 公里以外的修理厂。有人对他这种行为不理解，而他的想法是：省点本钱，然后积攒下来。不过，他积攒钱不是为了积攒而积攒，而是利用积攒下来的钱赚大钱。所以他能省就省，甚至从牙缝里省钱。

有一年，不少地区旱涝灾害很严重，受灾区急需物资。史威特看到这是一个赚钱的机会，就用几年来省下的钱造了一艘小型拖船，做起了物资给养生意，转眼之间就发了一笔财，净赚了 100 万美金。

没多久，以色列的陆路交通发展迅速，汽车从 4000 辆一下子增加到了 8000 辆，各种车辆在路上川流不息。史威特瞅准这个机会，开办了汽车修理厂。生意一开始就很兴隆，后来越做越大，员工由 30 人增加到 100 人。并在此基础上，开办了一家机械制造厂。

10 年间，史威特从无到有，不断寻找新的赚钱途径，最终把握住了机遇，成为了一代富豪。在欧洲、北美洲、亚洲等国家和地区都有他的分公司和代理公司，他拥有资产上百亿美元，是世界知名的人士。

犹太人认为，世界上唯一可以成为富翁的方法就是用钱去赚钱，否则只有给人打工，用自己的体力，在生活的路上苦苦挣扎。

"人两脚，钱四脚。"两脚与四脚的倍数关系，是在说明累积财富的不易。所谓"受诱惑的速度，永远比赚钱的速度快"更一针见血地指出，现代人在消费时代里的理财窘境。

改变贫穷的状态，先要改变自己贫穷的思维方式，像富人一样思考。

富人是钱和社会为他工作，穷人为政府和自己工作。大多数人的简单劳动并不十分重要，特别是体力劳动能够解决的问题，并产生社会价值和经济效益的智慧和主意。在这个资本主义社会里，好的主意和资本永远是缺乏和最重要的。世界上大多数人是穷的，但穷是可以改变的，要想改变穷的状况，需要了解富人与穷人之间的区别：不是简单的钱和资产的悬殊，而是观念、思维方式和性格上的不同。穷人思想封闭，害怕风险，比较感性；富人思想开放，勇敢而理性。人人都想赚钱，但赚钱方式不同。穷人的钱放在银行里，而富人的钱放在投资和保险公司的账户上。穷人的钱在为政府和富人工作，富人是用自己的钱和穷人放在银行里的钱为他们工作。穷人不能责怪富人，因为穷人自愿把钱放在银行，而银行需要把钱借给会赚钱的富人去赚钱。当你把钱存在银行，活期利率为每年1.25％左右，而每年的通货膨胀3.5％左右，实际回报是2.25％，并且银行的利息收入是100％需要交税的，扣税后再加上通货膨胀，实际回报也是负数或接近零。只有银行和政府永远是你的赢家，所以，富人买银行股票比穷人把钱存在银行要强的多。

这些都说明，犹太人能拥有那么多财富，那是因为他们会赚钱。而且没有钱的也敢借钱赚钱，赚了钱之后继续赚大钱，从来没有听说哪个犹太人将钱攒起来养老、防病什么的，这种与我们截然不同的思维方式，也是犹太人善于理财、能够赚钱的秘诀之一。

鸡蛋不要放在同一个篮子里

不要在一条嫩枝上挂两块招牌。

——《财箴》

犹太商人认为：如果有闲置资金就应当用来进行投资，投资可以说是一种很好的生财之道。但这并不是说这笔资金投出去就一定能赚钱，因为任何一项投资都必然存在着一定的风险。因为在现实中，不管哪项投资，收益总存在着波动性，有时情况好，而有时情况差。这样，如果你选择大部分的资产进行一种投资时，你可能因押对了宝而赢得了极高的报酬，但你损失惨重与血本无归的可能性也不比它小。如果你决定分散你的投资，你所投资的种类越多，你获利的可能性就越大。分散投资的基本原理就是在风险与报酬间做一适度地取舍。比如，有一项投资组合包含了10种股票，每种股票的期望报酬率介于10％～20％之间。若投资者愿意承受较大的风险时，那么，你可以将所有资金投入报酬率为20％的股票上，此时他获取20％报酬率的概率是很低的。但如果他分散投资，他将以较大的概率获取15％的报酬率，如此便达到了降低风险的效果。这和将鸡蛋分散放在不同的篮子里是一样的，即使一个篮子打翻了，还可保有其余的蛋，讲的是同一个道理。

犹太人有一种投资理念叫分散投资标的，就是增加投资的种类。例如，购买股票时，不要只买一种股票，而是将投资金额分开，同时购买多种股票。

投资资金比较大时，不要只投资在单一的投资标的上，除了股票外，房地产、黄金、艺术品、建筑等都应分散投资。分散投资之所以具有降低风险的效果，就是凭借各投资标的间不具有完全齐涨齐跌的特性，即使是齐涨或齐跌，其涨跌的幅度也不会相同。所以，当几种投资构成一个投资组合时，其组合的投资报酬是个别投资的加权平均，假如是几个高报酬的组合在一起，则能维持高报酬。但其组合的风险却因为个别投资间涨跌的作用，相互抵消部分投资风险，因而能降低整个投资组合某些不确定因素带来的风险。随着投资组合中投资种类的增加，投资组合的风险也随着下降，这就是为什么分散投资可以降低投资风险的原因。

众所周知，传媒大亨默多克一直关注于文字传播，对于报刊、杂志情有独钟，但是从 1980 年开始，默多克把注意力集中在了图像而不是文字上，因为他已经敏锐地感觉到过去的投资方向过于单一了。

1985 年，他买下了威廉·福克斯的 20 世纪福克斯电影公司。当时公司附属的福克斯电视台还只不过是个名不见经传的小型独立电视台。可一年以后，默多克就将它改造成结构合理的电视网，变成了一座可开采的宝藏。不久，他又购买了即将破产的英国收费电视台——英国天空电视台，然后用他的魔力使之起死回生。他从内部的市场信息中得到结论，他认为：在全球的信息社会中，世界范围的卫星电视将来会获得丰厚的利润，必要时他会很快地把报纸卖掉。比如，1993 年，为了进军中国市场，默多克不顾资金紧张，囊中羞涩，果断地卖掉了《南华早报》，毅然买下了卫星电视网，同时发行了 5000 万新股。结果在股票上市八个月后，上涨的股市完全弥补了默多克的资金短缺。这件事具有深刻的象征意义，非常清楚地表明了默多克把经营重点从报纸转向电视和电子媒体的决心。

2001 年 6 月，为了适应香港政府关于有线电视特许权的新政策，他更是斥资把自己在香港有线电视有限公司的股份额从 48％提高到了 100％。他在随后发表的声明中说："我们很高兴能成为全部所有者，这是一个重要的保证，它将保证我们在香港进一步大规模投资，要知道香港是我们经营的大本营之一。"

诚如其言，这三笔交易实际上构成了"默多克新闻帝国"的三大支柱。至今为止，全世界有 2.5 亿家庭在通过卫星收看默多克帝国传送的节目。

可以说，在分散投资、多元经营方面，默多克绝对是个成功的典范。

但是，在实际投资当中，犹太人也认识到，并不是投资种类越多越好。

据经验统计，在投资组合里，投资标的增加一种，风险就减少一些，但随标的的增多，其降低风险的能力越来越低。当达到一定量时，减少风险的能力就很少了，这时为减少一点点风险而增加投资标的就可能得不偿失，因为随着标的的增多，支付的精力和销售佣金等方面的费用都相应在增加。所以，进行投资组合要把握一个"量"的问题。同时，投资组合并不是投资元素的任意堆积（如一些由高级债券所形成的投资组合的意义并不大），而应是各类风险投资的恰当组合，也就是说还要把握一个"质"的问题。你最理想的投资组合体的标准是收益与风险相匹配，使你在适当的风险下获得最大限度的收益。

因此，在犹太人看来，理性的投资不要只顾着分散风险，必须要衡量分散风险产生的效果，因为一切的投资都是为了创造效益。随着投资项目的增长，风险固然下降，相对的管理成本却因此而上升，因为要同时掌握多种资产的变化情况并非易事。

当然，分散投资并不是要清除风险。最佳的投资组合也只能消除特异性风险（即不同公司、不同的投资工具所带来的风险），而不能消除经济环境方面的风险。风险管理的目的只是为了了解风险、降低风险、驾驭风险。

控制花钱的欲望

唯有懂得金钱真正意义的人，才会致富。

——《财箴》

对于金钱，犹太人一向讲究取之有道，用之有度。在他们看来，科学而合理地使用金钱，才能够让它发挥出更大的价值。其实，金钱本身并没有力量，但是只要控制、使用得当，它就会产生力量。我们越有钱，所拥有的潜在力量就越大。

如果想要获得大量的权利，就应该首先学会处理权利的方法。最近一项以加拿大百万彩券得奖人为对象的追踪研究结果告诉我们，在毫无心理准备的情况下，巨大财富会带来什么样的下场。其中绝大多数的中奖者，在 5 年之内便把所获奖金挥霍一空，原因就在于他们没有培养成功的意识，不懂得怎样去处理这些意外之财。

金钱所代表的力量，就是帮助我们成长的力量。我们必须使这种力量持之以恒。我们必须深入了解，并因此而决定在钱的问题上的施予与接受、储蓄与花销的分寸。为此，我们要掌握好用钱的"成功法则"，这样才能有效地引导和运用这股力量。

在《犹太人五千年智慧》中记载了一位居住在古巴比伦的犹太富翁亚凯德的故事，他曾经这样描述关于用钱的理念。

"如果一个人的所有收入都不够支付他的必要开支，他又怎么能把里面的十分之一保留下来呢？"亚凯德这样对人们说道。

"现在你们之中有多少人的钱袋是空的？"

"我们所有人的钱袋都是空的。"人们回答。

接着亚凯德说："但是，你们的收入并不是一样的。有些人的收入要比其他人高，而有些人需要养活的家人则比别人多。不过，你们所有人的钱袋都是一样空。现在我要告诉你们一个很不寻常但是永远不变的真理，那就是：除非我们有意克制，否则我们所谓的'必要开支'将总是与我们的收入相等。"

"不要把必要开支与你的欲望相混淆。你们及你们家人的欲望，永远不是你们的支付能力所能满足的。所以，虽然你们用所有的收入去尽量满足这些欲望，到头来却仍然有许多欲望没能满足。所有的人都背负着他们自己无法满足的欲望。你以为我因为拥有了财富就可以满足自己所有的欲望了吗？根本不是这样。我的时间是有限的，我的力量是有限的，我可以旅行的距离是有限的，我可以吃到的东西是有限的，我能够享受到的快乐也是有限的。"

"因为欲望就如同田间绿草，有空留地就会生长。为此，你们要仔细研讨现在的生活习惯，你们认为有些是必要的支出，但经过明智思考之后便会觉得可以把支出减少。也许觉得可以把它取消。你们要把这句话当作格言：花出 1 块钱，就要发挥一块钱 100% 的功效。"

"因此，当你在泥板上面刻制法典准备换取支出费用的时候，你要根据支出和储蓄原则，慎重使用收入购买必需品以及可能需要的物品。把不必要的东西全都删除，认为那是无穷欲望的一部分，而且不可反悔。"

"把一切的必需开支做一次预算，切记不要动用储蓄的 10%，因为那是致富的本源。你要养成储蓄致富的意志，保持只支出预算，预算须做有利的调整，调整预算能帮你保住已经赚得的金钱。"

而且，亚凯德还补充说："预算的用途是要帮助你发财，是要帮助你获得一切必需品，如果你还有其他愿望的话，预算也可能帮助你达成这些愿望。唯有预算才会使你摒弃不正确的欲望，而实现最渴求的愿望。黑洞中的明灯，它会照亮你的眼睛使你看清黑洞的真正情况，预算就好像那盏明灯，它会照出你钱包中的漏洞，使你知道缝补漏洞，使你知道控制支出，把金钱用在正当的事物方面。"

石油大王洛克菲勒就是一位崇尚节俭、善于理财的高手。他早年在一家大石油公司做焊接工，任务是焊接装石油的巨大油桶。他细心地发现每焊接一个油桶要掉落的铁渣每次不多不少正好是 509 滴，他想要焊接那摞得像山一样的油桶要浪费多少焊条呀！于是他改进了焊接的工艺和焊接的方法，让每次滴落的铁渣正好是 508 滴，仅此一项改进这家大石油公司全年的节约资金是 5.7 亿之多！洛克菲勒本人也因此获得了一次极佳的晋升机会。

虽然说努力挣钱是开源，设法省钱是节流。但巨大的财富需要努力才能追求得到，同时也需要杜绝漏洞才能积聚。

洛克菲勒成为亿万富翁以后，他的经营管理也是以精于节约为特点的。他给部下的要求是提炼一加仑原油的成本要计算到小数点后的第三位。每天早上他一上班，就要求公司各部门将一份有关成本和利润的报表送上来。多年的商业经验让他熟悉了经理们报上来的成本开支、销售以及损益等各项数字。他常常能从中发现问题，并且以此指标考核每个部门的工作。1879 年的一天，他质问一个炼油厂的经理："为什么你们提炼一加仑原油要花 19.8492 美元，而东部的一个炼油厂干同样的工作却只要 19.849 美元？"这正如后人对他的评价，洛克菲勒是统计分析、成本会计和单位计价的一名先驱，是今天大企业的"一块拱顶石"。

到了老年时期，有一天，他向他的秘书借了五美分。当洛克菲勒向秘书还钱的时候，秘书不好意思要，洛克菲勒当即大怒："记住，五美分是一美元一年的利息！"由此可见他对于金钱的节俭和计算真是到了极致。

犹太人的用钱原则就是只把钱用在该用的地方。他们认为不该用的地方，一块钱也不会花出去的。在犹太人的致富经《塔木德》上说："对钱财必须具有爱惜之情，它才会聚集到你身边，你越尊重它，珍惜它，它越心甘情愿地跑进你的口袋。"

日常生活中，犹太人出门买东西，不管花费多少，不管东西便宜或是贵都一定要有账单。所以许多犹太人到一些地方，看到一般餐厅中只报账而没有账单的情况，就会觉得有些不可思议。许多民族对待金钱的态度要比犹太人马虎得多。

据说有一位希腊人经常光顾某家餐厅，每次吃大致相同的饭菜，但每次结账，价钱都互不相同，但相差不多。他的犹太朋友听到这件事，十分惊讶，要追究其所以然，希腊人却说："这么一点小钱，何必认真？"犹太人一边摇头，一边口呼上帝，仿佛犯了什么大罪过。

犹太人很吝啬吗？并非如此，他们只是不付没有道理的钱。犹太人认为这是他们最大的优点，是重视金钱的表现。

对此，犹太人强调指出：金钱本身并不会使我们快乐，只有在我们对其合理安排、正确使用后，才能使自己和他人尽情享用，快乐无比。

善于把握投资机会

抓住生活赐予你的每个机会，你就是智者。

——《财箴》

生活中有很多人，当他们面临投资良机时，却退缩了。因为他们的内心充满恐惧，一开始就害怕灾难。出于这种消极情绪，他们决定不投资，或者是把不该卖的卖掉，把不该买的买回，投资行为的发生完全依赖于乐观的猜测或悲观的预感。如果他们有一点点犹太人的投资知识和投资经验，并且做好准备的话，这些问题都能迎刃而解。

在犹太人看来，成功投资的一个基本原则是无论市场行情上涨还是下跌，都应该随时准备获利。实际上，最好的投资者在市场萧条时反倒能赚更多的钱。这是因为，行情下跌的速度比上涨的速度快。正如投资高手所言，牛市缓缓来临，而熊市却瞬间光顾，如果你无法对市场的每一种情况进行把握，作为投资者，而不是投资本身，你就是在冒险了。

机会就在你面前。大多数人看不见这种机会，只是因为他们忙着寻找金钱和安定。所以，他们得到的也就有限。当你看到一个机会时，你就已经学会了并且会在一生中不断地发现机会。当你找到机会时，就能避开生活中最大的陷阱，就不会感到恐惧了。

"打先锋的赚不到钱。"仅二十二三岁却像个老成的生意人的洛克菲勒，一贯坚持着这个信条和策略。在人生的马拉松赛上，让别人打头阵，找准机会再迎头赶上是很明智的，得到冠军的马拉松选手几乎都这样说和这样做。"不管打先锋的如何吹牛，绝不可盲目下手。"

洛克菲勒做中间商时一直把这句话当作座右铭。不久，石油中间商洛克菲勒又用它打开了美孚石油的大门。沉默寡言的洛克菲勒好似一只精力无穷的猎豹。输往欧洲的食品和北军的军需品猛增，联邦政府狂印钞票，导致了恶性通货膨胀。洛克菲勒同联邦政府和北军当局并未打过特别的交道，然而他却赚了不少钱，并不断购进货物。和佛拉格勒一道买进的盐，如今成了投机市场上的抢手货，盐的生意给他带来了财富，这时公司已发展为附带经营牧草、苜蓿种子的大公司了。善于把握投资的一个个良好时机，让洛克菲勒已独揽了公司的经营大权。

"我们赚了这么多钱，拿来投资原油吧，怎么样？"他跟合伙人克拉克商量道。

"想投资暴跌的泰塔斯维原油？你简直疯了，约翰。"克拉克不以为然。

"据说尹利镇到泰塔斯维计划修筑铁路，一旦完工，我们就能用铁路经过尹利运到克利夫兰……"

尽管洛克菲勒磨破了嘴皮，克拉克仍旧是无动于衷。

洛克菲勒于是开始单独行动，他拿出 4000 美元，和安德鲁斯一起发展炼油事业，成立了一家新公司，他独家包揽了石油的精炼和销售过程，这真是比"卡特尔"还要"卡特尔"的方式！1865 年，洛克菲勒·安德鲁斯公司共缴纳税金 3.18 万美元。克利夫兰的大小炼油厂共有 50 多家，洛克菲勒·安德鲁斯公司规模最大，它仅雇用了 37 人，1865 年销售总额却达 120 万美元之巨。

洛克菲勒用他的耐心去等待机会，当机会来临时，他又毫不犹豫，迅速抓住它，从而取得巨大的成功。

理财要趁早

年轻人，你的名字叫财富。

——《财箴》

犹太商人爱用一个比喻：没底的水桶去汲水，水并不会完全漏空，至少还可以剩下一些，用和那些积存滴水一样的方法来存钱，同样有望变成富翁。这的确是个很好的忠告。

很多人都会为自己的低收入而抱怨，认为自己没希望成为富翁。一旦存在这种想法，假使一个人的收入很多，也永远不可能成为富翁。因为他们根本没把小钱放在眼里，也不懂得水滴石穿的道理。

听说越有钱的人越抠门，而穷人常会穷大方，可是我们应该想到，如果他没有吝啬的精神，也就不可能成为富翁了。抱有"船到桥头自然直"的得过且过之心来对待自己的财富，是个人理财过程中最普遍的障碍，也是导致有的人面临退休时，经济仍无法自立的主要原因。许多人对于理财抱着得过且过的态度，总认为随着年纪的增长，财富也会逐渐成长，但是当终于警觉到理财的重要性才开始想理财时，为时已晚了。

很多年轻人总认为理财是中年人的事，或有钱人的事，到了老年再理财也不迟。其实，理财致富与金钱的多少关系很小，而理财与时间长短的关系却相当大。人到了中年面临退休，手中有点闲钱，才想到要为退休后的经济来源做准备，此时却为时已晚。原因是时间不够长，无法让小钱变大钱，因为那至少需要二三十年以上的时间。十年的时间仍无法使小钱变大钱，可见理财只经过十年的时间是不够的，非得有更长的时间，才有显著的效果。既然知道投资理财致富，需要投资在高报酬率的资产，并经过漫长的时间作用，那么我们应该知道，除了充实投资知识与技能外，更重要的就是及时的理财行动。理财活动应越早开始越好，并培养持之以恒、长期坚持的耐心。

巴菲特 1996 年被美国《财富杂志》评定为美国第二大富豪，被公认为股票投资之神。他到目前为止已拥有数百亿美元的资产，这辈子的财富全部是从股市上赚来的。

他 11 岁时开始投资股票，他把自己和姐姐的一点儿小钱都投入股市。刚开始，一直赔钱，他的姐姐也一直骂他，而他坚持要放三四年才会赚钱，结果姐姐把股票卖掉了，而他继续持有，最后验证了他的想法。巴菲特十几岁时，在哥伦比亚大学就读，在那一段日子里，跟他年龄相仿的年轻人只会游玩或是阅读一些休闲的书籍，但他却大啃金融学的书籍，最终使得他在股票市场上得心应手、如鱼得水，钱越赚越多。1954 年。他集资并投资创办顾问公司。该公司资产增值 30 倍以上后，他解散公司，退还了合伙人的钱，把精力集中在自己的投资上，最后巴菲特成为了真正的金融大亨，曾稳坐美国首富多年。

巴菲特从 11 岁就开始投资股市，他之所以有如此多的财富，与他 60 年坚强的投资参与意识和从小就开始总结失败走向成功的宝贵经验是分不开的。

年轻人朝气蓬勃，具有旺盛的斗志。商场如战场，这战场具有极强的挑战性和冒险性，年轻人应该是这一战场上的生力军。今天导致我们贫穷落后的真正原因是我们浪费了宝贵的时间，错失了许多良机。

在西方，18 岁的年轻人已开始自立，独立养活自己，不伸手向父母要钱了。他们从年轻时就逐步理财，到中年时已是市场主要的竞争对象。而在中国，绝大部分年轻人仍然依赖父母，到中年时才开始学习理财，此时由于家庭、孩子的影响，精力已经有限。随着年龄的增长，又面临退休，手中有点儿钱又想到为自己退休后经济来源做准备，根本无力再让自己的钱进行较大规模投资，最后也只能碌碌无为。

年轻就是财富，每个人都羡慕青春年华。我们可以用简单的复利公式得出这样的结论。假如年轻时有 1 万元创业基金，10 年后，1 万元可变成 200 万元；而年老时同样的 1 万元，10 年后只能成长为 6 万元甚至倒贴亏空，因此青春年华是黄金时代，这句话一点儿也不过分。同样的，年轻也是理财最重要的本钱。犹太巨子常对大学在校生说："年轻人，你的名字是财富！"因为时间就是金钱，年轻就是财富。复利图给了我们一个明确的理财生涯规划：年轻时应致力于开源节流，并开始投资理财，因为年轻时省下的钱对年老时的财富贡献度极大。而时下年轻人所流行的观念是：在年轻时代尽情享乐，待年长之后再开始投资理财也不迟。这是错误的理财观。多数年轻人总认为现在离退休还早，手头资金不多，根本用不着考虑需要投资理财，常因此错失早日理财的良机。

事实上，等到年老之后，手中有些资金再开始理财，已因时间不够而来不及。正确的观念是：投资理财是年轻人的工作，而老年后的工作是如何善用财富。然而许多年轻人往往只注重眼前的生活享受，一有钱就买一辆跑车、一套高级音响或出国旅游，总认为年轻时尽情享乐，年老时再来理财。

如果您已了解时间在理财活动中所扮演的角色，就不难理解为什么投资理财越早越好了。现实社会中，因年轻时注重享受而导致年老时贫穷的例子数不胜数。因此，我们有充分的理由来学习犹太人的理财观，那就是投资理财越早越好。

财商教育要从娃娃抓起

能力不是天生的，却是可以培养的。

——《财箴》

教育学家认为，小孩子的思维就像一张空白的纸，你最先给他画上什么样的底色，不管以后上面画些什么具体的东西，他永远和最初的色彩有关联。同样小孩子最先接受到的教育也会影响他后来的生活。著名的石油大王洛克菲勒从小就接受了财富的教育。

洛克菲勒出生于一个典型的犹太家庭。他的父亲经常用犹太人的教育方式教育他的几个孩子。他的父亲从他四五岁的时候就让他帮助妈妈提水、拿咖啡杯，然后给他一些零花钱。他们还把各种劳动都标上了价格：打扫 10 平方米的室内卫生可以得到半美分，打扫 10 平方米的室外卫生可以得到一美分，给父母做早餐得到 12 美分。他们再大点的时候，告诉他如果想花钱，就自己挣！

于是他到了父亲的农场帮父亲干活，挤牛奶，跑运输，包括拿牛奶桶，都算好账。他把给父亲干的活都记录在自己的记账本上，到了一定的时候，就和父亲结算。每到这个时候，父子两个就对账本上的每一个工作任务开始讨价还价，他们经常会为一项细微的工作而争吵。

洛克菲勒 6 岁的时候，他看到有一只火鸡在不停地走动，也没有人来找。于是他捉住了那只火鸡，把它卖给了附近的邻居。他的母亲是一位虔诚的教徒，认为这样是亵渎了神灵，而他父亲认为他有做商人的独特本领，而对他大加赞赏。

有了这次的经商经历，洛克菲勒的胆子大了起来。不久他就把从父亲那里赚来的 50 美元贷给了附近的农民，他们说好利息和归还的日期之后，到了时间他就毫不含糊地收回 53.75 美元的本息。这令当地的农民觉得不可思议：这样的一个小孩居然有这么好的商业意识。到了洛克菲勒成名之后，他也把这套办法教给了子女。

在他的家里，他搞了一套完整的虚拟的市场经济。洛克菲勒让妻子做"总经理"，而让孩子们做家务，由妻子根据每个孩子做家务的情况，给他们零花钱。他的整个家似乎就是一个公司。

这些都培养了犹太人最早的赚钱本领。要想拥有金钱，不但要学会赚钱，同时还要学会理财和节俭，学会"开源"和"节流"两套本领。

洛克菲勒还让他的孩子们学着记账，他要求孩子们在每天睡觉的时候必须记下当天的每一笔开销，无论是买小汽车还是买铅笔，都要如实地一一记录。而且洛克菲勒每天晚上都要查看孩子们的记录，无论孩子们买什么，他都要询问为什么要这些东西，让孩子们做一个合理的解释。如果孩子们的记录清楚、真实，而且解释得有理由，洛克菲勒觉得很满意，那就会奖赏孩子们 5 美分。如果觉得不好就警告他们，如果再这样就从下次的劳动报酬中扣除 5 美分。洛克菲勒的这种询问孩子的花销，但是绝对不干涉的政策，让孩子们很高兴，他们都争着把自己记录整齐的账本给父亲看。

要想成为富有的人，最早的人生财富教育是不可缺少的。由于犹太民族自古就有经商的传统，具有了丰富的商业经验，而其他的民族则相对缺乏这种财富的教育，这是促使犹太人成为世界商人的重要原因。

犹太人从小就注重财富的教育，尤其是对于投资的教育是世界闻名的：他们会给刚满周岁的小孩送股票，这成为他们民族的惯例。

小孩 3 岁的时候，他们的父母就开始教他们辨认硬币和纸币；4 岁的时候学会由家长陪伴，用钱购买简单的用品；5 岁的时候，让他们知道钱币可以购买任何他们想要的东西，并且告诉他们钱是怎样来的；6 岁的时候，能数较大数目的钱，学用储钱工具，培养自己的用钱意识；7 岁的时候能看懂价格的标签，以培养他们"钱能换物"的观念；8 岁的时候，让他们知道可以通过做额外的工作赚钱，知道把钱储存在银行的储蓄账户里；10 岁时候，懂得每周节俭一点钱，以备大笔开支使用；11 岁至 12 岁的时候知道从电视广告里发现事实，制定并执行两周以上的开销计划，懂得正确使用银行业务的术语。

　　一位犹太商人曾这样述说他如何对小孩灌输金钱教育，他说："我给约翰他们姐弟的零用钱不是固定的，是依他们做事的种类及多寡而定。例如，我和他们约好，早晨起床后帮忙割院子里的草给 10 美元，去买一份报纸给 2 美元，帮忙弄早餐给 3 美元等。我对他们不分年龄大小，一律采取同工同酬制度。"不少犹太家庭对子女的金钱教育，都是采用以上所说的方法。在他们看来，金钱并非铜臭，也不会玷污童稚之心。相反，让孩子早早接触金钱，对其财商的培养是不无裨益的。

　　犹太人还通常会给孩子这样的一种清单：

　　吉米拖地 15 美分，收拾好自己的床铺 10 美分，清除花园的杂草 20 美分。

　　玛丽插花 10 美分，洗碗 10 美分，收拾房间 30 美分。

　　而且平时不给孩子们零用钱，如果他们想要得到零用钱就必须自己通过劳动去获得。在家里干的活越多，那么他们所获得的零用钱就会相应的越多。

　　从这一个简单的事例中很明显就可以看出犹太家长的用意，他们要孩子们知道天上不会掉下免费的馅饼，世间没有不劳而获的成功。只有勤劳的、不断争取的人才会获得自己所需要的财富！

　　俗话说，"英雄出少年"，犹太人在生活中最注重培养孩子的财商。曾在一本书中读过一个犹太妈妈是如何帮助儿子走上理财经商之路的。

　　玛格丽特在儿子瑞特 6 岁的时候就为他买了儿童版的现金流游戏，培养他的理财意识，玩完那些游戏后，他开始学习如何从新的角度挣钱。瑞特每个星期的零用钱只有 5 美元，暑假和周末时间他就坐在一个角落里卖柠檬汽水来赚钱，但是，这些钱根本不够花。

　　玛格丽特总是教育瑞特和弟弟，把零用钱攒起来，然后去买自己想要的东西。有很多次，他在商店里看到自己梦寐以求的东西，然后和玛格丽特商量预支一些零用钱。可她总是说，"不行！"

　　他希望自己有更多的钱。为了实现这个目标，他开始自己做生意。他今年 9 岁，在学校里学到了很多东西，不过，是妈妈告诉他，自己创业永远不会为时过早。

　　起初，他向邻居兜售小石头，供他们放在鱼缸里或者是装饰用。妈妈认为这样做根本行不通，但是，他挨家挨户地去卖，的确赚了一些钱。他还按照妈妈教他的，对自己的收支情况做了记录。

　　然后，他决定卖蜡烛。上三年级的时候，他为他们的圣诞晚会做过一些，

诸行动，这样的人永远和成功距离一步之遥。

在犹太人中流行着一个古巴比伦商人错失机遇的故事：商人阿里昂主要经营贩卖牲口的买卖，大多数是骆驼和马匹。有时也贩卖一些绵羊和山羊。

有一次，阿里昂外出了 10 天去寻找可以贩卖的骆驼，结果一无所获，当他来到城门口的时候，却懊恼地发现城门已经关了。他的奴隶们开始搭帐篷准备过夜，他们只有很少的食物，而且连一滴水也没有，看来这一晚只好又饥又渴地度过了。这时候，来了一个上了年纪的农场主，他和阿里昂一样被关在城门外了。

"尊敬的先生。"他对阿里昂说，"我看得出你是个贩卖牲口的人。如果我猜得不错的话，我愿意卖给你一群很好的羊，我刚好把它们赶来了。唉，我的老伴儿现在病得很重，正躺在床上。我必须尽快赶回去。你买了我的羊，我就可以和我的奴隶们立刻骑着骆驼回家去了。"

当时天很黑，阿里昂看不清他的羊群，但是从羊的叫声可以判断这是很大一群羊。阿里昂已经浪费了 10 天徒劳地寻找骆驼，所以现在很愿意跟他谈这笔生意。他正要着急赶路，肯定会要一个最合理的价钱。他同意了这笔生意，心想转天一早他的奴隶们就可以把羊群赶进城里，卖个好价钱。

生意谈妥了，阿里昂叫奴隶拿来火把好清点羊群的数目，据那个农场主说一共有 900 只。但在当时要清点那么多渴极了而且乱哄哄的羊，是一件很不容易的事。于是阿里昂生硬地对农夫说他要在天亮以后再清点这些羊，然后付钱给他。

"我请求你，尊敬的先生，"他恳求阿里昂说，"现在你只要付给我三分之二的钱就可以了，我要急着赶路。我将把我最聪明的奴隶留下，他受过教育而且很可靠，可以在明天早上和你结清剩下的钱。"

但是阿里昂很固执，拒绝在那天晚上付钱给他。第二天一早，他还没有醒来，城门就开了，有四个贩卖牲口的人急匆匆地跑出来寻找货源，最后用高价买下了那群羊，因为听说城市即将被围困，而城里储备的粮食并不充足。他们交易的价格几乎是阿里昂开始谈定价格的三倍。因为没有立即行动，阿里昂的好运就这样溜走了。

其实，人性本身是放纵、散漫的，其表现就是对目标的坚持、时间的控制等做得不到位，事情不能按时完成。如果拖延已开始影响工作的质量时，就会蜕变成一种自我贻误的形式。

犹太人都知道商场就是战场，工作就如同战斗。要想在商场上立于不败之地，就必须拥有一支能战斗的、高效的团队。杰出的犹太人往往都是那些一旦发现商机，就像豹子一样立即行动的人。

哈文是在日本神户留学的一名犹太大学生，毕业后在一家酒吧打短工，遇到一位从中东来的游客，这位游客名叫阿拉罕，他很快就跟哈文相识了，而且二人说话很投机。于是，阿拉罕送了一只奇妙的打火机给哈文。哈文反复玩弄这只打火机，每当他一打着火，机身便会发出亮光，并且机身上会出现美丽的图画，火一熄，画面也跟着消失了。哈文觉得这只打火机十分新奇、美妙，便向阿拉罕打听，这只打火机是什么地方生产的。阿拉罕告诉他，这是他到法国时买的，而且是打火机当中的最新产品。哈文早就不想在酒吧里打工了，他想自己创业，现在碰到这种新颖奇妙的打火机，脑子里灵机一动，觉得能代理销售这种产品，一定会受到众多年轻人的欢迎。他一面想，一面开始展开行动。赶到神户图书馆，果然在一份法国杂志上找到了制造这种打火机厂家的广告。于是，他向这个厂家写了一封言词恳切、愿意代理这种产品在日本销售的信。

果然，不出一个月，法国厂家给他回了信，欢迎哈文成为他们的代理商。结果，他花了1万美元，获得了这种打火机的代理权。

哈文推销这种打火机，很快就闯出了市场。购买的人很多，尤其是年轻人，拿着这种打火机总是爱不释手，尽管价钱贵一点，也舍得花钱买一只。

哈文是一个爱动脑筋的人，他不仅销售这种打火机，而且爱在机身上动脑筋。他想，要是把这种打火机的性能再变通一下，改造成另一种用具或玩具，这不是更好吗？

这样，他从探究这种法国打火机的性能入手，先掌握其窍门，再进行改造。犹太人特别具有模仿、借鉴的才能。很快，他就由打火机推及到水杯等几种用具和玩具上。

哈文设计、制造出的能够显示漂亮画面的水杯产品，更是大受日本人的欢迎。他制造出的这种水杯，盛满一杯水时，便会出现一幅美丽、逼真的画面，随着杯中水位的不同，画面也跟着变得不同。人们用这种杯子品茶、闲聊，简直是一种享受，谁拿在手上都不愿放下来。

他很快就积累到了一大笔资金，并开办了一家成人玩具厂，专门制造打火机、火柴、水杯、圆珠笔、钥匙扣、皮带扣等具有鲜明特色的产品。这些颇有特色的产品一上市就赢得了顾客的喜爱，哈文一下子由一个不起眼的穷小子变成了百万富豪。为此，不少日本人感慨地说，钱都让犹太人给赚走了。

生不渝。

与此同时，自己还要具备独立思考的能力，就能得心应手地独立投资。当市场喜讯频传，经济报道极为不乐观之时，股市如果没有持续上涨的理由和政策支持，那么就应该考虑出售了。反之，当股市一片卖单，人人都绝望透顶时，一切处于低潮，这时就是投资的良机，你就可以乘虚而入，大胆介入买股，然后长期持有的必有厚利。

二、知识结构和职业类型

创造财富时首先必须认识自己、了解自己，然后再决定投资。了解自己的同时，一定要记住自己的知识结构和综合素质。

每个人要根据自己不同的知识结构和职业类型来选择符合于自己制造财富的方式：

有的人在房地产市场里如鱼得水，但炒股票却处处碰壁；有的人爱好集邮，上路很快，不长时间就小有成就，但对房地产却费了九牛二虎之力，仍找不到窍门。如果受过良好的高等教育，知识层面比较高，又从事比较专业的工作，你大可抓住网络时代的脉搏，在知识经济时代利用你的专才，运用网络工具进行理财。如果你是从事专门艺术的人才，你可充分发挥专长，在书画艺术投资领域一展身手，但这是一般外行人难以介入的领地。如果你是一名从事具体工作的普通职员，你亦不必灰心，你完全可以从熟悉的领域入手，寻找适合自身特点的投资工具。相信有一天，你也会成为某一方面的"投资高手"。如果你对股票比较精通，信息比较灵通，且有足够的时间去观察股票和外汇行情，不断地买进、卖出，你就可以将股票和外汇买卖作为投资重点，并可以考虑进行短线投资。如果你是一名职员，上班时间非常严格，又不喜欢天天盯在股市上，你就可以选择证券投资基金。投资基金汇集了众多投资者的资金，由专门的经理人进行投资，风险较小，收益较为稳定。

可见，创造财富是人人都想做的事情，同时这也是一门学问，投资者只能从实际出发，踏踏实实，充分发挥自己的知识，善于利用自我的智慧。这样，才有可能成为一个聪明的投资者。

三、资本选择的机会成本

在制定财富计划的过程中，考虑了投资风险、知识结构和职业类型等各方面的因素和自身的特点之后，还要注意一些通用的原则，以下便是绝大多数犹太投资者的行动通用原则：

1. 保持一定数量的股票。股票类资产必不可少，投资股票既有利于避免因低通胀导致的储蓄收益下降，又可抵御高通胀所导致的货币贬值、物价上涨的威胁，同时也能够在市道不利时及时撤出股市，可谓是进可攻、退可守。

2. 反潮流的投资。别人卖出的时候你买进，等到别人都在买的时候你卖出。大多成功的股民正是在股市低迷无人入市时建仓，在股市热热闹闹时卖出获利。

像收集书画作品，热门的各家书画，如毕加索、梵高的作品，投资大，有时花钱也很难买到，而且赝品多，不识真假的人往往花了冤枉钱，而得不到回报。同时，也有一些现在年轻的艺术家的作品，也有可能将来得到一笔不菲的回报。又比如说收集邮票，邮票本无价，但它作为特定的历史时期的产物，在票证上独树一帜。目前虽然关注的人不少，但潜在的增值性是不可低估的。

3. 努力降低成本。我们常常会在手头紧的时候透支信用卡，其实这是一种最为愚蠢的做法，往往这些债务又不能及时还清，结果是月复一月地付利息，导致最后债台高筑。

4. 建立家庭财富档案。也许你对自己的财产状况是一清二楚，但你的配偶及孩子们未必都清楚。你应当尽可能的使你的财富档案完备清楚。这样，即使你去世或丧失行为能力的时候，家人也知道如何处理你的资产。

四、收入水平和分配结构

选择财富的分配方式，也是制定财富计划表中一个不可缺少的部分。首先取决于你的财富总量，在一般情况下，收入可视为总财富的当期支出，因为财富相对于收入而言是稳定的。在个人收入水平低下的情况下，主要依赖于工资薪金的消费者，其对货币的消费性交易需求极大，几乎无更多剩余的资金用来投资创造财富，其财富的分配重点则应该放在节俭上。

在这里，投资资金源于个人的储蓄，对于收益效用最大化的创富者而言，延期消费而进行储蓄进而投资创富的目的是为了得到更大的收益回报而更多地消费。因此，个人财富再分配可以表述为，在既定收入条件下对消费、储蓄、投资创富进行选择性、切割性分配，以便使得现在消费和未来消费实现的效用为最大。如果为这段时期的消费所提取的准备金多，用于长期投资创富的部分就少；提取的消费准备金少，可用于长期投资的部分则就多；进而你所得到的创富机会就会更多，实现财富梦想的可能性就会更大。

寡的原因在于有没有学会把握财富，这是一个非常重要的方面，这项工作看起来似乎很简单，然而，无论如何，都绝对值得你去做。

财富就像一颗种子，你越快播下种子，越认真培育小树苗，就会越快让"钱"树长大，你就越快能在树下乘凉，越快采摘到丰硕的果实。

卷二　善投资，巧管理

—— 向犹太人学习经管之道

做好准备，看准方向，果断出手，多方共赢。

俗语说"巧妇难为无米之炊"，股票交易中的资金就如同我们赖以生存解决温饱的大米一样。大米有限，不可以任意浪费和挥霍，因此，巧妇如何将有限的"米"用于"炒"一锅好饭，便成为极重要的课题。

同样，在血雨腥风的股票市场里，如何将你的资金作最妥当的运用，在各种情况发生时，都有充裕的空间来调度，不至于捉襟见肘，这便是资金运用计划所能为你做的事。股神巴菲特做任何投资之前总是制定周密的计划，所以他能取得投资的成功。

一般说来，投资者都将注意力集中在市场价格的涨跌之上，愿意花很多时间去打探各种利多利空消息，研究基本因素对价格的影响，研究技术指标做技术分析，希望能做出最标准的价格预测，但却常常忽略本身资金的调度和计划。

事实上，资金的调度和计划、运用策略等所有一切都基于一项最基本的观念——分散风险。资金运用计划正确与否，使用得当与否都可以用是否确实将风险分散为标准来进行衡量。只要能达到分散风险，使投资人进退自如，那便是好的做法。至于计划的具体做法那便是仁者见仁，智者见智了。因为世界上有 1000 人就会有 1000 种性情、观念、做法、环境的组合，任何再高超、再有效的计划也须得经过个人的融会贯通才会立竿见影，不能生搬硬套，这点请投资人千万记住。

时下市场上存在一种观点，认为分散投资风险就是将所有的资金投资在不同的股票之上。因此，就真的有人将 100 万资金分成若干份分别投向不同的股票市场、不同股票之上：花 20 万买"深发展"，20 万买"长虹"，30 万买"海尔"，20 万买"华联"，最后 10 万再买点"金杯"。

这样的操作，不但起不到分散风险的作用，反而更容易将事情搞糟。万一 5 种投资里有 3 种行情走反，他马上手忙脚乱，无法应付接踵而来的变化。一如同时从天上掉下 5 个西瓜，接住 1 个，接不住其他 4 个，接住 2 个，接不住其他 3 个，或者，最常发生的情况是：5 个西瓜都跌碎。这样的操作，徒增风险。

真正的风险分散方案，概括地说就是不要一次性把所有可投资的资金悉数砸进市场。投资人，尤其是初入市场的投资人，手中握有的股票种类应该尽量单纯，绝不能如上例所述选择不同市场、不同种类、不同性质的股票。这样在行情分析预测以及应付不时出现的意外行情时，才不会左支右绌，穷于应付。在具体操作上，可将资金分成三份。第一份作为第一次投入的先锋队，第二份作为筹码，第三份作为补投资金。例如，100万的资金可分为40万、30万、30万这样3份，在做价格行情分析后，选择适当品种投入第一份资金40万开仓交易；当行情如预测一样走势时，随即投入第二份资金30万作为筹码，逐渐加码，并随即选定获利点获利离场；当行情走反，朝着不利方向发展时，此时第二份资金30万配合做摊平。而最后一份资金30万元，可以灵活运用，在行情大好时追杀，在行情大坏时当成反攻部队，弥补损失。

值得注意的是，所有这些动作均必须将较精确的行情判断和资金策略配合使用，保持清醒克制的头脑，行情走对时要下得狠心加码追杀，行情走反时要冷静选择反攻机会。另外，巴菲特在投资中，形成了以下几方面的投资原则：

一、注意储蓄的重要性

巴菲特举了一个简单的例子。一个人有10万元的资本，投资一年变成20万元。他用赚来的钱买了汽车。第二年，他仍然投资10万元，又变成了20万。消费掉10万，还剩10万。第三年他的投资资本还是只有10万。第四年，投入10万，变成20万，消费10万，到第五年他的投资资本仍然只有10万。

另一个人，有10万的资本，投资一年变成20万。第二年，他把20万作为资本投入，变成40万。第三年，他投入40万，变成80万。第四年，投入80万，变成160万。

这两人的投资能力是一样的，但一个把利润用来消费，一个把利润用来投资，两人的财务状况便出现了天壤之别。

二、避免损失

一般认为，投资是高风险高收益。高收益伴随着的是高风险。一般还认为鸡蛋不能放在同一个篮子里，以分散投资风险，提高收益。但巴菲特不这样认为，他认为要想投资成功，就得做低风险高收益的项目，要避免风险。

巴菲特在自己的办公室里，每天进行十几个小时的投资分析，每年只做几次的投资，甚至于一年都不做一次。他说，不要频繁地操作，要分析、寻找好的项目，每天的分析工作是必须的。一旦有好的机会，就要把握住。不要常常投资，一旦投资就必须是大的投资，这样才能保证低风险，高收益。巴菲特认为投资时一定要选优质企业，市场价远远低于实际价值时才是购买的良机，否则宁可不投资。一定要保证低风险高收益。

三、除非不做投资决定，否则，一定要是正确的决定，一定不可出错

一般说来，巴菲特对下列两种企业情有独钟：

第一，能够提供重复性服务的传播事业，也是企业必须利用的说服消费者购买其产品的工具。无论是大企业还是小企业，它们都必须让消费者认识自己的产品与服务，所以它们不得不花去高额的广告费以求能打开销路。所以，那些提供这类服务的行业势必从中获得高额的营业额及利润。

第二，能够提供一般大众与企业持续需要的重复消费的企业。巴菲特投资的企业，如《华盛顿邮报》、中国石油等，无疑都符合他的这一原则。

像巴菲特这样的投资大师都始终坚持"生意不熟不做"，对于我们普通人来说，更应该这样。选择自己熟悉的股票进行投资，才可以避免因不了解盲目投资而造成的损失。

实际上，在投资这个领域，成功的人永远少于失败的人。究其原因，是因为有太多的人是靠着自己头脑中的想象与金钱打交道。从巴菲特的投资行为中，我们也可以得到启发，在做任何一项投资之前，都要仔细调研，在自己没有了解透、想明白之前，不要仓促做决定，以免给自己造成更大损失。

股票并非一个抽象的概念，投资人买入了股票，不管数量多少，决定股票价值的不是市场，也不是宏观经济，而是公司业务本身的经营情况。巴菲特说："在投资中，我们把自己看成是公司分析师，而不是市场分析师，也不是宏观经济分析师，甚至也不是证券分析师……最终，我们的经济命运将取决于我们所拥有的公司的经济命运，无论我们的所有权是部分的还是全部的。"

有些新股民在寻找投资目标时，往往只关注股价是否便宜。巴菲特告诉我们，选择企业时应关注企业业务经营状况，要选择那些具有竞争优势的企业进行投资。以一般的价格买入一家非同一般的好公司要比用非同一般的好价格买下一家一般的公司好得多。

市场经济的规律是优胜劣汰，无竞争优势的企业，注定要随着时间的推移逐渐萎缩乃至消亡，只有确立了竞争优势，并且不断地通过技术更新、开发新产品等各种措施来保持这种优势，公司才能长期存在，公司的股票才具有长期投资价值。

我们在寻找投资目标时，通过对公司竞争优势的分析，可以对公司的基本情况有比较深入地了解，这一切对我们的投资决策很有帮助。那么，怎样发现公司的竞争优势呢？

1. 公司的业绩是否长期稳定？只有在原有的业务上做大做强，才是竞争优势长期持续的根本所在。

2. 公司的业务是否具有经济特许权？这是企业持续取得超额利润的关键所在。

3. 公司现在良好的业绩是否能够长期保持？只有经过长期的观察，才能加以确认。

由于巴菲特是长期投资，所以他非常重视企业是否有着良好的长期发展前景，而企业的长期发展前景是由许多不确定性的因素决定的，分析起来相当困难。巴菲特为了提高对企业长期发展前景的准确性，在选择投资目标时严格要求公司有着长期稳定的经营历史，这样他才能够据此分析确信公司有着良好的发展前景，未来同样能够继续长期稳定经营，继续为股东创造更多的价值。

巴菲特认为公司应该保持业绩的稳定性，在原有的业务上做大做强，才是使竞争优势长期持续的根本所在，因此，巴菲特最喜欢投资的是那些不太可能发生重大变化的公司。

同时，巴菲特在长期的投资中深刻地认识到经济特许权是企业持续取得超额利润的关键所在。一家企业的经济特许权并非一看就知，需要长期的观察，需要可靠的检验，然后才能加以确认。巴菲特将竞争优势壁垒比喻为保护企业经济城堡的护城河，强大的竞争优势如同宽大的护城河保护着企业的超额盈利能力："我们喜欢拥有这样的城堡：有很宽的护城河，河里游满了很多鲨鱼和鳄鱼，足以抵挡外来的闯入者——有成千上万的竞争者想夺走我们的市场。我们认为所谓的护城河是不可能跨越的，并且每一年我们都让我们的管理者进一步加宽他们的护城河，即使这样做不能提高当年的盈利。我们认为我们所拥有的企业都有着又宽又大的护城河。"

在购买某家公司的股票时，巴菲特总是从企业家的角度看待问题，系统地评估该企业，从质和量两个方面检验企业的财务状况和管理状况，进而考虑股票的购买价格。同样，我们在选择股票时，首先要对企业进行评估。具体来说，可以从以下几方面着手：

一、企业必须简单且易于理解

巴菲特认为，投资人财务上的成功，和他对自己所做投资的了解程度成正比，以这样的了解，可以用来区别以企业走向作为选股依据的投资人，和那些投资者的投机心态，整天抢进抢出，却是占了绝大多数的投资人。

所谓股东权益，即是指公司的税后利润加上折旧、摊提等非现金费用，减去资本性支出费用以及可能需要增加的经营资金量。

股东权益报酬率，又称为净值报酬率，指普通股投资者获得的投资报酬率。

其具体计算方式如下：

股东权益报酬率＝（税后利润－优先股股息）÷（股东权益）×100％

股东权益或股票净值普通账面价值或资本净值，是公司股本公积金留存收益等的总和。股东权益报酬率表明普通股投资者委托公司管理人员应用其资金所获得的投资报酬，所以数值越大越好。有些投资分析家通常用每股税后利润（又称为每股收益）来评价企业的经营业绩。上年度每股收益提高了吗？高到令人满意的程度了吗？巴菲特则认为，每股收益是个烟幕，因为大多数企业都保留上年度盈利的一部分用来增加股权资本，所以没有理由对每股收益感到兴奋。如果一家公司在每股收益增长10％的同时，也将股权资本增加了10％，那就没有任何意义了。在巴菲特看来，这与把钱存到储蓄账户上，并让利息以复利方式累积增长是完全一样的。

巴菲特更愿意使用权益资本收益率——经营利润对股东权益的比例来评价一家公司的经营业绩。

总结来说，股东权益报酬率的重要性在于，它可以让我们预估企业把盈余再投资的成效。长期股东权益报酬率高的企业，不但可以提供高于一般股票或债券一倍的收益，也可以经由再投资，让你有机会得到源源不绝的20％的报酬。最理想的企业能以这样的增值速度，长期把所有盈余都再投资，使你原本的投资以20％的复利增值。

评价一家公司是否优良和有发展潜力，能够在较长一段时期内给投资者以丰厚的回报，最能肯定的做法就是立足于股东权益回报率，也就是立足于现有资本投入，这是最为现实有效的评价手段和途径。

二、股东收益

一般说来，公司年度财务报表上的每股收益只是判断企业内在价值的起点，而非终点。

股东收益才是判断公司内在价值的最终指标。

所谓"股东收益"，即公司的税后利润加上折旧、摊提等非现金费用，然后减去资本性支出费用以及可能需要增加的公司运作的资金量。虽然"股东收益"并不能为价值分析提供所要求的精确值，因为未来资本性支出需要经常评估。虽然巴菲特认为，这个方法在数学上并不精确，原因很简单，计算未来现金支出经常需要严格的估算。但是，巴菲特引用凯恩斯的话说："我宁愿模糊地对，也不愿精确地错。"

1973 年，巴菲特投资的可口可乐公司的"所有者收益"（净收入加折旧减资金成本）为 1.52 亿美元。到 1980 年，所有者收益达到了 2.62 亿美元，以 8％的年复合利率增长。从 1981 年到 1988 年，所有者收益从 2.62 亿美元上升到了 8.28 亿美元，年平均复合利率为 17.8％。

可口可乐公司所有者收益的增长反映在公司的股价上。如果我们以 10 年为期看一下，就会发现这一点特别明显。从 1973 年到 1982 年，可口可乐公司的总利润以 6.3％的平均年利率增长；从 1983 年到 1992 年，平均年利率为 31.1％。

从以上可以看出，现金流量根本无法反映公司的内在价值。相对于"每股税后盈余""现金流量"等财务指标，股东收益则对公司所发生的可能影响公司获利能力的所有经济事实进行了较为周密地考虑。

所以，我们在选择投资标的时，千万不要忽视了"股东收益"这一决定内在价值的指标。

三、寻求高利润率的公司

一般来说，能以低成本高利润运营的公司，利润率越高，股东的获利也就越高。所以，寻找高利润率的公司通常是投资者所向往的，一旦找到了高利润率公司就意味着找到了高额利润。也就是说，这种高利润率公司意味着股东权益报酬率高。

在生活中，假如你拥有一家公司，我们称之为 A 公司，该公司的总资产为 1000 美元，负债 400 万美元，那么股东权益为 600 万美元。假如公司税后盈余为 180 万美元，那么股东权益报酬率为 33％，就是说 600 万美元的股东权益，获得 33％的报酬率。

假设你拥有另一家公司，我们将它称为 B 公司。假设 B 公司也有 1000 万美元资产、400 万美元负债，于是股东权益也和 A 公司一样为 600 万美元。假设 B 公司仅获利 48 万，因此，权益报酬率为 8％。

通过比较我们可以发现，A、B 两家公司资本结构完全相同，但 A 公司的获利接近为 B 公司的 4 倍，当然 A 公司比较看好，又假设 A、B 两公司的管理阶层都很称职，A 公司的管理阶层善于创造 33％的权益报酬率，B 公司的管理阶层则善于创造 8％的权益报酬率。你愿意对哪家公司进行追加投资？

只有在回顾历史数据时我们才能确定股市的低点和高点。但事实似乎表明，在股市下跌期间购买股票比在股市上涨期间购买股票要有利得多。你不必一定要恰好买到股价的最低点，有趣的是这些结论在各种市场环境下都可以得到。无论是牛市还是熊市，股市中都会有许多短期交易的稍纵即逝的时机能够使投资者扩大其收益。投资者应当充分利用这些机会。

股价的不断变化造成股市的波动。股市基于其对于经济发展的反映的预期变化而运动。尽管在1929年后股市持续低迷4年多，1977年后低迷5年多，但大多数市场下跌都是较为短期的，许多时候只有4~6个月。

虽然一个人不能预测股市波动，但几乎所有对股票市场历史略有所知的人都知道。一般而言，在某些特殊的时候，却能够很明显地看出股票价格是过高还是过低了。其诀窍在于，购买在股市过度狂热时，只有极少的股票价格低于其内在价值的股票可以购买。而在股市过度低迷时，可以购买的股票价格低于其内在价值的股票如此之多，以至于投资者因为财力有限而不能充分利用这一良机。市场下跌使买入股票的成本降低，所以是好的买入时机。巴菲特用自己多个成功案例证明市场狂跌是以较大安全边际低价买入股票的最好时机。

巴菲特曾说："有时候股票市场让我们能够以不可思议的低价买到优秀公司的股票，买入价格远远低于买下整家公司取得控制权的协议价格。例如，我们在1973年以每股5.63美元买下《华盛顿邮报》的股票，该公司在1987年的每股盈利是10.30美元，同样，我们分别在1976年、1979年与1980年以每股6.67元的平均价格买入GEICO股票，到了1986年其每股税后营业利润为9.01元。在与上述案例类似的情况下，'市场先生'实在是一位非常大方的好朋友。"

巴菲特在1996年伯克希尔公司股东手册中指出："我们面临的挑战是要像我们现金增长的速度一样不断想出更多的投资主意。因此，股市下跌可能给我们带来许多明显的好处。首先，它有助于降低我们整体收购企业的价格；其次，低迷的股市使我们下属的保险公司更容易地以有吸引力的低价格来买入卓越企业的股票，包括在我们已经拥有的份额基础上继续增持；最后，我们已经买入其股票的那些卓越企业，如可口可乐、富国银行，会不断回购公司自身的股票，这意味着，他们公司和我们这些股东会因为他们以更便宜的价格回购而受益。总体而言，伯克希尔公司和它的长期股东们从不断下跌的股票市场价格中获得更大的利益，这就像一个老饕从不断下跌的食品价格中得到更多实惠一样。所以，当市场狂跌时，我们应该有这种老饕的心态，既恐慌，也不沮丧。对伯克希尔公司来说，市场下跌反而是重大利好消息。"

巴菲特在伯克希尔公司 2000 年年报中指出："只有股市极度低迷，整个经济界普遍悲观时，获取超级投资回报的投资良机才会出现。"

回顾 1973～1974 年美国股市大萧条时期伯克希尔公司所有的投资业务，人们会发现，巴菲特在疯狂地买入股票。他抓住了市场过度低迷而形成的以很大的安全边际买入股票的良机，获得了巨大的利润。

他所持有证券之一的联合出版公司，在 1973 年内盈利率增长了 40％，但是该企业一度曾以 10 美元每股上市的股票，在一个月内持续下跌到 7.5 美元每股，已经低于 5 倍市盈率了。在人们开始怀疑市场或企业是否有任何失误之处，巴菲特却坚信自己比别人更了解该企业的内在价值。1974 年 1 月 8 日那天，他又买进了联合出版公司的股票，11 日、16 日再次买进。在 2 月 13 日、15 日、19 日、20 日、21 日、22 日连续多次进入市场买进。一年中有 107 天他都在不断地买进。

作为投资者，尤其是当下跌由股市调整所致时，买跌是一个合理的策略。当然，股市可能会继续调整，进入熊市，但这通常不会发生。大多数调整很快停止，市场恢复。市场引起的个股价格波动给投机者与投资者都带来了机会。这些机会通常不会持续太长时间，因此，投资者应当分析目标并选股，然后迅速行动。

购买股票的好时机往往出现在具有持续竞争优势的企业出现暂时性的重大问题时，这时购买具有足够的安全边际。因为尽管这些问题非常严重，但属于暂时性质，对公司长期的竞争优势和盈利能力没有根本性的影响。如果市场在企业出现问题后，发生恐慌，大量抛售股票导致股价大幅下跌，使公司股票被严重低估，这时将为价值投资人带来足够的安全边际和巨大的盈利机会。随着企业解决问题后恢复正常经营，市场重新认识到其长期盈利能力丝毫无损，股价将大幅回升。企业稳定的持续竞争优势和长期盈利能力是保障投资本金的安全性和盈利性的根本原因所在。

巴菲特喜欢在一个好公司因受到质疑或误解干扰，而使股价暂挫时进场投资。虽然一个人不能预测股市波动，但几乎所有对股票市场历史略有所知的人都知道，一般而言，在某些特殊的时候，却能够很明显地看出股票价格是过高还是过低了。其诀窍在于，在股市过度狂热时，只有极少的股票价格低于其内在价值的股票可以购买。在股市过度低迷时，可以购买的股票价格

8. 这家公司的总负债不超过净速动清算价值。

9. 这家公司的获利在过去 10 年来增加了一倍。

10. 这家公司的获利在过去 10 年当中的两年减少不超过 5％。

这些标准只是个原则，固然值得投资人用心思考，却不能当成食谱一样照单全收。投资者可以选择最佳帮助个人达成投资目标的准则，其他仅供参考即可。

最后，请记住：没有一个投资人可以百发百中，甚至巴菲特也买过美国航空公司的股票，眼睁睁地看它从原本的明日之星，变成挣扎的航空公司，然后停止配发特别股的股息。

何时卖出最适宜

巴菲特是很多长期投资者所推崇的最佳导师，也是专注于长期投资中真正赚到大钱的名人，也许你会认为巴菲特一旦买进，就永远持有，都不会卖出，那你就错了。

所以，像巴菲特这样的大投资家也会止损，在哪里止损？在所投资公司失去成长性时、基本面恶化时，止损！投资的止损不同于投机的止损，投机的止损只相对于价格的变化；投资的止损相对于基本面的变化。投资家宣称的真正的投资永远都不需要止损是不对的。

一份"止损单"是一份买进或卖出股票的交易单，当这些股票达到或超过一个预定价格时要执行。"买股止损单"一般在目前交易价之上被执行，"卖股止损单"一般在低于目前交易价的价格被执行。一旦触发该价位，该止损单就成为市场交易单，表明该投资者将在最有利的价位交易。

你也许会说："我不能卖掉我的股票，因为我不想因此遭受损失。"这里你假设的是自己的想法总会对市场形势产生一定影响。但股票并不认识你，它不会关心你的想法和期望。而且，卖出本身不会让你受损；损失已经发生了。如果你认为一直要到不受损的时候才卖掉股票，那就好像在和你自己开玩笑一样。比如说，你以 40 美元的单价买了某公司的 100 股股票，现在它的价格只有 28 美元了，对于持有成本为 4000 美元的股票来说，现在只值 2800 美元，你损失了 1200 美元。不管你卖掉股票而改持现金，还是继续持有股票，它都只值 2800 美元。

即使不卖，股价下跌时你还是会受损。你最好还是卖掉它们，回到持有现金的位置，这样可以让你从更客观的角度上思考问题。如果继续持有从而遭受更大损失的话，你将无法清醒地思考问题，总是自欺欺人地对自己说："不会再降价了。"可是，你要知道还有其他许多股票可以选择，通过它们，弥补损失的机会可能要大一些。

个人投资者一定要很明确坚持这样一个原则：每只股票的最大损失要限制在其初始投资额的 70％到 80％之内。由于投资额较大和通过投资种类多样化来降低总体风险，大多数机构投资者在迅速执行止损计划方面缺乏灵活性。对机构来说，很难快速买入卖出股票，但快速买卖股票对它们执行该止损准则来说又是非常必要的。所以对于作为个人投资者的你来说，这是一个相对于机构投资者的极大优势。所以要利用好这一优势。

记住，7％或 8％是绝对的止损限额。你必须毫不犹豫地卖出那些股票——不要再等几天，去观望之后会发生什么或是期盼股价回升；没有必要等到当日闭市之时再卖出股票。此时除了你的股票下跌 7％或 8％这一因素，就不会有什么东西去对整个行情产生影响了。

作为投资者，每一次买进前要确定三个价位，即：买入价、止盈价和止损价。如果这个工作没有做好，严禁任何操作，学习止损并善于止损才是在股市中生存发展的基本前提！

以下介绍几种止损的具体方法，供投资者参考。

一、空间位移止损法

1. 初始止损法：在买进股票前预先设定好止损位置，比如说，在买入价下方的 3％或 5％处（短线、中线最多不应超过 10％），一旦股价有效跌破该止损位置，则立即离场。这里所说的"有效跌破"，一般是指收盘价格。

2. 保本止损法：一旦买入后股价迅速上升，则应立即调整初始止损价格，将止损价格上移至保本价格（买入价＋双向交易费用），此法非常适用于 T＋0 操作，T＋1 效果也不错。

3. 动态止损法：一旦股价脱离保本止损价格持续向上，则应该不断向上推移止损价格的位置，同时观察盘面的量价关系。如果量价关系正常，则设好止损继续持有，若量价关系背离，则应该立即出局。

4. 趋势止损法：以某一实战中行之有效的趋势线或移动平均线为参考坐标，观察股价运行，一旦股价有效跌穿该趋势线或平均线，则立即离场。

扬，没有顶点，希望自己的股票达到自己为它设定的短期内甚至永远无法达到的价位，结果当他们还沉浸在憧憬和梦幻中的时候，股市突然风云突变，开始下跌，将已经到手的收获瞬间化为灰烬，为自己留下永久的遗憾。

巴菲特之所以成功，最重要的就是坚持理性，坚守自己的投资理念，在市场低迷时乘机挑选投资对象，静待机会买进。在市场疯狂上涨时，冷静而不贪婪，股价一旦达到自己的获利预期，就果断获利了结。

在股票市场上，当股市上升时，越近顶峰，上升速度越慢。这就给投资人比较充裕的时间去判断市场趋向，及时卖出股票。股市到了顶峰时期，可能徘徊几个星期乃至几个月，而不是一到顶峰就下跌。这种现象给正确的判断增加了一定的难度。此时经济指标还可能上涨，但股市走在经济指标之前，很可能已是强弩之末，上不去多少了。

如果在股市周期的晚期卖出股票，虽然放弃了末尾期的上涨，但也避免了因对末尾期认识不清，滞留涨市过久的风险。这是保住既得利润的明智之举。

一个没有投资目标的投资者，不会有任何系统生成的目标或出售信号。要想在投资中取得成功，当股价一旦达到自己的获得预期时，应该考虑找准时机退出。

股市中流传着这样一句话：会买是徒弟，会卖是师傅，要保住胜利果实，应该选准卖出的关键时机。股神巴菲特就有一种气魄，该出货的时候绝不含糊。

最典型的是1987年10月18日清晨，美国财政部长在全国电视节目中一语惊人："如果联邦德国不降低利率以刺激经济扩展，美国将考虑让美元继续下跌。"

结果，就在第二天，华尔街掀起了一场震惊西方世界的风暴：纽约股票交易所的道·琼斯工业平均指数狂跌508点，六个半小时之内，5000亿美元的财富烟消云散！

第三天，美国各类报纸上，那黑压压的通栏标题压得人喘不过气来：《10月大屠杀》《血染华尔街》《黑色星期一》《道·琼斯大崩溃》《风暴横扫股市！》……华尔街笼罩在阴霾之中。

这时，巴菲特在投资人疯狂抛售持股的时候开始出动了，他以极低的价格买进他中意的股票，并以一个理想的价位吃进10多亿美元的"可口可乐"。不久，股票上涨了，巴菲特见机抛售手中的股票，大赚特赚了一笔。巴菲特总是在关键时刻能够把握住机会卖出他的股票。

事实上，任何一种成功的投资策略中，都要有对一个明确的"抛出时机"的把握。

有不少投资者，在证券分析上很有一套，对大势的判断、个股的选择，都有自己独到的见解，也很准确。但是，他们的投资成绩却往往并不能如人意。其中很大的一个原因就是，他们卖出的时机几乎总是错的。要么就是过早地抛出，而没有能够取得随后的丰厚利润；要么就是迟迟不肯抛，以至于最后又回到买入点，甚至被套牢。

其实，这种情况是很普遍的。任何一名投资者反思一下，都可能会有一些诸如此类的经历。因此，怎样才能够把握住较佳的抛售时机，无疑是每个投资者都非常想掌握的一件事情。

股市的走势是波浪式前进的，正如大海的波浪有波谷和波峰一样，大市和个股的走势也有底部和顶部之分。当大市和个股在一段时间里有较大升幅时，就算没有政策的干预或其他重大利空，技术上的调整也是必要的。通常而言，升幅越大，其调整的幅度也就越大。当大市和个股上升到顶部时，及时抛出股票，就可以避免大市和个股见顶回调的风险；而当大市和个股调整比较充分之后入市，风险也就降低了。所以，在营业厅很冷清时买进，投资者可轻松自如地挑选便宜好货；而当营业厅挤得水泄不通时，虽然牛气冲天，市场一片看好，人们争相买进，但你一定要果断出手，不仅可以卖个好价钱，而且还可以避免高处不胜寒的风险。

投资者也可学习巴菲特卖出股票的策略，不管在牛市还是熊市中，让自己的个股获利更丰厚。投资者到了卖出的时机或者符合卖出的条件就要坚决卖出，不求卖得多高明多有艺术，但要卖得正确，卖得及时。以下是一些比较实用的卖出方法供投资者参考。

1. 跌市初期，如果个股股价下跌得不深、套牢尚不深的时候，应该立即斩仓卖出。这种时候考验投资者能否当机立断，是否具有果断的心理素质。只有及时果断地卖出，才能防止损失进一步扩大。

2. 如果股价已经经历了一轮快速下跌，这时再恐慌地杀跌止损，所起的作用就有限了。深幅快速下跌后的股市极易出现反弹行情，可以把握好股价运行的节奏，趁大盘反弹时卖出。

3. 在大势持续疲软的市场上，见异常走势时坚决卖出。如果所持有的个股出现异常走势，意味着该股未来可能有较大的跌幅。例如，在尾盘异常拉高的个股，要果断卖出。越是采用尾盘拉高的动作，越是说明主力资金已经到了无力护盘的地步。

4. 当股市下跌到达某一阶段性底部时，可以采用补仓卖出法，因为这时股价离自己的买价相去甚远，如果强行卖出，损失往往会较大。可适当补仓以降低成本，等待行情回暖时再逢高卖出。

需要注意的是，每种方法都有其不完善之处，使用时不可过于机械。另外，在最高点卖出只是奢望，故不应对利润过于计较，以免破坏平和的心态。在市场上，如果过于苛求的话，到头来会只剩一个"悔"字——悔没买，悔没卖，悔卖早了，悔仓位轻了……所以，在投资上留一点余地，便少一分后悔，才有可能小钱常赚。

持股要集中

巴菲特一直将自己的投资方略归纳为集中投资，实行"少而精"的投资策略。那么他在实践中是怎样运行他的这一策略的呢？那就是：选择少数几种能够在长期的市场波动中产生高于平均收益的股票，将你手里的大资本分成几部分资金投向它们，一旦选定，则不论股市的短期价格如何波动，都坚持持股，稳中取胜。这是一种极为简单有效的策略，是建立在对所选股票透彻的了解之上。一旦你决定运用并坚持这种策略，将使你得以远离由于股价每日升跌所带来的困扰。不过，集中投资一旦亏损，损失可能巨大，所以大多数投资者明知这是一种好的策略，也不敢轻易尝试。

传统的投资理论出于风险的规避需要，主张多元化投资，投资者手里一般握有一些超出他们理解能力的股票，有时甚至在对某只股票一无所知的情况下买入。而巴菲特建议，买5～10只，甚至更少的股票，并且将注意力集中在它们上面。巴菲特认为，投资股票的数量绝不要超过15只，这是一个上限，超过这个数，就不能算是集中投资了。

如果投资者手里握着几十只股票，他不可能将每一只股票都了解得透彻，而这是非常危险的。著名的英国经济学家约翰·梅纳德·凯恩斯曾说："那种通过撒大网来降低投资风险的想法是错误的，因为你对这些公司知之甚少，更别说有特别的信心了……我们每个人的知识和经验都是有限的，就我本人

121

而言，在某一个特定的时间段里，能够有信心投资的企业也不过两三家。"凯恩斯的这番见解，一直被认为是集中投资的雏形，他向我们传达出了这样一种信息，即在个人有限的知识与经验之下，与其多而广地选股，不如选择少数几只你了解并对它们十分有信心的股票。

许多价值投资大师都采用集中投资策略，将其大部分资金集中投资在少数几只优秀企业的股票上。作为初入股市的投资者，当然我们的公司价值分析能力很可能没有巴菲特那么杰出，并且初入股市的投资者是股市里最大的弱势群体，人单力薄，资金少，信息闭塞，能力有限，却承受着市场的各种风险，什么指数暴跌风险、政策摇摆风险、查处违资金风险、虚假业绩风险、欺诈拐骗风险、巨额亏损风险、套牢风险……他们无不首当其冲。那么，面对这种情况，我们怎样从众多的股票中发现少而精的股票，以尽量减少风险，实现投资的最大化收益呢？

首先，只参与一年中的主要行情。事实上，在熊气未尽的年头，市场资金入不敷出，大盘做多能量十分薄弱，连续几年来，每年仅上半年出现一波20％至30％升幅的行情，且还得依赖管理层赐舍减少扩容才得以实现。在其他时间段，基本以调整为主。其他时段不分青红皂白参与，大都不套即亏。这就是股市的大势和现实。认清这点，除参与主要行情，其他时段任凭个股翻腾不动心，指数上蹿下跳手不痒。

其次，只参与主流热点。热点就是财神爷，抓住了它才有赚钱机会。如今市场热点全在机构的运筹帷幄之中。小盘股吃香，次新股受宠成了老皇历，至少今年备受冷落。作为散户，唯有跟随基金为首的机构脚步走，才能跑赢大盘。若依旧把去年的明星当宝贝，注定会成为亏损户。所以，多研究基金为首的机构投资者的投资策略和思路，顺势而为，才能得胜利。

再次，只参与主升段。所谓的主要行情，不过是一波幅度稍大的反弹，别信"牛市来了"的蛊惑，别信指数还将迭创新高的梦呓，见好就收。当指数又在蹭蹭下滑时，你会为能在主升段中分到一杯羹而欣慰。

总的来说，如果你对投资知道得非常有限，那种传统意义上的多元化投资对你就毫无意义了。你不妨从中选出5～10家价格合理且具有长期竞争优势的公司，并把精力放在了解公司的经营状况上。

现在大家的理财意识越来越强，许多人认为"不要把所有鸡蛋放在同一个篮子里"，这样即使某种金融资产发生较大风险，也不会全军覆没。但巴菲特却认为，投资者应该像马克·吐温建议的那样，把所有鸡蛋放在同一个篮子里，然后小心地看好它，这样就能减少投资风险。

巴菲特认为，在股票投资中，我们期望每笔投资能够有理想的回报，如果我们将资金集中投资在少数几家财务稳健、具有强大竞争优势，并由能力非凡、诚实可信的经理人所管理的公司股票上，如果我们以合理的价格买进这类公司时，投资损失发生的概率通常非常小。

巴菲特说："就长期而言，可口可乐与吉列所面临的风险，要比任何电脑公司或是通讯公司小得多。可口可乐占全世界饮料销售量的44％，吉列则拥有60％的剃须刀市场占有率（以销售额计），除了称霸口香糖的箭牌公司之外，我看不出还有哪家公司可以像他们一样长期以来享有傲视全球的竞争力。更重要的是，可口可乐与吉列近年来也确实在继续增加他们全球市场的占有率，品牌的巨大吸引力、产品的出众特质与销售渠道的强大实力，使得他们拥有超强的竞争力。"

巴菲特在伯克希尔公司1993年年报中给股东的信里对集中投资与分散投资的风险程度进行了深入地分析："我们采取的战略是防止我们陷入标准的分散投资教条。许多人可能会因此说这种策略一定比更加流行的组合投资战略的风险大。我们不同意这种观点。我们相信，这种集中投资策略使投资者在买入股票前既要进一步提高考察公司经营状况时的审慎程度，又要提高对公司经济特征的满意程度的要求标准，因而更可能降低投资风险。在阐明这种观点时，我采用字典上的词条解释，将风险定义为'损失或损害的可能性'。"

巴菲特认为公司股票投资风险很难精确计算。但在某些情况下，它可以用一定程度的有效精确性来判断。与这种估算相关联的主要因素是：

1. 评估的企业长期经济特性的确定性。

2. 未来税率和通货膨胀率，二者将决定投资者取得的总体投资回报的实际购买力水平的下降程度。

3. 公司的收购价格。

4. 评估的企业管理的确定性，包括他们实现公司所有潜能的能力以及明智地使用现金流量的能力。

5. 管理人员值得依赖，能够将回报从企业导向股东而不是管理人员的确定性。

这些因素很可能会把许多分析师搞糊涂，因为他们不可能通过任何数据库得到以上风险因素的评估。但是精确量化这些因素的困难既不能否定它们的重要性，也不能说明这些困难是不可克服的。投资者也可以通过一种不精确但行之有效的方法，而不必参考复杂的数学公式或者股票价格历史走势，也一样能够确定某个投资中的内在风险。

若将自己的投资范围限制在少数几个易于理解的公司中，一个聪明的、有知识的、勤奋的投资者就能够以有效且实用的精确程度判断投资风险。

一直以来，巴菲特有一套选择可投资公司的策略，他认为：如果一家公司经营有方，管理者智慧超群，它的内在价值将会逐步显示在它的股价上。巴菲特的大部分精力都用于分析公司的经济状况以及评估它的管理状况上，而不是用于跟踪股价。

巴菲特发现：二流的公司真的不会有可预期的收入，一家原本经济状况就不好的公司更是如此，虽然或许会有一段有希望的时期，但是到最后，商业的残酷竞争还是会排除任何会增加公司价值的长期利益。

他也发现：事实上，一般的或二流的公司永远随波逐流，而股市看到其暗淡的未来，绝不会对该公司有热忱，所以说，那只是一家股票不值钱的公司。巴菲特还发现，即使该企业的市场价格逐渐接近预期的实质价值，投资人的获利仍旧不理想，因为所得只限制在实质价值与市场价格之间。此外，资本所得税也会吃掉获利，因为该公司原本的经济状况就不理想，继续持有只像是搭乘一艘无目的地的船。

巴菲特投资《华盛顿邮报》就很好地说明了他的观点。对于《华盛顿邮报》，巴菲特在 1973 年用 1100 万美元购买了其股份，到 2007 年底市值达到 13 亿美元。对《华盛顿邮报》投资的 24 年时间，给了巴菲特一个将近 18% 的年累计回报率。

巴菲特承认在过去的 40 年，即使他偶尔会用超出其实质价值的市场价格卖出持股，但他仍继续持有该项投资，因为那是个杰出的企业，也因为他知道要充分发挥累计的神奇效果，必须持有该项投资一段时间。

所以，对于集中投资者，我们的任务是做好自己的“家庭作业”，在无数的可能中找出那些真正优秀的公司和优秀的管理者，找到真正杰出的公司。事实上，一个二流企业最有可能仍旧是二流的企业，而投资人的结果也可能是二流的。廉价购买带给投资人的好处会被二流企业的低收入侵蚀。巴菲特知道时间是杰出企业的好朋友，却是二流企业的诅咒。他也发现，一个杰出公司的经济状况是完全不同于那些二流公司的，如果能买到某家杰出公司，相对于二流公司的静态价值，杰出公司会有扩张价值，其扩张价值最终会使股市带动股票价格。因此，杰出公司扩张价值现象所带来的结果是：如果该公司持续成长，无限期地持有投资就比撤出来更有意思。这会使投资人延后资本所得税的缴交直到某个遥远的日子，并且享受累计保留收益的成果。

这就是集中投资的核心：把你的投资集中在那些最有可能有杰出表现的公司上。

在我们的投资操作中，"对投资略知一二"的投资者，最好将注意力集中在几家公司上。

信奉传统的投资理念实际上只会增加投资风险，减少收益率。投资者如果能够清楚地了解公司的经济状况，投资于少数几家你最了解，而且价格很合理、利润潜力很大的公司，将获得更多的投资收益。从目前的投资环境来看，从市场上挖掘到 5～10 家具备长期竞争能力的企业，进行长期投资，是投资者最佳的投资组合。

掌握投资的法则

巴菲特有一项鲜为人知的才能，就是他善于套利。巴菲特发现，若运用现金资产进行套利，会比其他短期投资提供更大的获利空间。

套利实际上就是一项掌握时效的投资。它是在一个市场上购买证券，同时又马上在其他市场上卖出相同的证券，它通过两个市场间的差价变动来获利，与绝对价格水平关系不大。它的目的在于赚取市场差价。

比如说，如果某公司的股票在伦敦市场每股是 20 美元，在东京市场中每股是 20.01 美元，则套利者可以同时购买伦敦股市的股票，然后将相同的股票在东京股市销售，借此获益。在这个个案中，没有任何资金的风险。套利者只是利用各地市场之间的无效率，从中获利。因为这些交易并未承受风险，所以被称为无风险的套利。另一方面，有风险的套利，是希望以公开的价钱买卖证券而获得利润。

最典型的风险套利是，以低于公司未来价值的价钱购买股票。这个未来价值通常基于公司的购并、清算、股票收购或改组。套利者所面对的风险是未来股票价格的不确定性。巴菲特发现，若运用现金资产进行套利，会比其他短期投资给他提供更大的获利空间。事实上，在过去 30 多年来，巴菲特活跃地投资在各种类型的套利行为中，他估计套利投资税前年报酬在25％左右。这些都是真实且可以查证的。

巴菲特合伙公司在早期时，每年以将近40％的公司资金投资于套利行为。而在1962年最黑暗的年代，整个市场都下跌的情况下，巴菲特就是靠套利方式获利度过了黑暗时期，之后借着套利获利而扭转乾坤。他们让公司获利13.9％，而当时道·琼斯指数曾悲惨地下跌了7.6％。

巴菲特说，大凡公司转手、重整、合并、抽资或者是对手接收，都是套利的机会。如X公司宣布将在未来的某一天，以每股120美元的价格卖出所有的股票给Y公司。但套利者有办法在接近移转日前，以每股100美元买入股票，如此一来套利者就能够每股获利20美元，即市场价格100美元与售出价格120美元间的价差（120美元－100美元＝20美元）。问题是，套利者如何掌握接近移转的时机，而能够以120美元的价格卖出并每股获利20美元？所以说，最大的症结就在于时间。收购的日期与转移日期间相距愈久，套利者的年回报率就愈小。那么，投资者如何评估套利条件呢？巴菲特认为这必须回答下面四个问题：

1. 承诺的事情果真发生的可能性有多大？

2. 投资的钱会锁住多久？

3. 出现更好的事情的可能性有多大——比如一个更有竞争力的接管出价？

4. 如果因为反托拉斯诉讼、财务上的差错，等等，事情没有发生会怎么样？

作为一般投资者，我们怎样像巴菲特一样学会套利呢？把握套利交易的原则很重要。根据巴菲特的套利经验，我们总结出以下原则：

1. 投资于"现价"交易而不是"股权交易"，并且只有在消息正式公布后才进行交易。一个现金形式的50美元报价是应当优先考虑的。因为这时交易具有固定的交换比率。这就可以限定目标股票下降的可能。一定要避免有可能使你的最终收益低于原始报价的交易。假定一家股票市值为50美元的公司准备交付1.5份股票，如果到交易结束时股价降到30美元，那么你最终只能得到45美元。

2. 确定你的预期收益率的下限。在介入一次并购交易之前，要计算出潜在的利润和亏损以及它们各自发生的概率，然后确定完成交易所需要的时间以及你潜在的年度收益。要避免那些无法提供20％～30％或者更高年度收益的交易。

3. 确保交易最终能够完成。如果交易失败，目标股票的价格就会突然下降。许多因素都可以使交易告吹，这些因素包括政府的反垄断干预、收购商的股票价格突然下跌、决策者们在补偿问题上的争执或者任何一家公司的股东们投票否决了并购计划。某些并购，包括那些涉及公用设施或者外国公司的交易，可能要用一年以上的时间才能完成，这就会在相当长的时间内套牢你的资金。

4. 如果你决定介入"股权合并"交易（目标公司的股东接受收购公司的股份），一定要选择那些具有高护价能力的交易。在交易被宣布之后，并购活动应该能够确保目标股票的价格不至于下降。一般来说，收购者会根据自身的股票价格提供一个可变动的股份数额。

5. 不要把利润过分寄托在套利交易上。市场一般会对一只股票做出同正确定价一样多的错误定价。盲目地选择一桩交易，在长期内可能只会得到一般水平的收益。你必须养成良好习惯，对所有相关的事实进行仔细地研究。当市场价格与并购价格差距很大时，就表明参与者们正在为交易失败感到忧虑，一些人或许已经获悉了有关交易将无法继续进行的信息。

6. 不必担心用保证金来购买套利股份（也就是借钱）。如果你能经常通过融资来收购套利股份，就可以进一步增加投资组合收益。

投身股市而未尝到过套牢滋味的人，恐怕并不多见。事实上，套牢不仅难以避免，甚至也可说是一项必要的经验与教训，有了此，方能纠正以往"做股票好赚钱"的错误观念，同时借此体会贪念之可怕，避免日后因贪念而蒙受更大之损失。

所谓套牢，是指买进股票的成本已高出目前可以售得的市价。即使是巴菲特，都曾经在市场中遭遇过无数次套牢。正确认识套牢，把握市场调整所创造的机会，是在股市里投资成功非常重要的环节。我们不只要学会正确面对盈利，更要学会正确面对套牢和亏损。

一般而言，许多的套牢都是在下列情况下出现的：

1. 股市日趋兴旺，众股齐涨，市场内人气鼎沸，股价指数节节高涨，激起人们纷纷追高买入。

2. 在众多上市股票中，有些个股因人为炒作，股价表现分外突出，涨势凌厉，诱使人们压抑不住抢着搭轿子的冲动，而一头栽进去，殊不知该股股价已经涨到尽头。

3. 过于自信。比如说，自认为某只个股本质较好，后市应有较大的行情。

4. 股市在正常走势中，突然遭遇意外利空来袭，导致股价重挫，走避不及而陷于套牢。

5. 完全不了解股市运作，糊涂买进某些个股。

一旦套牢以后该怎么办呢？当然，由于套牢程度有轻有重，解套之方也就有所不同。通常可供解套的策略有以下几种：

一、采取以不变应万变的"不卖不赔"方法

在股票被套牢后，只要尚未脱手，就不能认定投资者已亏血本。如果手中所持股票均为品质良好的绩优股，且整体投资环境尚未恶化，股市走势仍未脱离多头市场，则大可不必为一时套牢而惊慌失措，此时应采取的方法不是将套牢股票和盘卖出，而是持有股票来以不变应万变，静待股价回升解套之时，这要求所持的股票的本质要确实好。巴菲特是以不变应万变的"不卖不赔"的典型，无论市场如何震荡，对于看好的公司和股票，他绝对不会放手，甚至敢于与之共存亡！眼力和意志成为"巴菲特先生"完成传世"股神霸业"之最强大基础。

二、以快刀斩乱麻的方式停损了结

即将所持股票全盘卖出，以免股价继续下跌而遭受更大损失。采取这种解套策略主要适合于以投机为目的的短期投资者，或者是持有劣质股票的投资者。因为处于跌势的空头市场中，持有品质较差的股票的时间越长，给投资者带来的损失也将越大。

三、弃弱择强，换股操作

即忍痛将手中弱势股抛掉，并换进市场中刚刚启动的强势股，以期通过涨升的强势股的获利，来弥补其套牢的损失。这种解套策略适合在发现所持股已为明显弱势股，短期内难有翻身机会时采用。

四、采取向下摊平的操作方法

即随股价下挫幅度扩增反而加码买进，从而均低购股成本，以待股价回升获利。但采取此项做法，必须以确认整体投资环境尚未变坏，股市并无由多头市场转入空头市场的情况发生为前提，否则，极易陷入愈套愈多的窘境。

五、采用拨档子的方式进行操作

即先停损了结，然后在较低的价位时再补进，以减轻或轧平上档解套的损失。例如，某投资者以每股 60 元买进某股，当市价跌至 58 元时，他预测市价还会下跌，即以每股 58 元赔钱了结，而当股价跌至每股 54 元时又予以补进，并待今后股价上升时予以沽出。这样，不仅能减少和避免套牢损失，有时还能反亏为盈。

当然，寻求解套是一件煞费心机的难事。基本上，应从避免套牢着手。巴菲特认为，以下几项基本原则，值得投资者重视：

1. 投资股票应以先保安全，再求获利为原则，切忌只顾获利，忘了风险。

2. 必须克制心中贪念，去掉投机心理，方可降低套牢概率。

3. 充分收集资讯，广泛吸收投资知识以增强自身分析、研判能力。

4. 只用自有闲置资金进行投资，避免扩张信用，借钱做股票，这样才能减轻心理负担，不致影响操作。

多数股市上套牢的人，不是因冲动追涨买在了高点，就是用牛市思维顺跌势买入。适合投资的股票总是极少数的，适合投资的时机也是极少的，不能总在市场里交易。

股市中没有像巴菲特那样的"股神"，失败是成功之母，套牢是每一位投资者迈向成熟所必须跨过的门槛。偶尔被套有利于投资者的操盘技巧趋于娴熟。

巴菲特说："成功的投资，需要在做出投资决策时采用正确的思考模式，以及有能力避免情绪破坏理性的思考。"

巴菲特成功的第一步，就是选准了投资工具——有限合伙人。他的投资工具有许多选择，但他根据自己的具体情况，最终选择了"有限合伙人"，他认为这是最简单，同时也是获利最大的做法。

由于选对了正确的投资工具，巴菲特的原始积累很快地完成了，事业逐渐发展了起来，最终成为世人敬慕的股神。

作为一般投资者，当你刚开始投资时，会听到各种挣大钱的诱人机会，其中包括股票、基金、期权、期货、黄金等。

投资者投资要简单一点，应避免涉及很多投资项目。下面简单介绍几种投资工具：

一、基金

基金作为一种投资工具，证券投资基金把众多投资人的资金汇集起来，由基金托管人（例如银行）托管，由专业的基金管理公司管理和运用，通过投资于股票和债券等证券，实现收益的目的。基金能结合各种不同金融工具的特点，适应市场变化，选择多元化的投资渠道，控制投资风险。投资基金在国外备受青睐，主要是因为基金具有专业化、大众化、低风险、高收益等特点。

二、期权

股票期权是让投资者在未来的某一时间以特定的价格购买或者出售股票的权利。例如，如果 XYZ 股票目前的交易价为每股 50 美元，而你认为这只股票有上涨的潜力，你可能会购买期权。比如说，你按照 6 个月后每股 55 美元的价格购买了 100 股 XYZ 股票，如果股票涨到每股 70 美元，你就能在这次期权的小投资中赚到可观的利润。

期权充满风险，因为投资者不仅要判断对股票的走势，还要判断出股票上涨或下跌的时间。只要你的股票期权投资不超过你总投资金额的 10% 就可以了。但即便是这样，期权还是很有风险的。

在许多场合，巴菲特表达了他对那些派生证券的鄙弃，比如，对期权、期货和有买卖特权的契约。因为这些证券都是在与市场短期内的价格变动打赌，这与其说是投资，不如说是一种连赌博都不如的行为。举个例子来说，一个投资者使用或要求某种期权，他是根据近期股市的走势打的赌，是通过市场的杠杆调节获得更多的利润，而不是建立在对所有数据分析的基础之上。

三、期货

和股票期权一样，期货交易也是在未来的某个时候以特定的价格购买或出售现实的商品（粮食、金属、能源产品）或金融期货（利率、外币、股指）的合同或协议。

和期权一样，由于期货也具有很高的投机性，只有那些有过几年成功投资经验的人才可尝试。狂热地梦想"一夜暴富"并把大量可动用资金投入期权或期货上的人是自找麻烦。期权和期货交易的风险比普通股大得多，所以可能使投资者遭受巨大的损失。

四、黄金

黄金被过高估价已有多年。购买黄金没有分红，它的吸引力建立在人们对货币贬值的恐惧之上。对于高明的投资者来说，宁可选择购买业绩好的公司的股票或者货币市场基金。

五、债务

可以换成股票的可兑换债券变现能力差，如果把太多资金投入可兑换债券上，你就可能面临更大的风险。

至于垃圾债券，它们是量最低、风险最大的债券。由于债券的定价和利率有关，在投资前，你必须确信你对购买债券和评估利率有足够的经验。

所以，在投资时，投资者一定要慎重选择投资工具。开始投资时投资一定要简单，只投资国内股票或共同基金。你投资的类型越多，你就越难以跟踪它们的走向。

过去十几年来，由于中国股市创办时间不长，经验欠缺，致使市场环境恶劣，投资者亏损累累，投资信心遭受重挫。从2006年下半年，中国股市迎来了新一轮的牛市，股市行情越来越吸引社会各界的目光，因此，越来越多的新股民涌入股市。对于刚入市的新股民，我们不妨学学巴菲特的价值投资策略，事先学习一些投资知识，为以后的投资做准备。

一、投资前先模拟操作

新股民最好先进行一段时间的模拟操作，在完全没风险的情况下熟悉市场的环境。新股民对投资技能的掌握，固然需要通过学习来达到，但对投资理念的领悟最终还是需要通过实践来完成。投资者在学习了一定的投资技能以后，也需要进行大量的模拟操作来磨炼所学的理论技巧。模拟操作相对实盘操作而言是低成本、无风险的，而且也比实盘操作更容易掌握，这是因为模拟操作时，投资者的心态可以保持在最佳状态中。

如果连模拟操作都做不好，投资者尽量不要随便跳到股海里冲浪，以免被波涛汹涌的海浪所吞没。即使进入后期实盘操作阶段，也要尽量保持较少的选股数量，最好只选一两只。对选中的股要保持长期的跟踪观察和模拟操作，使得自己对个股的股性非常熟悉，能够敏感地预测该股的短期走向，从而为自己的准确快速出击打下坚实的基础。

二、不要定下高不可攀的投资目标

新股民进入股市的时间通常集中于牛市的后期，因为这时有大量的老股民取得了一些投资收益，赚钱的财富效应强烈地刺激新股民的入市意愿。所以，新股民常在牛市后期进入股市，这时的市场往往比较活跃，加上新股民谨小慎微，稍有盈利就立即兑现。这一时期，新股民获利数额虽不大，但获利概率甚至能超过老股民，有些新股民由此产生轻视股市的想法，认为股市很容易赚钱。于是，他们会制定出不符合市场实际情况的目标利润，等到市场转入弱市时，他们为实现原定目标，而不顾实际情况地逆市操作，常常因此蒙受重大损失。

三、不能贪心过重

投资者都希望在股市中赚钱，但不能利欲熏心，不能贪心过重，不能性急。投资者如果不爱财，则会缺乏应有的动力；如果太爱财，则可能导致失败。投资者对投资过程必须比投资的结果——钱，有更浓厚的兴趣。

四、不要借债投资

一般情况下，绝大多数投资者是不会因为炒股而破产的，如果投资者是以自己的资金入市，就算遭遇最恐怖的下跌，也不会赔光本金。但是，借债则不同，它在成倍地放大投资收益的同时，也成倍地放大风险。借债还会加重投资者的心理压力，使投资者的心理天平严重失衡，容易导致分析出现偏差，决策出现失误。借债炒股也很容易导致投资者破产。

五、要有风险意识

新股民在未入市前经常听到老股民自吹自擂地谈论在股市中如何轻松获取硕硕战果的事迹，他们不知道，许多老股民为了面子常常是报喜不报忧的。还有，老股民在股市的时间长了，总会有一些辉煌的业绩。新股民不了解实际情况，便以为股市是聚宝盆，投入一颗种子，就能长出一株摇钱树。因此，他们往往在对股市中的风险缺乏客观认识的基础上，带着发财梦想进入股市，希望能成为巴菲特。对于一个投资者来说，股市中既充满机遇，也充满陷阱，投资者进入股市要多一些风险意识，少一些盲动。

六、投资要保持理性

巴菲特常提醒投资者，投资的前提是企业要有价值。所以，投资者要确定企业值多少钱，再决定每股股票值多少钱，然后决定买不买。不要猜测股价的运动，只要公司真的有价值，股价便宜，买好后就不用担心，即使证券市场关闭几年也无妨。

有的投资者好动，一听到什么消息就浑身发痒。但是过于频繁地买卖，有害无益。如果股市太热，股价过高，投资者应等到股市降温之后再说。而且，不能等的时间长了，就改变标准。

七、不要轻信小道消息

中国股市中政策和消息确实是决定股价走势的重要因素之一。尽管法律上严禁利用内幕消息炒股，但投资者常常能看到许多股票在利好公布前就已经出现飙升行情，泄密现象很明显。但是，消息的扩散程度和消息的有效性是成反比的，连普通散户都知晓的消息往往已经毫无利用价值，甚至有的消息就是庄家释放出来的烟幕弹，用于掩盖其出货的本质。

新股民刚刚进入股市，缺乏长久稳定盈利的经验和技巧，常常将获利的希望寄托在小道消息上，而在对消息没有辩证分析能力的情况下，极易跌入消息的陷阱中。

八、不要有赌博心理

新股民在股市中研判行情能力较弱，同时又急于赚钱，往往在没有对最近股市行情进行研究的情况下，就投入资金，买卖操作。卖出时，总担心股市会大涨，而买入时又担心出现下跌。空仓时怕踏空，满仓又怕套牢。这样的新股民，对股市当前的市场环境和未来发展趋势没有清晰的认识，与其说他们在炒股，不如说他们是在赌博，亏损对他们来说，是必然的结果。

总之，新股民投资时一定要树立风险意识，在投资前先做好功课，余暇时不妨学学巴菲特的投资准则，做好充分的投资准备。

怎样规避股市风险

巴菲特经常说，作为一般投资者，在你投资之前，要弄清楚你的风险接受能力，以便理智操作。股民的风险承担能力因各人条件不同而有所差异，它包括年龄、阅历、文化水平、职业特性、经济收入、心理素质、社会关系等诸多因素。其中，与股票投资关系最为密切的可概括为四个方面：投资动机、资金实力、股票投资知识和阅历、心理素质。这四个因素决定着股民对投资风险的承受能力。

按照上述这四个条件，可以把股民的风险承受能力划分为三档，即低、中、高。其中，风险承受能力低的股民具有以下一些特征：

1. 怀着投机冲动参与股票投资。这些股民大多是在炒股发财效应的感染下萌发了入市的欲望，他们从亲朋好友那里听到种种关于股市致富的传闻和故事，并从其示范效应中得到鼓舞和刺激，盲目地认为别人能做到的自己一定能做到，别人能赚钱自己也不会亏损，在毫无风险意识的情况下，就雄心勃勃地将资金投入股市。这些股民因入市匆忙，所选择的时机往往都是股价的高位。

2. 除了日常工作以外，既没有其他的收入来源，也没有赚钱的门路，而自己对发财致富的要求又十分的迫切，就把股票投资视为跨入有产阶级行列的捷径，对通过股票投资来获取高额收益的期望值极高。这些股民一般都是工薪阶层，是依靠工资收入来维持生活的普通企事业单位的职工、中小学教师、机关干部、退休职工等。

3. 入市的金额大大高于自己的经常性收入，两者之间相差数倍甚至数 10

倍以上，其资金比重在自己毕生积蓄中所占的比重过高，超过50％以上，有的股民甚至负债炒股。

4. 文化水平较低且对股票的相关知识及炒作技巧了解甚少，各方面信息闭塞，消息来源仅局限于股市、股民或正规的刊物，参与股票投资时间不长，缺乏实际操作经验，社会关系简单，没有熟悉经济、金融及企业管理方面的人为之参谋，为其提供有价值的投资咨询建议。

5. 性格内向，为人处世谨小慎微，平日里比较吝啬，把钱看得很重；对股票投资的风险无心理准备，市场稍有波动便惶惶不可终日，买了怕跌，卖了怕涨，一旦投资套牢，亏了本，心理负担极重，对日常生活影响极大。

风险承受能力强的股民一般具有以下一些特征：

1. 投资股票主要是被股票丰厚的股息红利所吸引，重视长期投资效益。在投资中不急于求成，对眼前利益并不十分在意。

2. 有比较稳定和优厚的经济收入，赚钱的门路较多，有一定的经营经验和意识，有较高的额外收入。这些股民一般都是有产阶级，比如，个体工商业者、外资企业职员或股份公司的高级职员、演员、中间商、作家、发明家、侨眷等。

3. 股票投资数量与经常性收入相差不大，股票投资金额只占自己储蓄资金的一部分，通常在1/3左右，有稳定的资金来源可弥补投资损失。

4. 有比较丰富的股票投资理论与实务知识，具有股票投资实践经验，有比较广泛的社会关系。其信息来源不仅仅局限于股市或股民之间，在亲朋好友中有经济、金融或企业管理方面的行家，能得到较有价值的投资咨询建议。

5. 性格开朗、豁达，不计较一时的得失，情绪乐观。一旦在股票投资中遭受局部损失，也能够"拿得起，放得下"，重整旗鼓，以利再战。

风险承受能力中等的股民，其特征在以上两者之间。股民在股票投资过程中，可根据以上所列举的特征，对照和分析自己属于哪种情况，根据自己的风险能力采取相应的投资对策。但在实际中，往往是资金实力不强及风险承受能力差的股民在投资中最冲动，最期盼能以小博大，赌博心理最重。而一些有产阶级，由于比较珍惜来之不易的财富，在入市前心理准备比较充分，其投资行为也相对比较保守和理智。在将资金投入股市前，投资者应首先测定自己的风险承受能力，其方法是将上面提到的几种情况归纳为若干选择题，然后根据自己的情况对号入座，用肯定或否定来回答。

1. 投资股票的目的不是投机。

2. 投资股票是看中红利收入。

3. 希望在股票交易中能获得丰厚的价差收益，但不贪图这类收益。

4. 股票的投资收益并不是重要的收入来源。

5. 对长期投资更感兴趣。

6. 有稳定的收入来源。

7. 有稳定的剩余收入。

8. 剩余收入能够满足入市的最低保证金要求。

9. 有能力承受和弥补股票投资的亏损。

10. 熟悉股票投资知识。

11. 有固定、有效的信息来源。

12. 有从事股票投资的朋友。

13. 参加过股票买卖。

14. 属于当机立断者，而不属于患得患失者。

15. 精力充沛。

16. 心理健康，不重虚荣重务实，在逆境中能保持乐观和信心。

接下来再将测试结果进行总结，肯定与否定的答案各占50％时，为风险承受能力适中者；肯定的回答多于否定的回答时，表明风险的承受能力较强；如果否定的回答多于肯定的回答，则意味着投资者对风险的承受能力比较弱。

如果是风险承受能力较强者，就比较适宜于股票投资。如果是风险承受能力较差者，应尽量抑制自己的投资冲动，一般应先熟悉股票市场的基本情况，掌握一些基本的投资知识及技巧。如果一定要入市炒股，可暂时投入少量资金，以避免股票投资风险给自己带来难以承受的打击，影响工作及生活。

任何时期的任何行情，最大的投资机遇和最大的投资风险一定是来自于价值标准的变化！同样的青菜，在春夏秋冬有不同价格，因为它在不同时期所体现的价值不一样，人们衡量它的价值标准也不一样，价格自然会不同。更主要的是，青菜的价值与肉食的价值是不一样的，因此，其所对应的市场价格也是截然不同的。

这样的例子同样也发生和反映在股市中。例如，同样的汽车股，在2004年行业最景气时，人们给予它的估值标准可以达到25倍左右的市盈率，而在2005年行业景气度回落的时候，人们给予它的市盈率估值标准一下子降到了10倍左右。到目前为止，也只在15倍左右。这样的例子也曾同样发生在钢铁股和石化股里。

为什么说价值标准变化给行情带来的投资机会和风险是最大的呢？很明显，同样的股票在业绩没变化的情形下，市盈率标准从 25 倍降低到 10 倍，意味着这只股票的价格要跌去 60％；反之，如果某一类股票的估值标准从 10 倍市盈率提升到 20 倍市盈率，则意味着这只股票的上涨空间将达到 100％。

　　股票 G 天威，该股有超过 60％的主营收入是来自于电站设备，因此，从 2003 年到 2005 年上半年的 2 年半时间内，人们以比较合理的电站设备类估值标准，给予它 20 倍左右的市盈率定位；但从 2005 年下半年起，该公司介入了太阳能产业，按照国际市场的估值标准，人们对它的估值标准从 20 倍市盈率迅速提升到了 45～60 倍，从而打开了该股超过 300％的上涨空间。

　　人们的价值标准会随时间的推移以及社会发展的变化而变化，所以，每当行情新主流热点形成的时候，一定是这个主流热点所对应的行业或公司内部发生了变化，更重要的是，人们对它的认识和评判标准发生了变化！

　　同时，随着社会经济的不断发展、体制改革的逐渐深入以及对外开放的日益扩大，我国股票市场所面临的客观环境也出现了一些变化，主要表现在以下几个方面：

　　1. 股份全流通，股票市场的本色得以恢复

　　2005 年 5 月份开始启动的股权分置改革，让占总股份三分之二以上的非流通股逐渐实现自由流通，证券市场的基本功能有了能够发挥的基础和条件。股份全流通在相当程度上把控股股东、上市公司管理层和广大中小股东的利益紧密结合在一起，使控股股东和上市公司管理层不再漠视公司股票的市场表现。股份全流通使我国证券市场恢复了本色，成为真正意义上的证券市场，今后彻底走向市场化和国际化完全可以预期。

　　2. 整体上市已成趋势，国家战略资产越来越多地转入可流通状态

　　股改以后，股票市场出现了一股整体上市的风潮。从国家、企业和投资者三个角度看，这种风潮都具有积极意义。整体上市的一个必然结果是，越来越多的国家战略资产将从原来的高度控制状态逐步变成可市场化流通状态。这种状态一方面可以使国家战略资产通过市场化的方式进行价值重估，另一方面又意味着其控制权将具有很大的流动性和不确定性。对于国有资产管理者来说，这是一个全新的课题。

　　3. 国际资本进出我国的规模日益扩大，社会经济影响不断增强

　　伴随对外开放的不断深入，国际资本进出我国的规模日益扩大，目前已成为一支不可忽视的力量。"蒙牛"的迅猛崛起和"乐百氏"的彻底陨落背

后，都可以看到国际资本的强大身影。这一正一反两方面的事例提醒我们：对于国际资本，我们在表示热烈欢迎的同时，还应该保持应有的谨慎。至于那些缺乏约束、流动性极强且来去诡秘的国际游资，我们除了保持谨慎外，还需要给予高度的警惕。

4.虚拟经济对实体经济的反作用力越来越强

我国股票市场总市值与GDP的比例随着市场规模的不断扩大和股价指数的快速上升而明显提高：2005年上半年，该比例还不到18%，而现在已经接近90%了。股改前由于三分之二以上的股份不能流通，所以股票总市值存在很大程度上的失真，而股改以后，非流通股逐渐转为可流通，总市值也就变得真实可靠起来。以证券市场为核心的虚拟经济，一方面反映并最终决定于实体经济，另一方面又可以对实体经济存在一定程度上的影响和反作用力。这种影响和反作用力随着我国证券市场总市值以及其与GDP比例的不断增长而日益增强。

面对上述新的环境，使得股票机会与风险的标准也产生了变化，作为投资者，我们只有及时适应这个变化，才能有效识别机会与风险。

很多缺乏冷静的股票投资者，一见股市有利可图，就盲目乐观，纷纷投资。事实上，这种投资者往往不但未能获得成功，还有可能陷入投资陷阱，被深深套牢。巴菲特说："乐极生悲的道理，在股票投资中同样适用，特别是对于股票的上涨，切忌过于乐观，否则只会酿出悲剧。"

在实际的股票投资中，中小散户很容易陷入机构大户为中、小散户设置的陷阱。一般来说，中、小散户的资金实力相当有限，力量单薄，在股市上难以形成气候。而大户却可凭借自己手中雄厚的资金实力，呼风唤雨，推波助澜，可以制造一些股市陷阱，专等中、小散户上当，以牟取高额利润。机构大户设置陷阱的一般手法有：

一、造谣惑众

造谣惑众是机构大户最常用的一种方法，它既简单省事，又不容易被人抓住把柄。在股市中，机构大户故意散布一些无中生有的谣言，以影响中、小散户的购买意向。如在股市的顶部区域，机构大户就经常制造一些利空传言，从而打压股指；而在牛市初期，机构大户就经常性地扩散一些利多消息，从而吸引中、小散户跟进。

二、内幕交易

内幕交易是上市公司的经营管理人员利用职务之便或券商利用职业之便，进行非法的股票交易来获取暴利。

有一年年末，美国的一家上市公司在加拿大东部发现了一座矿山，并购买了周围的土地，然后该公司的经营管理人员等"内幕人士"及其亲朋好友们就纷纷购入该公司股票，同时又发布新闻对社会舆论的报道予以否定。第二年4月，该公司的秘密还是被公众发现了，其股票价格当天就从18美元涨到36美元，再过了两年，该公司的股价涨到150美元，那些经营管理人员及相关人士趁机大发了一笔横财。

三、囤积居奇

囤积居奇是指机构大户凭借手中巨额资金大量套购股票，并依此为理由，要求参加上市公司的经营管理或干脆吞并上市公司，要挟上市公司以高价收回，借此大赚一笔。

四、瞒天过海

瞒天过海是指某个机构大户利用不同的身份开设两个以上的账户，或某一个集团利用分公司的账户，以互相冲销转账的方式，反复地作价，开销少量的手续费和交易税，以达到操纵股价的目的。

五、抛砖引玉

抛砖引玉是指机构大户连续以小额买卖，以"高进低出"或"低进高出"的手法，来达到压低股价或拉抬股价的目的。当以小额资金抬高股价后，机构大户就趁中、小散户跟风之机，倾巢抛出，从而获取暴利。反之，当以少量股票打压股价后，就大量买进。

六、配合庄家出货，散布传闻让散户跟风接盘

有一年，针对以做粮食为主的沪市某上市公司，庄家为了出货，在8元的高位放出消息说："××机构要向上做这只股票……"在传闻的刺激下，有好几个大户都大手笔地吃进了这只股票，但后来有几个嗅觉灵敏的投资者发现盘面感觉不对，而割肉离场，但几个动作慢的、还抱着幻想的投资者，至今股票还在高位套着。

一计不成又生一计，也许是货没有出尽，庄家后来又假借洋人之口在媒体上放言，称该公司的股票具有长期投资价值。老外都想买，更何况普通的投资者了。后来这只股票在老外的号召下，还真放量了，但不是上涨而是下跌，估计当时是机构在出货，不明真相的散户在接货，现在这只股票的年报也出来了，不是盈利而是亏损，当初轻信传闻而没有离场的投资者损失70%以上。

打赢股市"心理战"

价值投资大师格雷厄姆认为：投资人最大的敌人不是股票市场，而是自己。投资人就算具备了投资股市所必备的财务、会计等能力，如果他们在不断震荡的市道里无法控制自己的情绪变化，那么也就很难从投资中获利。巴菲特是这样解释格雷厄姆的主张的，他认为："第一，要把投资股票当作一桩生意来看待，这样将会使你拥有与其他市场上的投资人非常不同的投资观点；第二，要有安全利润空间概念，因为它将带给你竞争优势；第三，要以一个真正投资人的态度面对股票市场。如果你具备了格雷厄姆主张的投资心态，你已经99％领先于其他投资人了，这对你而言是一个很大的优势。"

在股票投资中，万千股民都向往着找到"炒股绝招""制胜法宝""跟庄秘诀"，从而在股市中所向披靡，建功立业，迅速致富。许多股民经常会遇到这样的情况，面对同样的基本面信息，会见好见坏；面对同一张技术图表，会见仁见智；面对同一条政策消息，会见多见空。巴菲特认为：任何一种投资理论或操作策略，都必须靠人的心智来驾驭。由此，他指出，任何一种投资理论或操作方法，最后还要结合当时的具体情况来研判与决策。

相信很多初涉股市的投资者都有这样的尴尬，买了就跌，一抛就涨，好像庄家就缺自己那几千（几百）股一样。

即使有一些经验的投资者，如果统计一下自己持有一只股票的时间，你会惊讶地发现：在套牢和保本（微利）阶段拿的时间最长，一旦股票有了20％～30％的涨幅则如烫手的山芋，随时准备抛出。原来盈利的日子是这么难熬。

或者有的投资者满眼是黑马，买了几天又有了"新欢"，旧人自然已经看不上眼了，马上换股。往往结果是两面挨耳光，放掉的继续涨，买入的如死猪，然后再换……究其原因，无非是人性的弱点在作怪。

炒股怎么赚钱？无非是"低买高卖"。但如何把握买卖时机，则取决于个人的心态。

要想战胜自己，在股市中取胜，在炒股时要做好以下几方面的功课：

一、炒股先看大势

不要相信自己属于永远跑赢大盘的高手，和大趋势作对永远会失败。就像如果你在 2001 年到 2005 年夏买入股票长期持有和 2006 年获小利就跑同样愚蠢。

二、选择适合自己的交易方式

如果不是职业投资人，建议散户不要频繁做短线，不妨学习巴菲特的"长捂不放"。大家可以根据自己的个性偏好，选择投资方式：跟随热点，挖掘冷门，中长期持有，波段操作，目标位操作，随机而动……

三、做好研究

不要仅凭一句消息或者别人推荐就急于买入。现在资讯很发达，你可以通过互联网得到很多信息，只要你肯下工夫。不要只从证券媒体上获得信息，很多大众传媒、行业媒体上都有有价值的新闻等待你去发掘。不看股评家的推荐，要看竞争对手对他的评述和行业动态。

建议买股前做的事：基本面＋技术面初选——纳入自选股——观察最少 1 个月——制定买入计划——等待时机。

四、制定合理的盈利目标

能获得超越银行利率数倍的收益应该满足了。当然这不意味着保守，只是当你已经远远完成 20％～30％年度收益目标以后，你会比较平和地做新的股票。股市里的钱是赚不完的，我们只能拿走属于自己的一部分。人家水平高，一年翻几倍，欣赏一下就是，不要产生攀比心理。要知道，往往"无心插柳柳成荫"。

看到别人的股连拉涨停，自己的股票举步维艰，自然不是滋味，但请先问问自己当初买入的理由是什么，目前环境是否变化了。如果判断的确失误，要勇于承认，即时抽身。但是出来以后不要急于介入下一只股票，首先反思一下教训，平衡一下心理，再按照自己先前追踪观察的清单选择新的目标。

如果你确定了中线目标，就不要在意每天的实时涨跌。多看周线和分时图，别太在意日线。经常想想如果我是庄家会怎么操盘，这可以帮助你理解股票的走势。

不要天天看股票，适当给自己放个假，调整一下心情很重要。即使行情不好，生活中还有很多有乐趣的东西可以体验。

如果有一天，你发现自己的情绪不会再随股票的涨跌而波动了，那时你才真正在股市中战胜了自己。

有人说，炒股是人的两个本性——恐惧与贪婪的放大。贪婪和恐惧是人类的天性，对利润无休止的追求，使投资者总希望抓住一切机会。而当股票价格开始下跌时，恐惧又占满了投资者的脑袋。尤其对于散户投资者，希望短线获取暴利，想赢怕输的心态决定了恐惧与贪婪往往吞噬自己正常的心态，很容易导致操作上的失误。在1999年年末的《财富》杂志上，巴菲特谈到了影响大量牛市投资者的"不容错过的行动"因素。他的警告是：真正的投资者不会担心错过这种行动，他们担心的是未经准备就采取这种行动。

巴菲特修炼炒股的心态就是要战胜贪婪和恐惧。然而，这常常是说说而已，贪婪和恐惧是人与生俱来的。股民应该都有这样的感受，当股价飙升的时候，你一定兴高采烈；当股价下跌的时候，你一定郁闷甚至深深的恐惧。当股价下跌的时候，很多股民争相出逃，即使股价尚稳，也不敢回补，直到看到真的涨起来啦，才想起来要买入，这时候股价已高，短线风险已经存在，下一步，往往就是微利出局甚至再次被套。还有一种股民，当股价涨得很高，就是不走，终于下跌了，还舍不得卖，结果就是收益坐电梯，甚至还要被套牢。这次暴跌，暴露出很多人性弱点，比如，很多人把股价卖到地板上，很多人有机会第一时间逃跑却留下站岗。总结起来就是一个公式：贪婪＋恐惧＝亏损。

市场是由投资者组成的，情绪比理性更为强烈，惧怕和贪婪使股票价格在公司的实质价值附近跌宕起伏。巴菲特告诫投资者，应当在别人贪婪时我们恐惧，当别人恐惧时我们贪婪。

对许多投资者来说，无论赚多少钱都嫌赚得太少，贪婪成了成功投资的杀手。

股民张先生是2007年在大牛市的行情下入市的，他把20万元投入股市后，股市持续走高，不到一个月，他的账面上的资金增加了40%。他认为股市会一直走高，所以仍然迟迟不肯抛售。哪知到2007年5月30日，股市连续出现暴跌，眼看着资金一天天缩水，恐惧感布满了张先生的心头，于是在6月3号以亏本割肉。由于贪婪，总想再多赚一点点，迟迟不肯抛售手中的股票，结果张先生遭受了巨大损失。经过大涨大落，张先生感叹说，人总要懂得知足才好。

炒股就是贪婪和恐惧在作祟，因为贪婪才不肯抛掉不断上涨的股票，因为恐惧才会割肉卖掉手里的股票。

不论从长期实际经验看，还是从极小的机会看，谁都无法以最高价卖出。因此，不要使贪婪成为努力的挫折，投资中应时刻保持"知足常乐"的心态。

同样，恐惧会妨碍投资者做出最佳决定：第一，在股价下跌时，把股票卖掉，因为怕股票会跌得更深；第二，错过最佳的买入机会，因为股价处于低位时我们正心怀恐惧，或者虽然有意买入，却找个理由使自己没有采取行动；第三，卖得太早，因为我们害怕赚来不易的差价又赔掉了。

当我们恐惧时，无法实际地评估眼前的情况，我们一心把注意力集中在危险的那一面，正如大熊逼近时，我们会一直盯住它那样，所以无法看清它"有利"与"不利"两面因素的整体情况。当我们一心一意注意股市令人气馁的消息时，自认为行动是基于合理的判断，其实这种判断已经被恐惧感所扭曲了。当股价急速下降时，会感到钱财离我们远去，如果不马上采取行动，恐怕会一无所剩。所以，与其坐以待毙，不如马上行动，才能"转输为赢"。其实，即使是熊市期间，股价也会上下起伏，每次下跌总有反弹上涨的时候，毕竟股价不会像飞机一样一坠到底。然而，每当股价下跌，一般人会忘了会有支撑的底价，也就是股价变得便宜，大家争相购入的价格。

事实上，当我们心中充满"贪婪"和"恐惧"时，就无法保持长期的眼光和耐心，而这恰恰是成功的投资者所不可缺少的态度。

盲目跟风是常见的一种股民心态。这是指股民在自己没有分析行情或对自己的分析没有把握时，盲目跟从他人的心理倾向。心理学家认为，每个人都存在着一定程度的跟风心理，这有时也是必需的。在股市上也不例外，股市交易上的交易气氛，往往会或多或少地对投资人的决策产生一定的影响。到证券公司营业部现场从事交易的投资人，大概都有过被交易气氛所左右，最后身不由己地跟着气氛买进或者卖出的经历，因为投资人一般都不会拿自己的血汗钱去冒险。这种股民盲目跟风的心理决定股市气氛。盲目跟风往往使投资人做出违反其本来意愿的决定，如果不能理智地对待这种从众心理，则往往会导致投资失败，利益受到损失。有些投资者本来可以通过继续持股而获取利润，由于受到市场气氛的影响，最终坐失良机；有些投资人虽然明知股价已经被投机者炒作到了不合理的高度，但由于跟风的作用，结果跟着人家买进，最后被套牢。

巴菲特没有忘记华尔街股市流传的一句名言："股市在绝望中落底，在悲观中诞生，在欢乐中拉拾，在疯狂中消失。"他最终成为这句话的受益者。

1968年，华尔街股市呈现出前所未有的繁荣，道·琼斯指数一路上扬，交易厅里人头攒动，报单如潮，几乎令人喘不过气来。人们争相传递一个又一个能够发财的股票信息，又同时被急剧而来的财富迷乱了心窍。一时间，华尔街仿佛遍地是黄金，俯仰之间便能成为百万富翁。面对如此繁荣的股市，巴菲特在将近半年的时间内却一直少有举措，他更多的时间只是观察思考。大潮滚滚，巴菲特冷静旁观，拒绝被"金钱"所诱惑，其心智和毅力确实无人能比。

在华尔街股市的鼎盛期，巴菲特宣布解散合伙人企业。一个专注于股市投资的合伙人企业宣布解散，声名显赫的沃伦将要退出股市经营。面对这个消息，人们惊得目瞪口呆，无法相信。而就在快到年底时，奇迹发生了：股市的牛气渐尽，指数几度飘摇，令人胆战心惊。人们这时才想起来自奥玛哈的巴菲特和那个被解散的合伙人企业。

现在在股市上，我们可以看到这样的现象：逢牛市时，大家都谈论股票如何好赚，入市的人最多，成交量猛增，达到了"天量天价"。很多人不知道，这其实是由于股民的从众心理造成的。结果，达到天价的股票持续不多久，突然下跌，受害人就非常多。

正是由于大多数股民没有去思考股市的真正情形，只会跟势，才造成了在人气最弱时不敢买入，等到大家疯狂抢进时才跟随进去的现象。而实际上，买入的最佳时机是在景气最低、成本最小之时；景气最热、价位走高、利润最大之时则是卖出的最佳时机。在低位时买入的风险很小，而逢高位买入的风险很大，可能会导致血本无归。

所以，股市上有"10人炒股7人亏，另有2人可打平，只有1人能赚钱"的说法。这是对那些总想紧跟大势的投资者的最好忠告。

实际上，股市之中常有风云突变，不时会有虚实参半、令人无所适从的消息传来，这个时候一定要有自主判断、自主决策的能力，避免人买亦买、人亏亦亏。

巴菲特曾经说过，他的投资行为，没有超出常人的能力范围。巴菲特之所以成功，与他强大的自制能力是分不开的，他从来不参与自己不能控制的事情。

有一次，巴菲特参加了一场户外高尔夫运动，在三天内一杆进洞的成绩为零。于是，巴菲特的高尔夫球友们决定同他打一个赌：如果他不能一杆进洞，只需要付出 10 美元；而如果他做到了，可以获得 20000 美元。当场的每个人都接受了这个建议，但巴菲特拒绝了，他说："如果你不学会在小的事情上约束自己，你在大的事情上也不会受到内心的约束。"

在 40 年的投资生涯中，巴菲特正是因为蔑视和回避了众多的市场诱惑，他才能躲过 20 世纪 60 年代的"电子风潮"，躲过 20 世纪 80 年代的"生物概念""垃圾债券"，也躲避了 20 世纪末的"网络闹剧"。

投身股市，自制力是极为重要的。很多投资者出现失误不是因为他们不明白投资的原理，而是在于有时虽然明白道理却做不到，其根源就在于缺乏自制力。

有人曾经做过这样一个实验：

让一群儿童分别独自走进一个空空荡荡的大厅，在大厅里最显著的位置为每个孩子放了一块糖。测试老师对每一个将要走进去的孩子说："如果你能坚持到老师来叫你出去的时候还没有把这块糖吃掉，将对你有一个奖励，再给你一块糖，就是说，你将得到两块糖；如果你等不到老师来就把糖吃掉，那么你只能得到这一块。"

实验开始，孩子们依次进入大厅。结果发现，有些孩子没有自我控制能力，因为大人不在，自己又受不了糖的诱惑，把糖吃掉了；还有一些孩子认为，只要自己能坚持一会儿，就能得到两块糖，于是尽量地控制自己，转移注意力，不看那块糖，一直等到老师来。就这样，他们受到奖励，得到了第二块糖。

随后，专家们把孩子分成两组，并对能够坚持下来得到两块糖的和不能坚持下来只得到一块糖的孩子进行了长期的跟踪调查，结果发现：那些只得到一块糖的孩子在以后的人生道路上普遍没有得到两块糖的孩子成功。因为，这些孩子比较缺乏自我控制能力，长大以后，不论智商如何，他们往往因为缺乏自制力而不容易成功；而那些具备自制力的孩子，在以后的人生中却容易取得一定成就。

对个人而言，投资是一种自由度很大的投资行为，没有人监督、管理和限制你的操作，很多投资行为靠自己的决策和实施。

具体到操作上，我们要依据客观现实控制自己的投资行为，不要让投资行为反过来控制自己的投资思路；在情绪上，要排除股市涨跌的影响，排除个人盈亏的干扰，控制自己的情绪，才能胜不骄、败不馁，这是获得成功的基础；在思维上，可以进行创造性的思维，可以运用反向思维，但不能人云亦云，要保持自己的独立思维；在节奏上，不需要像蜜蜂那样忙个不停，股市具有独特时令季节和快慢节奏，投资者在对整个大势走向有一定把握的情况下，要懂得准时参与、适时休息；在选股上，对于一些可能获取暴利，但风险奇高的个股要注意回避，如即将退市的股票等。稳健的投资者应该注意"安全第一"，不要参与超过自己承受能力的炒作。

另外，也不要给自己定下很高的盈利目标，因为过高的盈利目标会带来一定心理压力，而科学的投资目标能帮助你保持愉快的情绪和积极进取的心态。无论是低买高卖还是高买更高卖，他们都必须维持独立的思维，为了与众不同而做和大众相反的事是极其危险的。他们必须有合理的解释为何大众可能不对，同时预见采用相反思维所将引致的后果。长期以来，我们已习惯于"集体思维"，但投资需要不同的思维方式。如果大多数人都看好某股票，他们都已按自己的能力入场，还有谁来买股使股市继续升得更高？反之，如果大多数股民不看好股市，他们都已经脱手出场，那么股市的继续下跌区间也已不大。你如果随大流，则你将常常在高点入市、低点出市，你只能成为失败者。

但现实生活中能像巴菲特一样做到这一点的投资者不多，很多投资者在投资中往往都没有足够的自制力。当然，要培养自制力，就必须在平时投资时多思考，只有多想想国家的宏观面、股市所处的区域，才能更清晰地认识、理解这一市场。看大势赚大钱，只有站得高，才能望得远，要具备一种全局的战略性的投资眼光。

在股票投资中，我们往往会发现有许多投资者成天忙忙碌碌，但总是挣扎在被套和解套中，其心情随股价波动显得急躁不安，从而在一些不该采取行动的时刻进行操作，加大亏损的可能，甚至有投资者在事后对自己的行为都感到不可思议。心理因素是导致亏损的主要原因之一。股票投资，投资者必须要具备一定的基本知识，同时在心理准备上也不容忽视。巴菲特的成功投资，就与他在投资中的良好心态是密不可分的。

当前的牛市环境下，心理素质的高低显得尤其重要，市场的博弈往往表现为心理素质的较量，而散户与机构中间的抗衡也更多地取决于此，往往我们在运用其他相关知识对市场和股票有一个基本认识后，在判断操作中成功与否就更多取决于心理因素了。

所以，新股民要在股市上获取成功，除了资金实力的强弱、机遇等因素外，还必须克服以下几种不健康心理：

一、盲目"赶潮流"心理

"赶潮流"心理是目前市场最为突出的特征。一是根本不了解股票是怎么回事，在他们看来，所有的股票都一样，根本不去了解行业前景及企业的成长性等相关知识，误认为买了就能发一笔。二是无风险意识，买股票时根本没考虑货币的时间价值及股票风险问题，误认为只要能买到股票就可以坐享其利。

二、盲目"跟进"心理

很多投资者在买卖股票前不是认真对股票价格的涨落、收益等情况进行分析预测，而是随大流，大多数人买我就买，大多数人卖我就卖。他们看到大多数人怎样做，就唯恐错过机会，对股市行情不观察不分析。这种盲目跟进的人不可能赚到钱，即使赚到钱也是小钱。

三、"孤注一掷"心理

股票不仅受行业和企业自身发展因素的影响，还受国际及国内政治、经济等多种客观因素的影响，其价格呈经常波动状。同一股票不同时间地点价格会有差距，甚至差距很大，因此，会出现低买高卖后获取高利的情况，即使投入小资本也能赚到大钱。在这种情况下，诱发了一部分人的赌博心理，他们买卖股票往往事先不进行详细地调查研究，为了实现发财的梦想，一旦认为找到了机会，就孤注一掷，不考虑自己的经济承受能力，常常将下岗生活费抽出去买股票。一旦价格跌落，就会给自己生活造成巨大的影响。

四、"不服输"心理

不服输是不愿面对现实的做法。有些人虽有多次失败的经历，但看到别人总是赚钱很不服气，自信自己有投资的本领和好的运气。他们常出现以下几种行为：一是认为前几次掌握不当，屡屡亏损，但自信自己决策准确，便照老路走，结果重蹈覆辙；二是手持某种股票多次错过抛出的好机会，不肯罢休，宁愿长期持有，结果机会不但没有到来，反而因公司行业前景看淡，股价大幅下挫。

五、"永不满足"心理

有这种心理的人在该抛时总觉得价格还能往上涨，股票迟迟不出手，最终被套牢。股价该买入时，总盼着再跌一点，追求最低价格。而股票市场变幻莫测，这种贪心的人只能坐失良机，最后竹篮打水一场空。

六、"短期行为"心理

股票投资必须目光长远，才能有大的收获。有些股票投资者急功近利心理严重，表现在：买股时只注重股票有无消息和题材，沉不住气，追求股票的短期收益，捞一把算一把。

七、"忧买忧卖"心理

有些新股民情绪不稳，下不了决心，一会儿想买这种股票，一会儿又想买那种股票。每次决定都是疑虑重重，举棋不定。

新股民必须消除上述几种不正常的投资心理，发现失误，迅速纠正，方能在股市中获取更大的收益。

第二篇　向金融巨鳄索罗斯学习投资理念

遗憾没有成为哲学家

1930 年，在匈牙利一个犹太律师家里，一个新生命降临人间。刚出生时，他的匈牙利名字叫吉奇·索拉什，后来英语化为乔治·索罗斯。第二次世界大战爆发后，德国占领了匈牙利，生灵涂炭，国家一片萧条，特别是犹太人，更是面临被屠杀的命运，非常悲惨。幸亏索罗斯的父亲利用律师的身份为全家伪造了全套身份证，依靠化名寄居在朋友家中，一家人才幸免于难，战战兢兢地活了下来。

随着战争的发展，盟军逐渐占据主动。最后，苏联军队终于赶走德军，占领了匈牙利全境。盼来曙光的索罗斯一家人终于可以长舒一口气，可是好景不长，因为索罗斯的父亲不信仰共产主义，全家人再次受到强烈的排挤，几乎无法继续生存。时年 16 岁的索罗斯刚从东躲西藏的寄居生活中摆脱出来，还未来得及喘息，就和父母一起，被迫背井离乡远离祖国，逃亡到了瑞士的洛桑。

在瑞士的日子，索罗斯过得非常平静。因为战争，他荒废了青春的大好时光，因此，他必须珍惜来之不易的和平环境，发奋学习。他在家里花两年时间自学了初中和高中的所有课程，1948 年，索罗斯插班到洛桑的圣·路易斯中学读高中三年级。由于超出常人的刻苦用功，他很快就成为这所百年名校中的佼佼者，1949 年，索罗斯以优异的成绩考入了英国著名的伦敦经济学院国际金融系。

事实上，索罗斯能够在伦敦经济学院这样的知名学府读书，应该归功于他本人的勤奋好学，因为当时家里并不宽裕，不能为他提供更多的经济帮助。当然，金融学是一个前景非常广阔的专业，索罗斯在伦敦经济学院的成绩也相当优异，照此发展下去，他完全可以在毕业以后找到一份薪水很高的工作。但是，索罗斯对经济之类的东西似乎没有太大的兴趣，在大学的最后一年，索罗斯几乎将全部精力都投入波普的"开放社会"理论，撰写了不少哲学论文，他立志要做一个伟大的哲学家。如果他的愿望得以实现的话，那么很多人将会为世界上少了一位杰出的金融家而备感惋惜。

然而，家庭贫穷的现实和老师卡尔·波普的劝阻使索罗斯将自己的哲学梦想暂时收起来了。卡尔·波普是英国著名的哲学家，他认为这个来自匈牙利的年轻人根本不具备研究"开放社会"理论的条件，因为匈牙利本身就是一个封闭社会，而且索罗斯的家庭又非常贫困，根本不能为他继续攻读哲学博士学位提供所需的费用。波普建议索罗斯回到自己的专业，去从事一份颇有前途的经济或金融工作。就这样，一个怀着哲学梦的年轻人，只能失望地带着荣誉学士学位离开伦敦经济学院。不久之后，索罗斯移居美国，进入世界金融中心华尔街，当上了一名经纪人，开始了他的金融家生涯。

虽然远赴美国华尔街的闹市，索罗斯依然没有在浮躁中忘记自己的哲学家梦想，他计划用五年时间挣够50万美元，这在20世纪70年代绝对是一笔巨款。有了这笔钱，他就可以离开美国，回到英国重新攻读哲学博士，然后终其一生去放飞自己的哲学家梦想。

也许是因为从小经历的磨难，也许是根植于心的"哲学家"种子的缘故，索罗斯在他人需要帮助的时候，总是充当慈善家的角色，这一改他在金融界锋芒毕露的形象。

作为世界超级富豪，索罗斯凭借数十亿的个人财产，完全能够让自己享受奢华的生活，但他对此却很少有兴趣。他个人生活非常简朴，却将为别人花钱当成自己的真正爱好。一旦对某个慈善项目感兴趣，索罗斯就会毫不吝啬地向其提供资助，哪怕一次掏出1亿美元他也能办到。例如，他捐献了5000万美元以上的资金，用于在受战争破坏的波黑采取援助措施和在萨拉热窝建造一个紧急供水系统。因此，有人认为，索罗斯是美国甚至是世界上最大的慈善家。

索罗斯对世界进行改良的愿望应该与他的个人经历是分不开的。但是，热爱哲学的他绝对不能容忍人们通过歪曲事实来解释他的奉献行为。他认为，无节制的资本主义正在成为人类发展的最大威胁。对此，他只能一再对盲目信任市场的魔力发出警告，他觉得市场中留有投机的空间是各国政府的错误。

尽管最后没有成为哲学家，但是从索罗斯的人生经历和投资手法中，我们依稀看到许多哲学思想渗透其中。

交易员小试牛刀

在伦敦经济学院求学的时候，索罗斯碰到了当时经济学界非常有名的人物。他选修了 1977 年诺贝尔经济学奖获得者詹姆斯·爱德华·米德的课程，但索罗斯认为自己并未从中学到什么东西。在求学期间，对他影响最大的是哲学家卡尔·波普，他鼓励索罗斯严肃地思考世界经济运作的方式，并且尽可能地从哲学的角度解释各种问题。这为索罗斯后来建立金融市场运作的新理论打下了坚实的基础。

1953 年春，索罗斯从伦敦经济学院毕业，因为做哲学家的梦想破灭，他面临着如何谋生的问题。一开始，他选择了推销手袋的职业，但是业绩并不理想，买卖似乎并不像解释哲学道理那么容易。于是，索罗斯又开始寻找新的赚钱机会，当他发现参与投资领域挣钱的机会比较大时，就给城里的各家投资银行发了一封自荐信。最后，Siflger&Friedlandr 公司招聘了他，同意以见习生的身份接纳这个年轻人。从此，索罗斯迈出了金融之路的第一步。

在这家公司待了一段时间之后，因为业务逐渐熟悉，索罗斯成为一名交易员，专门从事黄金和股票的套利交易。但是在此期间，他的表现并不出色，没有赚到多少钱。再三考虑之后，索罗斯又做出了将影响他一生的选择：离开伦敦，到纽约去淘金。

带着 5000 美元的全部积蓄，索罗斯来到纽约，通过朋友的引见，进入了 F. M. May6r 公司，还是干起了老本行，当了一名套利交易员，并且从事欧洲证券的分析，为美国的金融机构提供咨询。当时，因为初出茅庐，很少有人对他所提的建议感兴趣。1959 年，索罗斯转投经营海外业务的 Wertheim 公司，继续从事欧洲证券业务。该公司是少数几个经营海外业务的美国公司之一，索罗斯也成为华尔街少有的几位在纽约和伦敦之间进行套利交易的交易员之一。得天独厚的条件，为索罗斯后来在金融市场的纵横捭阖奠定了基础。

1960 年，索罗斯开始锋芒初现，在金融市场上小试牛刀。他经过长期分析和仔细研究，发现由于德国安联保险公司的股票和房地产投资价格上涨，其股票售价与资产价值相比大打折扣，于是他建议人们购买安联公司的股票。摩根担保公司和德累福斯基金根据索罗斯的建议，购买了大量安联公司的股票。后来市场反馈的情况证明了索罗斯的预测，安联公司的股票价值翻了 3 倍，摩根担保公司和德累福斯基金自然赚得盆满钵满，索罗斯也因此一炮而红，名声大震。

到了 1963 年，索罗斯又转投 Arilhod&S. Bleichrocoer 公司门下，这家公司比较擅长经营外国证券。索罗斯看中的正是这一点，这样他的专长就能够得到充分发挥，激情和动力也会陡增。索罗斯的老板史蒂芬·凯伦也非常赏识他，认为他有勇有谋，敢于开拓新业务，这正是套利交易所需要的。

至此，索罗斯已经成为金融市场的高手，他正一步步走向神坛，那个令世人仰慕的位置。

黄金搭档

1967 年，也就是他在金融市场一举成名的 7 年之后，索罗斯凭借自己的聪明才智逐渐晋升到公司研究部主管的位置。他已经成为一个比较优秀的投资分析师，正在通过不断地努力来创造新的业绩。

索罗斯有一个很大的优点，就是能从宏观的角度来把握全球不同金融市场的动态。他通过对全球局势的了解，来预测各种金融和政治事件将对全球各个金融市场产生的影响。为了更好地施展自己的才华，索罗斯说服 Arilhod&S. Bleichrocoer 公司的老板，让他建立两家离岸基金——老鹰基金和双鹰基金，全部交给索罗斯操作。通过全力打造，索罗斯将这两只基金运作得相当好，为公司赚了不少钱，自己也非常开心。

但是，真正给索罗斯以后的投资生涯带来重大转变的并非这两只基金，而是他遇到了毕业于耶鲁大学的吉姆·罗杰斯，两人成为工作上的伙伴。在他们精诚合作的 10 年时间里，华尔街上的这对黄金搭档盛名远播，硕果累累。

当然，随着能力的不断发展，索罗斯和罗杰斯不愿屈居人下，他们渴望飞翔，希望成为独立的基金经理。1973 年，两人离开了 Arilhod&S·Blei-

chrocoer 公司，创建了索罗斯基金管理公司。公司刚成立的时候，只有三个人在工作：索罗斯是交易员，罗杰斯是研究员，另外一人是秘书。尽管基金的规模不大、数额不多，但由于是他们自己的公司，索罗斯和罗杰斯都非常努力。他们订了 30 种商业刊物，收集了 1500 多家美国和外国公司的金融财务记录，以此作为开启财富大门的钥匙。

拿到资料之后，罗杰斯每天都要仔细地分析研究 20～30 份年度财务报告，以期寻找最佳投资机会。当然，付出终有回报。1972 年，他们抓住了一次赚钱的绝佳机会。当时银行业的信誉不好，管理落后，投资者很少有人关注银行股票。

然而，索罗斯经过细心观察，发现从名牌高校毕业的专业人才正成为新一代的银行家，他们正着手实施一系列的改革，银行的赢利能力正在逐步提升。从当时的市场来看，银行股票的价值显然被投资者大大低估了。

认清这一状况之后，索罗斯果断地大量买进银行股票。一段时间以后，银行股票开始大幅上涨，索罗斯获得的利润也达到 50％。他的准确分析和果断出击，终于获得了高额回报。

1973 年，第四次中东战争爆发，索罗斯联想到美国的武器装备会有过时的一天，只要美国国防部门有忧患意识，绝对会花费巨资用新式武器重新装备军队。想到此处，索罗斯不禁喜上眉梢：发财的机会又来了。

此后，罗杰斯开始与国防部官员以及美国军工企业的承包商频繁接触，通过会谈和了解，逐渐明朗的信息让索罗斯和罗杰斯对这一投资良机更加充满信心。于是，索罗斯基金开始投资联合飞机公司、格拉曼公司、诺斯罗普公司、洛克洛德公司等公司的股票，他们都握有大量国防部门的订货合同。后来的事实证明，这些投资再次为索罗斯基金带来了巨额利润，索罗斯和罗杰斯这对黄金搭档再一次载誉而归。

除了正常的低价购买、高价卖出的标准投资手段之外，索罗斯和罗杰斯还特别善于卖空。与雅芳化妆品公司的交易，就充分展示了他们的这一才能。为了达到卖空的目的，索罗斯基金以每股 120 美元的市价借了雅芳化妆品公司 1 万股股份。经过一段时期的震荡，该股票开始狂跌。两年以后，索罗斯以每股 20 美元的价格买回了雅芳化妆品公司 1 万股的股份。通过这笔交易，索罗斯基金每股收益达到 100 美元，总利润高达 100 万美元，几乎是所投入资金的 5 倍。

黄金搭档果然名不虚传，正是由于索罗斯和罗杰斯的通力合作，充分发挥彼此的投资天赋，他们的基金业务没有哪一年是失败的。索罗斯基金的发展呈现出量子般的增长速度，到 1980 年 12 月 31 日为止，索罗斯基金的增长率高达 3365％，而当时的标准普尔综合指数同期仅增长 47％。这样的记录，这样的成就，令世人惊叹。

到 1979 年，因为量子般的增长速度，索罗斯决定将公司更名为量子基金，这一名词来源于海森伯格量子力学的测不准定律。索罗斯总是认为市场长期处于不确定的状态，一直在波动。在不确定的状态中下注，才能乱中取胜，聪明者、勤奋者方可赚钱。

随着基金规模的扩大，索罗斯量子基金的事业蒸蒸日上，特别是在 1980 年，基金增长 102.6％，这是索罗斯和罗杰斯生意最红火的一年。此时，基金已增加到 3.81 亿美元，索罗斯本人也已跻身亿万富翁的行列。然而，罗杰斯却令人遗憾地在此时决定离开，这对合作达 10 年之久的老朋友终于决定分手，让索罗斯颇感失落。

天下没有不散的筵席。只要分开对各自的事业发展有利，能获得施展拳脚的大好机会，依然值得鼓励。可是，失去罗杰斯的索罗斯并不幸运。在此后的一年，索罗斯遭受了他金融生涯最大的一次失败。他认为美国公债市场会出现一个较大的上升行情，于是找银行借短期贷款大量购入长期公债，希望趁机大捞一把。

然而，形势并未朝着索罗斯所预料的方向发展。相反，由于美国经济保持强势，银行利率在不断地快速攀升，已远远超过公债利率。1981 年，索罗斯所持有的公债每股损失了 3～5 个百分点，量子基金的利润首次下降，幅度高达 22.9％。面对失败，大批投资者持悲观态度，纷纷弃他而去，带走了将近 1.93 亿美元，这相当于公司近一半的资产。索罗斯心生悲凉，一种被抛弃的感觉涌上心头，他甚至想到要退出市场，去过一种平淡的生活。

但最终索罗斯没有放弃，他坚信只要迈过这个坎，他的辉煌之路将不再遥远，财富也会失而复得。

索氏投资理论诞生

尽管饱受打击，索罗斯依然坚强地选择留下来。他并未因此而消沉，而是积极地思考失败的原因，开始用哲学的思维来重新审视金融市场的运作状况。不过，随着研究的逐渐深入、了解的逐渐增加，索罗斯愈发觉得自己被以往的经济学理论所蒙蔽。

按照传统经济学家的说法，市场是理性的，其运行规律有很强的逻辑性。由于投资者对上市公司的经营状况有充分的了解，所以每只股票的价格都可以通过一系列理性的计算得到精确的市值。当投资者进行市场操作时，可以根据所掌握的充分资料理性地挑选出最优股票进行投资。而股票的价格将与公司未来的收入预期保持紧密而科学的关联性，这就是有效市场假设，它假设了一个无懈可击、完美无缺的市场，也假设了所有的股票价格都能反映当前真实、准确的信息。

同时，一些传统的经济学家还认为：金融市场总是"正确"的。市场价格总能正确地折射或反映未来的发展趋势，即使这种趋势仍不明朗，也不会偏离他们的预测，所以经济理论掌握好了，经济规律了解透了，赚钱就成了轻而易举的事情。

但是，索罗斯并不这样认为。经过对华尔街的考察，他发现以往那些经济理论根本不切实际。在他看来，金融市场充满动荡、十分混乱，市场中买入卖出决策并不是建立在理想的假设基础之上，而是基于投资者的预期。仅仅依靠数学公式来控制错综复杂的金融市场，显得过于天真。

事实上，人们对事物的认知往往不太彻底。投资者对某只股票的态度，不论喜好还是痛恨，都将导致股票价格的上升或下跌。因此，市场价格也并非总是理性的，自然也就不能准确反映市场未来的发展趋势。相反，它往往会因为投资者以偏概全的推测而忽略某些未来因素可能产生的影响。所以，许多投资者会一败再败，明明实际与自己的预测大相径庭，却找不到原因。

因此，投资者在获得相关信息之后做出的反应并不能决定股票价格。其决定因素并非他们根据客观数据做出的预期，而是他们根据心理感觉做出的判断。投资者期望的价格不仅是股票自身价值的被动反映，而且成为决定股票价值的积极因素。

同时，索罗斯还认为，由于市场的运作是从事实到观念，再从观念到事实，如果投资者的观念与事实之间的差距太大，无法得到自我纠正，那么市场就会处于剧烈的波动和不稳定的状态当中，这时市场就易出现由盛到衰的序列。投资者的赢利之道就在于提前判断出即将发生的又是意料之外的情况，判断盛衰过程的出现，然后逆向思维。当然，索罗斯也指出，投资者的偏见会导致市场跟风行为，而过度投机将最终导致市场崩盘。

有了自己的一套独特的投资理论之后，索罗斯便毫不犹豫地摒弃了传统的经济观念。一场实践与理论的大对决开始了，谁胜谁负，索罗斯将在瞬息万变的金融市场中揭晓答案。

1981年1月，里根当选美国总统。索罗斯通过对里根政府新政策的分析，确信美国经济将会开始一个新的"盛——衰"序列，他开始果断投资。事实证明了索罗斯的预测是正确的，美国经济在里根新政策的刺激下，"盛——衰"序列的繁荣期已经初现。1982年夏天，贷款利率下降，股票不断上涨，索罗斯的量子基金也从中获得了巨额回报。到1982年年底，量子基金上涨了56.9%，净资产从1.933亿美元猛增至3.028亿美元。至此，索罗斯已逐步从1981年的失败阴影中走出来，大步向前。

随着美国经济的快速发展，美元表现得更加坚挺，美国的贸易逆差也因此急剧攀升，财政预算赤字也在逐年增加，索罗斯预测美国正在走向萧条，一场经济风暴将会对美国经济构成严重威胁。暴风骤雨的时候，正是弄潮儿展示身手的大好时机，索罗斯决定在这场即将到来的风暴中搏击一场。因此，他一直密切关注着政府及其市场的动向，寻觅新的机会。

机会终于来了。随着石油输出国组织的解体，原油价格开始下跌，一向坚挺的美元面临着巨大的贬值压力。因为油价下跌，美国通货膨胀有所回落，相应地，利率也将下降，这也将促使美元贬值。索罗斯预测美国政府将采取措施支持美元贬值。同时，他还预测德国马克和日元即将升值，他决定做一次大胆的尝试。

从1985年9月开始，索罗斯开始做多马克和日元。他先期持有的马克和日元的多头头寸（头寸，是一种市场约定，承诺买卖外汇合约的最初部位，买进外汇合约者是多头，处于盼涨部位；卖出外汇合约为空头，处于盼跌部位。头寸可指投资者拥有或借用的资金数量）达7亿美元，已超过了量子基金的全部价值。由于他坚信他的投资决策是正确的，在先期遭受了一些损失的情况下，索罗斯又大胆增加了将近8亿美元的多头头寸。

这无疑是一场豪赌，只是索罗斯看清了牌局，他每天要做的不是祈祷上帝的保佑，而是依然密切地关注市场和政策动向，守候即将到来的胜利。

到了1985年9月22日，温暖的阳光终于照到了索罗斯的脸庞。美国新任财长詹姆士·贝克和法国、西德、日本、英国的四位财政部部长在纽约的普拉扎宾馆开会，商讨美元贬值问题。会后五国财长签订了《普拉扎协议》，该协议决定通过"更紧密地合作"来"有序地对非美元货币进行估价"。这意味着中央银行必须低估美元价值，迫使美元贬值。这个消息，让索罗斯绷紧的神经终于得以舒缓。

《普拉扎协议》刚刚公布，市场便做出积极回应。美元汇率从 239 日元降到 222.5 日元，降幅为 4.3％，这一天，美元贬值使索罗斯一夜之间狂赚 4000 万美元。事情并未结束，接下来的几个星期，美元一路贬值。10 月底，美元已跌落 13％，1 美元兑换 205 日元。到 1986 年 9 月，美元的汇率已经跌到 153 日元，这个结果足以让索罗斯放声高歌。在这场金融行动中，他前后总计获得将近 1.5 亿美元的收益，大获成功的量子基金顿时在华尔街声名鹊起。

从 1984 年到 1985 年的这一年时间，量子基金已由 4.489 亿美元上升到 10.03 亿美元，资产增加了 223.4％。索罗斯的这一业绩，使得其个人资产也迅速攀升。据披露，索罗斯在 1985 年的收入达到了 9350 万美元。在世界金融中心华尔街地区收入前一百名富豪排行榜上，索罗斯名列第二位。

1986 年，索罗斯继续高歌猛进，量子基金的财富增长了 42.1％，达到 15 亿美元。索罗斯本人从公司的收益中获得 2 亿美元的回报，身价倍增。至此，他正式走上神坛，成为华尔街乃至世界各地金融市场茶余饭后谈论的焦点人物。

作为大师级的金融理论家，索罗斯总是"不以物喜，不以己悲"，充分享受心旷神怡的悠然自得。他总是高瞻远瞩、深入浅出，以更广阔的视野、辩证的思维去看待市场的变化。他时刻保持清醒的头脑，宠辱不惊，临危不惧，凡事从容应对，并且形成一套独特的"索氏投资理论"。该理论被人反复研究，索罗斯也被奉若神明。

遭遇滑铁卢

命运似乎在考验索罗斯，上帝也没有让他的好运持续太久，按照他自己所创立的"盛——衰"理论，在 1987 年，索罗斯也在经济衰败中遭遇了他的"滑铁卢"。

根据索罗斯的理论，繁荣期过后必存在一个衰退期。他通过多方打听得知，在日本证券市场上，许多日本银行和保险公司大量购买其他日本公司的股票。有些公司为了入市炒作股票，甚至通过发行债券的方式进行融资。当时，日本股票在出售时的市盈率已高达 48.5 倍，而投资者的疯狂还在继续，热情不断升温。

这种情况让索罗斯非常忧虑，他担心日本证券市场即将走向崩溃。与之相比，美国证券市场的投资环境要好得多，因为他们的股票在出售时的市盈率仅为 19.7 倍，比日本低得多。因此，美国的股票价格还处于合理的范围内，即使日本证券市场出现崩溃，对美国证券市场也不会造成太大的震动。于是，1987 年 9 月，索罗斯将自己在日本东京市场的几十亿美元资金转投到美国华尔街市场。

然而，仅仅一个月之后，灾难性的打击便降临到索罗斯身上。首先出现崩盘的不是日本东京证券市场，而恰恰是美国的华尔街。1987 年 10 月 19 日，美国纽约道·琼斯平均指数狂跌五百多点，刷新了当时的历史纪录。在接下来的几个星期里，纽约股市狂跌不止，而日本股市却相对坚挺。此时，索罗斯决定抛售所持有的数额较大的长期股票份额，其他的交易商捕捉到有关信息后，借机痛击被抛售的股票，使期货的现金折扣降了 20%。当时，5000 个合同的折扣就达 2.5 亿美元，索罗斯在一天之内的损失高达 2 亿多美元。据报道，在这场华尔街大崩溃中，索罗斯累积损失了将近 6.5 亿到 8 亿美元。这场大崩溃使量子基金净资产跌落 26.2%，与美国股市同期 17% 的跌幅相比，索罗斯是这场灾难名副其实的最大失败者。

投资市场就是这样，可能昨天你还在仙境遨游，今天便到地狱受难。过去曾经腰缠万贯，未来也许一文不名。既然敢于冒险，索罗斯当然能够忍受痛苦。对于一般人来说，失败是万劫不复的苦果，只能一边默默吞下，一边抱怨运气不好。但是索罗斯始终认为错误是一件引以为豪的事情，因为在他看来，人类天生就有对事物的认识缺陷，人们没必要为错误百出而羞愧难当。只要时刻准备着去纠正自己的错误，避免在曾经跌倒过的地方再次摔跤，就无需过于自责。

索罗斯曾经说过："如果你的表现不尽如人意，首先要采取的行动是以退为进，而不要铤而走险。而且当你重新开始时，不妨从小处做起。"只有保存实力，才能卷土重来，索罗斯十分敏锐而又清醒地意识到这一点。当他发现预期设想与事件的实际运作有出入时，不会待在原地坐以待毙，也不会对所犯的错误视而不见。汲取教训，收拾心情，寻找机会，重新上路，才是索罗斯的当务之急。

也许是一时冲动，也许是过于自信，导致狂妄自大、豪气冲天，结果输得一败涂地。可是，任何一个成功者都并非一帆风顺，人们记住他不是因为他总是成功，而是因为他能从沉痛的失败中走向成功。索罗斯自然具备这种成功者的素质，正是这种特质，让他在经历了 1987 年 10 月份的惨败之后，仍能使量子基金在 1987 年的增长率达到 14.1％，总额达到 18 亿美元。这是相当值得钦佩的成绩，此时人们对索罗斯的态度，比他当年获得巨大成功时更敬畏了许多。

事实上，在投资市场，屡受损失的并非大胆鲁莽的人，而是谨小慎微的人。索罗斯自己也认为，一个投资者所能犯的最大错误并不是过于冒险，而是凡事小心翼翼。虽然有一些投资者也能准确地预期市场走向，但由于他们总是担心一旦行情发生逆转将遭受损失，所以不敢果断投资，不敢大胆入市，当市场行情一直持续看好时，才追悔莫及，坐失赚钱良机。所以，索罗斯的果断大胆算不得过错，他缺少的只是心细。

当然，这次失败对索罗斯后来的投资有了很大启示。他变得更加勤奋，对事物分析得更加透彻，对困难准备得更加充分，但是他投资的胆略和决心是不变的。从人生谷底爬出来的人，谁知道他又将爆发出多大的威力？我们不鼓吹索罗斯的赚钱能力有多么的神奇，光是他对待失败的态度和勇气，就值得所有投资者好好学习。

在后来的金融生涯中，索罗斯的确是一再上演奇迹。但是，大家不要忘记，这次滑铁卢的砥砺，肯定功不可没。

打垮英格兰银行的人

索罗斯犹如一头雄狮，在华尔街市场打了个盹之后，马上打起精神寻找新的猎物，这一次，他瞄上了英格兰银行。

在全世界的经济活动中，英镑一直作为主要货币在市场流通，在采取金本位制，与黄金挂钩时，英镑在世界金融市场占据了极为重要的地位。而英格兰银行作为保障市场稳定的重要机构，必然成为英国金融体制的强大支柱，具有极为丰富的市场经验。如果说方言将挑战或者觊觎这个庞然大物的话，肯定会被旁人嘲笑为"蚍蜉撼大树，可笑不自量力"。

当然，凡事无绝对。有一个人总是静静地坐在角落，细心地观察世界局势的变化，认真地分析，深入地研究。一旦机会到来，他不管对手是谁，困难有多大，只要有一丝希望，他都不会放过。这个人，就是刚刚在华尔街惨败的索罗斯。

1989 年 11 月，柏林墙轰然倒塌的声音传遍世界，当人们都在高调预测一个新的、统一的德国将会迅速崛起和繁荣时，索罗斯却冷静地发现，由于新德国要重建原东德，必将经历一段经济拮据时期。德国将会更加关注自己的经济问题，根本无暇顾及其他欧洲国家所处的经济难关，这种状况将对其他欧洲国家的经济及货币产生深远的影响。

1990 年，英国宣布加入西欧国家创立的新货币体系——欧洲汇率体系（简称 ERM）。索罗斯见解独到，他认为，英国犯了一个决定性的错误。因为欧洲汇率体系将使西欧各国的货币相互约束，每一种货币只允许在一定的汇率范围内浮动，一旦超出了规定的范围，各成员国的中央银行就有责任通过买卖本国货币来干预市场。而这一切，都以德国马克为核心。

早在英国加入欧洲汇率体系之前，英镑与德国马克的汇率已稳定在 1 英镑兑换 2.95 马克的水平。但英国当时经济衰退，因此，必须以极高的代价来维持高汇率作为条件加入欧洲汇率体系。这样一来，一方面将导致英国对德国的依赖，不能为解决自己的经济问题而大胆行事；另一方面，英国中央银行是否有足够的能力维持其高汇率也值得怀疑。

1992 年 2 月 7 日，欧盟 12 个成员国签订了《马斯特里赫特条约》。这一条约使英镑、意大利里拉这样的货币价值被明显高估，这些国家的中央银行将面临巨大的降息或贬值压力，它们与德国在有关经济政策方面的合作能力受到质疑。索罗斯非常怀疑这一点，他认为一旦构成欧洲汇率体系的一些"链条"出现松动，投机者便会乘虚而入，对这些漏洞发起猛烈进攻。这样，后续的力量跟随着也会蜂拥而至，使汇率更加摇摆不定，直到整个机制被摧毁为止。

果然，在《马斯特里赫特条约》签订不到一年的时间里，一些欧洲国家便很难协调各自的经济政策。虽然当时的英国首相梅杰反复申明将信守英国会在欧洲汇率体系下维持英镑价值的政策，但索罗斯及其他一些投机者在过去的几个月里却在不断扩大头寸的规模，准备在阻击英镑的"战役"中狂捞一笔。

随着时间的推移，英国政府维持高利率的经济政策受到越来越大的压力，它请求德国联邦银行降低利率，但德国联邦银行担心降息会导致国内的通货膨胀，而且有可能引发经济崩溃，因此，拒绝了英国降息的请求。

此后，英镑对马克的比价在不断地下跌，汇率从 2.95 跌至 2.7964。英国政府为了防止英镑对马克的比价低于欧洲汇率体系中所规定的 2.7780 这个下限，下令英格兰银行购入 33 亿英镑来干预市场。但政府的干预并未产生好的预期，这使得索罗斯更加坚信自己以前的判断，他决定在危机出现时果断出击。

随着状况不断恶化，英国政府计划从国际银行组织借入上万亿英镑，用来阻止英镑继续贬值，但这显然不够。仅索罗斯一人在这场较量中就动用了 100 亿美元，他抛售了 70 亿美元的英镑，购入 60 亿美元的马克。同时，索罗斯考虑到一个国家货币的变化通常会对该国的股市产生巨大影响，又立即卖掉巨额的德国股票，购入价值 5 亿美元的英国股票。当然，如果仅是索罗斯一个人与英国政府较量，后者或许还有一丝希望。但是，全世界众多投机者和投资机构的进入使得双方力量悬殊，英国政府的一系列努力将宣告失败。

1992 年 9 月 13 日，危机终于爆发。意大利里拉贬值 7%，虽然仍在欧洲汇率体系限定的浮动范围内，但情况看起来仍不容乐观。这个消息让索罗斯对他的预测深信不疑：许多成员国最终将退出欧洲汇率体系，因为他们不会允许通过该体系来决定本国货币的价值。

9 月 15 日，索罗斯决定大量放空英镑。英镑对马克的比价一路下跌至 2.80，虽然此前有消息说英格兰银行购入 30 亿英镑，但仍未能挡住英镑的跌势。到傍晚收市时，英镑对马克的比价差不多已跌至欧洲汇率体系规定的下限，英镑退出欧洲汇率体系也即将成为事实。

为了应对这场危机，英国财政大臣采取了各种措施。首先，他再一次请求德国降低利率，但被德国政府拒绝；无奈之下，他只得请求首相将本国利率上调 2%～12%，希望通过高利率来吸引货币的回流。英格兰银行甚至在一天之内两次提高利率，使得利率高达 15%。但是收效不大，英镑的汇率还是未能守住 2.778 的最低限。在这场殊死较量中，英国政府动用了价值 269 亿美元的外汇储备，却依然逃脱不了惨败的结局，被迫退出欧洲汇率体系。1992 年 9 月 15 日，英国人不会忘记这一天——退出欧洲汇率体系的日子，人们将其称为"黑色星期三"，将这次惨败视为噩梦。

此后，本不稳固的同盟发生连锁反应，不攻自破，意大利和西班牙先后宣布退出欧洲汇率体系，两国货币也开始大幅度贬值。

那边惨淡收场，这边喜气洋洋。在这场空前绝后的大决战中，索罗斯从英镑空头交易中获利接近 10 亿美元，在英国、法国和德国的利率期货上的多头和意大利里拉上的空头交易使他的总利润高达 20 亿美元，其中索罗斯个人收入为 1/3。在这一年，索罗斯的基金增长了 67.5％，他个人净赚 6.5 亿美元，因而荣登《金融世界》杂志的华尔街收入排名榜的榜首。索罗斯因为在这场袭击英镑的行动中表现突出，曾被《经济学家》杂志称为"打垮了英格兰银行的人"。

心有多高，舞台就有多大，实力就有多强。索罗斯的梦想远未结束，他的舞台也将继续拓展，精彩好戏会不断上演。

到泰国，战泰拳

20 世纪 90 年代初期，当西方发达国家正在经济衰退的迷雾中寻找出路的时候，东南亚各国却出现高速增长的经济奇迹。繁荣的经济景象让各国决心加快步伐，纷纷放宽金融管制，推行金融自由化，希望成为新的世界金融中心，让全球瞩目。

但是，阳光明媚的春天依旧会有刺骨的寒风吹过。欣欣向荣的东南亚各国在飞速前进的过程中忽视了一个很重要的因素：经济增长不是基于单位投入产出的增长，而是依赖于外延投入的增加。如果此时放宽金融管制，无疑于沙滩上起高楼，基础还不扎实，就将各国的货币无任何保护地暴露在国际游资面前，极易受到来自世界各地投机者的疯狂冲击。此外，东南亚各国在经济快速增长之后，大量资金流入房地产等行业，高估了企业规模以及市场需求，存在许多泡沫，经济危险系数也在不断增加。

早在 1996 年，国际货币基金组织的经济学家莫里斯·戈尔茨坦就曾预言：在东南亚，各国货币正经受着来自四面八方的冲击，有可能爆发金融危机。尤其是泰国，危险因素更多，更易受到国际游资的冲击，发生金融动荡。只是在当时乐观的经济环境中，戈尔茨坦的预言并未引起东南亚各国的重视，他们仍陶醉于自己所创造的经济神话当中。

东南亚各国出现如此巨大的金融漏洞，自然逃不过索罗斯的眼睛，几年前在英格兰银行身上取得的胜利似乎还让他意犹未尽。他在耐心地寻觅机会，突破东南亚各国的经济防线。

1997 年 3 月 3 日，泰国中央银行宣布：国内 9 家财务公司和 1 家住房贷款公司存在资产质量不高以及流动资金不足的问题。这条看似程式化的消息让索罗斯暗自惊喜，他敏锐地察觉到这是对泰国金融体系可能出现更深层次问题的暗示。于是，索罗斯决定先发制人，下令抛售泰国银行和财务公司的股票，这一举措导致了储户在泰国所有财务及证券公司大量提款，一场血雨腥风的厮杀就此拉开序幕。

此时，在索罗斯的带领下，手持大量东南亚货币的西方对冲基金联合起来大举抛售泰铢。在众多西方投机者的围攻之下，泰铢根本招架不住，一路下滑，到 5 月份，汇率跌至 1 美元兑 26.70 泰铢。见此严峻形势，泰国中央银行决定倾全国之力，于 5 月中下旬开始了针对索罗斯的一场反围剿行动，意在打垮他的意志，使其知难而退，不再率众对泰铢进行围攻。

为了对付投机者的群起而攻，泰国中央银行采取了三大措施：第一步，求得新加坡政府的帮助，动用约 120 亿美元的巨资吸纳泰铢；第二步，效法马哈蒂尔在 1994 年的强势战术，用行政命令严禁本地银行拆借泰铢给索罗斯大军；第三步，大幅调高利率，隔夜拆息由原来的 10 厘左右升至 1000 至 1500 厘。三板斧之后，效果明显，5 月 20 日，泰铢终于升至 25.20 的高位。

而索罗斯这边，由于银根骤然抽紧，利息成本大增，索罗斯和他的战友们猝不及防，遭到当头一棒，损失了 3 亿美元。这样的局面，当然可以让泰国政府长舒一口气。

可是好景不长，索罗斯可不是等闲之辈，当年面对比泰国中央银行强大百倍的英格兰银行他都能稳操胜券，更何况现在战斗才刚刚开始。直觉告诉索罗斯，泰国中央银行的功夫已经使尽，泰拳的威力也不过如此，自己并未因此陷入绝境，损失也只是区区 3 亿美元，相比他所筹集的大量资金而言，并没有伤到元气。

相反，通过初战的失利，他信心倍增，甚至认为自己必胜无疑。既然对手已经使出浑身解数，接下来就该轮到自己出手了。既然是有备而来，就不会善罢甘休，他开始重新谋划新的策略，发起新一轮的进攻。

1997 年 6 月，索罗斯卷土重来，下令套头基金组织开始出售美国国债以筹集资金，扩大索罗斯和同盟军的规模，并于当月下旬再度向泰铢发起了猛烈进攻。顷刻间，东南亚金融市场上狼烟再起，双方展开了短兵相接的白刃战。但是，胜利的天平逐渐转向索罗斯这边。

泰国中央银行实力单薄，只有区区 300 亿美元的外汇储备，历经短暂的战斗之后，便因为"弹尽粮绝"而不得不做最后的挣扎，梦想出现奇迹。面对铺天盖地而来的索罗斯大军，泰国中央银行要想泰铢保持固定汇率已经力不从心，因此，他们决定釜底抽薪。

7 月 2 日，泰国政府由于再也无力与索罗斯抗衡，不得已改变维系了 13 年之久的货币联系汇率制，实行浮动汇率制。消息传出之后，泰铢更是狂跌不止，7 月 24 日，泰铢已跌至 1 美元兑 32.63 这一历史最低水平。泰国政府被国际投机家一下子卷走了 40 亿美元，泰国由此陷入经济危机，民众苦不堪言。

索罗斯自然在这场危机中收获颇丰，但是也因此被人称为"恶魔"。他的魔掌没有收回，他还会继续在市场上东奔西突。在这位"魔头"的眼里，谁将是下一个受害者呢？

"魔鬼"在香港铩羽而归

在泰国大获全胜的索罗斯这次将眼光转向东方之珠——香港。他想在香江之上掀起惊涛巨浪，他想在繁华的金融中心炸一声惊雷，收获一片财富。

我们知道，港币实行联系汇率制，它能自动调节，不易攻破。但是港币利率容易急升，这将导致股市大幅下跌。如此一来，只要事先在股市及期市做空，然后再大量向银行借贷港币，使港币利率急升，促使香港恒生指数暴跌，便可像在其他国家一样获得投机暴利。

从 1997 年 10 月开始，以索罗斯为首的国际炒家先后 4 次在香港股票、外汇、期货三大市场下手，前三次均获暴利。1998 年 7 月底至 8 月初，国际炒家再次通过对冲基金，持续不断地狙击港币，以推高拆息和利率。很明显，他们对港币进行的只是表面的攻击，股市和期市才是真正的目标，声东击西是索罗斯投机活动的一贯手段，他已经屡试不爽了。

为了达到目的，炒家们在证券市场上大手笔沽空股票和期指，大幅打压恒生指数和期指指数，使恒生指数从 1 万点大幅度跌至 8000 点，并直指 6000 点。在众人惶恐悲观的时候，证券市场利空消息满天飞，炒家们趁机大肆造谣，扬言"人民币顶不住了，马上就要贬值，且要贬 10% 以上""港币即将与美元脱钩，贬值 40％""恒指将跌至 4000 点"。投机者想以此扰乱人心，然后趁机浑水摸鱼，从中渔利。

8 月 13 日，恒生指数一度下跌 300 点，跌穿 6600 点关口，收盘时跌幅收窄，但仍跌落 199 点，报收 6660 点。在压低恒生指数的同时，国际炒家在恒指期货市场积累大量淡仓。恒生指数每跌 1 点，每张淡仓合约即可赚 50 港币，而在 8 月 14 日的前 19 个交易日，恒生指数就急跌 2000 多点，每张合约可赚 10 多万港币，可见收益之高。

为了应对即将到来的危机，香港特别行政区政府与国际炒家进行了三个回合的较量。

第一回合，8 月 13 日恒指被打压到了 6660 底点后，香港特区政府调动大量资金入市，与对手展开针对 8 月股指期货合约的争夺战。香港特区政府大量买入投机资本抛空的 8 月股指期货合约，将价格由入市前的 6610 点推高到 24 日的 7820 点，涨幅超过 8％，高于投资资本 7500 点的平均建仓价位，初战告捷。

收市后，香港特区政府宣布，已动用外汇基金干预股市与期市。但金融狙击手们仍不甘心，按原计划，于 8 月 16 日迫使俄罗斯宣布放弃保卫卢布的行动，造成 8 月 17 日美欧股市全面大跌。然而，上帝并没有眷顾他们，8 月 18 日恒生指数在收市时只是微跌 13 点，有惊无险。

第二回合，8 月 25 日至 28 日，双方展开转仓战，迫使投机资本付出高额代价。27 日和 28 日，投机资本在股票现货市场倾巢出动，企图将指数打下去。香港特区政府在股市死守的同时，经过 8 天惊心动魄的大战，在期货市场上将 8 月合约价格推高到 7990 点，结算价为 7851 点，比入市前高 1200 点。

28 日是期货结算期限，炒家们手里有大批期货单子到期必须出手，当天双方交战场面之激烈远比前一天惊心动魄。全天成交额达到创历史纪录的 790 亿元港币。香港特区政府全力顶住了国际投机者空前的抛售压力，最后闭市时恒生指数为 7829 点，比金管局入市前的 8 月 13 日上扬了 1169 点，增幅达 17.55％，基本宣告胜利。

随后，香港期货交易所于 29 日推出三项新措施：从 8 月 31 日开市起，对于持有一万张以上恒指期货合约的客户，征收 150％的特别按金，即每张恒指期货合约按金由 8 万港元调整为 12 万港元；将大量持仓呈报要求由 500 张合约降至 250 张合约必须呈报；呈报时亦须向期交所呈报大量仓位持有人的身份。

31 日，在政府终止救市行动后股市猛跌 7.1%，但其跌幅比市场人士预期的少。恒生指数下滑 554.70 点，收盘报 7257.04 点，全场成交总值仅 66 亿港元，不到上星期五的历史新高纪录 790 亿港元的 1/10，这也与此前投资者预测的 15% 的跌幅相去甚远。

面对如此败局，投机资本肯定不会放弃，他们认为香港特区政府投入了约 1000 亿港币，不可能长期支撑下去，因而决定将卖空的股指期货合约由 8 月转仓至 9 月，与香港特区政府打持久战。从 8 月 25 日开始，投机资本在 8 月合约平仓的同时，大量卖空 9 月合约。与此同时，香港特区政府乘胜追击，使 9 月合约的价格比 8 月合约的结算价高出 650 点。这样，投机资本每转仓一张合约要付出 3 万多港币的代价，投资资本在 8 月合约的争夺中完败。

第三回合，香港特区政府在 9 月份继续推高股指期货价格，迫使投机资本亏损离场。9 月 7 日，香港特区政府金融管理部门颁布了外汇、证券交易和结算的新规定，使炒家的投机受限制，当日恒升指数飙升 588 点，以 8076 点报收。同时，日元升值、东南亚金融市场的稳定，使投机资本的资金和换汇成本上升，投机资本不得不败退离场。9 月 8 日，9 月合约价格升到 8220 点，8 月底转仓的投机资本只得平仓退场，每张合约又要亏损 4 万港币。

至 1999 年 8 月底，当时购入的股票经计算，账面赢利约 717 亿港元，增幅 60.8%，恒生指数又回升至 13500 点。国际炒家损失惨重，香港特区政府入市大获成功。

据报道，一心想在香港有所斩获的索罗斯，在这场大战中损失达到 8 亿美元，面对香港政府的救市行为，他只得铩羽而归。当然，这场惊心动魄的金融大战，依然让索罗斯的投资智慧显露无遗。

赞美他善于把握机会也好，批评他兴风作浪也罢，索罗斯都一笑了之。金融市场风起云涌，孤胆英雄搏击长空，是非功过，任由世人评说。他只管继续财富积累之路，做更多的事情，为自己，为社会。

第三篇　看谢尔登·阿德尔森如何豪赌人生

苦肉计借来的 200 美元

谢尔登·阿德尔森出生于美国波士顿一个贫困的犹太人聚居区。他的父亲是一名立陶宛移民，以开出租车为生，他的母亲在自家起居室里开了个针织店，为人缝补衣服以帮补家计。他的童年生活非常艰苦。在他的印象中，小时候几乎没有买过新衣服，穿的都是别人穿过的旧衣服，过不多久就破破烂烂，打满了补丁。这些常常会惹来同伴们的嘲笑。

家境贫寒让阿德尔森自幼就意识到了金钱的可贵和来之不易。他非常懂事，为减轻父母的负担，自强自立，想办法打工赚钱。很小的时候，他就开始在街头卖报。

多年以后，当他回忆起那段日子的时候，曾经这样说道："我身材矮小，由于营养不良，我的身体非常虚弱。在当时波士顿所有的报童当中，我是最容易被欺负的，不仅一起卖报的其他报童会欺负我，甚至其他地方来的人也会欺负我。"在他的印象当中，波士顿南部那帮爱尔兰人经常会欺负他。有一次他好不容易批发来的报纸，被那帮人抢了去做纸玩具，还好当时已经卖掉了很多，损失不是很大，不过从此以后他都小心躲着他们。

那段走街串巷的经历让阿德尔森深刻地体会到了什么叫人间疾苦，了解了社会上的人情冷暖，也开始深刻地意识到美国社会本身就是一个非常势利的社会。对于许多人来说，恃强凌弱已经成了一种习惯。他还在很小的时候就逐渐养成了一种讲求实际的行事作风，也让他从小就有了一种想要改变自己生存状况的强烈意愿。

就在 10 岁那年，卖报时间不长的阿德尔森遇到了一件事情，对他的打击非常大。

1943年，美国已加入二战，所以当时的人们非常关注新闻时事。越来越多的人养成了阅读报纸的习惯，报童们的生意也越来越好，报童成了许多人心目中的好差事。2月份的时候，波士顿还是大雪纷飞，阿德尔森一大早便来到了报站排队，等着领报纸。领到报纸之后，小阿德尔森便走到大街上开始叫卖。由于他的身材瘦小，惹人爱怜，所以他的生意也特别好，很快，厚厚一叠报纸便卖光了。看看时间还早，他又回到报站，希望能够多买一些报纸再来卖。

可他万万没有想到，报站居然告诉他报纸已经没有了——这样的事情可从来都没有发生过。当阿德尔森垂头丧气地回到自己的"地盘"时，他吃惊地发现有好几名报童拿着报纸在那里叫卖。这时他才意识到，原来是他们买走了剩余的报纸。阿德尔森在后来懂得了经济学知识后说："之后我才明白，原来这些人的做法实际上是一种变相的垄断，他们利用减少我的供货量来侵占我的市场。"

这件事情让阿德尔森心情久久不能平静。他渐渐发现，把报纸卖出去只是最后一个环节，他的命运受到太多人的影响，不仅是买报的客人、卖报的地点，就连卖报的批发商都会影响他的收入水平。受到打击的阿德尔森决定改变这一切，决定就从卖报开始。

经过几个月的观察，阿德尔森发现：在街角附近的报摊生意远比报童的生意好。按照当时许多报社的做法，如果报摊愿意出售报社的报纸，报社就会向报摊主提供一定的补贴。不仅如此，如果报摊主能够跟报社配合做一些张贴的话，他还可以从报社得到更多的回报。

了解到这些情况之后，阿德尔森决定自己也开一家报摊。可这件事情说起来容易，对于一个只有10岁的小孩来说，想在人群混杂的波士顿摆上自己的报摊，并不是一件容易的事情。最关键的问题是，他要开设报摊的话，至少需要200美元，去哪儿弄这些钱呢？

为了解决这个难题，阿德尔森找到了自己的叔叔。当时他的叔叔在犹太人自发组织的存款互助会工作，该互助会的主要目的就是帮助那些手头有好的计划，但急需资金的犹太人。

按照互助会的规定，像报摊这样的项目是不能列入帮助对象的，而且阿德尔森当时只有10岁。可是阿德尔森的决心非常坚定，为了拿到这笔贷款，他每天缠着自己的叔叔，甚至经常主动找那些爱尔兰小流氓打架，然后带着伤疤去求得叔叔的怜悯。

阿德尔森的叔叔终于被打动了，同意借给阿德尔森200美元。就是凭着这200美元，阿德尔森争取到了当时波士顿最有名的《波士顿环球报》的零售权，开始了自己的商业生涯。

多年以后，有人嫉妒阿德尔森的家财万贯，掀出他的老底说他从小就为达目的不择手段，阿德尔森这样回答："人的许多性格都不是天生的。对于当时的我来说，没有别的选择，这是我能拿到那 200 美元的唯一可以想到的方式。在试图评判一个人的行为之前，你首先应该努力了解一下他的过去。"

一本杂志让他咸鱼翻身

1963 年，30 岁的阿德尔森为实现自己的梦想来到了纽约，刚开始时，从事媒体广告业务。天生的商业才华以及广泛的社会经验使得他的媒体广告生涯越走越稳，到了 35 岁的时候，他开始用自己的储蓄进行一些投资，其中包括购买了一家杂志的部分股权。

另外，股市的投资也给阿德尔森带来了丰厚的收入。1954 年至 1969 年间，美国股市经历了长达 15 年的牛市，股市一时成为美国人心目中的投资圣地。阿德尔森也不例外，除了购买杂志的部分股权之外，他把全部的资金都投到了股市中。然而好景不长，1969 年的时候，36 岁的阿德尔森遭遇了平生以来最大的一次挫折。就在这一年，因为中东石油危机的爆发，美国股市出现了自二战以来的首次大崩盘，其来势的凶猛程度，仅次于 1929 年的大危机。这次危机让阿德尔森几乎破产。

面对危机阿德尔森果断做出了一个决定，从投资圈抽身，目标转移到房地产。此时，他经营媒体广告时期积累的人脉资源发挥了作用，经一位朋友的介绍，阿德尔森与一家房地产企业做上了生意。他用借来的钱跟这家公司签订了承租协议，负责为这家公司旗下的上千间公寓提供转租服务。不料，命运之神似乎有意再次捉弄阿德尔森，这回他又栽了。原来就在阿德尔森签订承租协议不到一个月的时间里，美国联邦储备局为稳定股市调整了利率，结果导致房地产市场一路下滑，房租出租量锐减。阿德尔森的转租业务受到重创，最终不得不选择关门大吉。

一句西方谚语曾这样说过："当上帝为你关上一道门的时候，上帝必定在其他地方为你打开了一扇窗！"对阿德尔森来说，正是如此，当他被迫退出房地产行业的时候，他打开了通向另外一个行业的窗户——前期投资的一家杂志成为他翻身的机会，并且为他未来的事业发展开启了一个崭新的起点。

说到这家杂志，还得从他当初来纽约从事媒体广告业务的时候说起。那时候，阿德尔森的主要工作就是从媒体那里购买广告版面，然后由自己的公司负责跟广告公司洽谈，再由广告公司来选择在哪些媒体刊登广告，最后由他的公司与媒体分成广告公司支付的款项。这跟今天的媒体策划机构有些相像。

　　出于业务的需要，当时阿德尔森经常要跟形形色色的媒体打交道，同时也需要详细了解各种媒体的读者定位以及受欢迎程度等。渐渐地，他自己摸索出一些规律来，比如，哪些媒体比较受欢迎，为什么会这样，然后他向不同的媒体提供一些自己从其他媒体那里得来的建议和经验。

　　就是在这个过程中，阿德尔森很偶然地成为一家杂志的顾问。这家杂志在读者心目中的地位以及它的广告价值，阿德尔森都十分看好。不久，他拿出一部分资金投入这家杂志，成为它的重要股东之一。想不到几年之后，这家杂志居然成了阿德尔森翻身的资本。

　　当初阿德尔森从事房地产行业的时候，出于工作的需要，他会经常在美国各地之间飞来飞去，参加各种形式的房地产展览。这些经历，让他有机会了解到许多关于各种展览的信息。

　　就在 1978 年前后，当时的阿德尔森已经从破产的阴影中走出来，并开始谋划下一轮的生意。

　　那一年，一个偶然的机会，阿德尔森参加了加利福尼亚的一次规模较大的房展。这次房展办得格外成功。不仅参加展览的人数要比许多同类的展览多出很多，而且整个展览的气氛要比以往热闹很多，这让充满好奇心的阿德尔森产生了探求其原因的欲望。

　　经过细心观察，阿德尔森终于找到了源头所在，原来现场之所以会形成这种气氛，是广告在起作用。此次的主办单位在各个角落都精心布置了各种各样的广告，虽然并非所有的广告都能带来收入，但这些广告烘托了整个会场的气氛。众多的广告激发了阿德尔森的灵感，多年经营媒体广告的经验告诉他，这将是一种新的模式，它不仅可以给主办者带来更多的收入，而且会给展览的效果起到极大的提升作用。这种方式将彻底改变参展商未来参加展览的做法。

　　后来，在他运营的著名的威尼斯人酒店开业前夕，阿德尔森接受采访时，回忆起了那次展会带给他的震撼："这次参加展览让我对展览有了一个全新的认识，原来展览可以成为媒体活动的一个有力延伸，杂志和展览相结合将会产生巨大的增效作用。我当时就像是在大街上闲逛时捡到了一块沉甸甸的金条。就在回到纽约的飞机上，我大致地盘算了一下，这次的展览虽然只有短短 3 个星期，但至少可以给主办者带来超过 100 万美元的利润——这在当时的美国，可不是一个小数目。"

回到纽约后，阿德尔森一刻也不耽误，直接找到了自己曾经投资过的那家商业杂志出版公司，召集了所有的股东，满怀激情地说出了自己的想法。股东们立刻做出了积极的响应，新杂志就这样很快就进入了筹划之中，而整个筹划和运作过程全部由阿德尔森担当。

在筹划的过程中，阿德尔森还对当时美国社会的发展趋势进行了仔细地研究，发现了一个让他眼前一亮的趋势——计算机时代即将到来。

稍微留意一下我们就会发现，20世纪出生的许多世界级的成功人士的人生道路都与计算机有着某种千丝万缕的联系。比尔·盖茨是这样，史蒂夫·乔布斯、孙正义、拉里·佩奇等莫不如此。

所以，此时已经纵横商场多年的阿德尔森很快意识到这种趋势，然后，他也不可避免地成为美国进入个人计算机时代的推动者。

1979年1月，经过一系列的精心策划和组织，阿德尔森正式推出了一本名为《数据与通信》的杂志。他希望这本杂志能够"在最短的时间里向公众传播最多最新的数据通信领域的发展信息"，希望它能够成为"数据通信科技时代的急先锋"。

毫无疑问，要达成这个目标，一切还只是刚刚起了个头。正是这本杂志，阿德尔森探索出了杂志加会展这种新型的商业模式，并让他成为享誉世界的"展览教父"。

COMDEX 绝处逢生

曾有《比尔·盖茨的女婿》这样一则笑话，大概是这样说的：

有一位优秀的商人杰克，有一天很高兴地告诉他的儿子说："我已经物色好了一个好女孩，我要你娶她！"儿子回答说："我自己要娶的新娘我自己会决定！"杰克说："但我说的这女孩可是比尔·盖茨的女儿！"儿子很惊讶："哇！那这样的话……"然后在一个聚会中，杰克走向比尔·盖茨。杰克向他打招呼："我来帮你女儿介绍个好丈夫！"比尔回答道："我女儿还没想嫁人呢！"杰克又说："但我说的这个年轻人可是世界银行的副总裁！"比尔沉思了一会儿，说道："哦！那这样的话……"接着，杰克去见世界银行的总裁。杰克开门见山："我想介绍一位年轻人来当贵行的副总裁。"总裁不耐烦地回答："我们已经有很多位副总裁，够多了。"杰克接着又说："但我说的这个年轻人可是比尔·盖茨的女婿！"总裁惊喜："嗯！那这样的话……"

笑话的原文最后还下了一个批注："知道吗？生意就是这样谈成的！"想想这太不可思议，但在阿德尔森的身上，却发生了类似的事情，而且主角也是笑话中的主角——比尔·盖茨。

1979 年 3 月，刚刚创立《数据与通信》杂志不久的阿德尔森便实现了自己"杂志与展览相互结合、相互增效"的梦想。他利用自己的 Interface 集团在拉斯维加斯创办了第一届计算机供货商展览 COMDEX（Computer Dealers Exposition 的缩写）。

但是第一次的展览并不成功，这家刚刚成立的公司显然没有足够的号召力，杂志的订户数量也非常有限，许多人甚至还没有听说过《数据与通信》的名字。随后，在第二届展览会上，《数据与通信》再次遭遇失败。在接下来的几届展览会中，情形一直没有得到改观。直到 1986 年，阿德尔森在拉斯维加斯举办新一届的 COMDEX 展览会。按照他与股东们的约定，如果再次失败，这将会是 COMDEX 的最后一次展览了。

就在这个时候，阿德尔森偶然遇到的一件事，使他看到了事情的转机。在新一届 COMDEX 展览结束的那天晚上，在酒店招待完客户的阿德尔森刚刚走到酒店大厅，突然看到一大群人围在酒店门口，好像是在举行一场热闹的聚会。一打听，他才知道原来是有位明星要来酒店举行发布会，结果引来了大批的崇拜者前来捧场。

阿德尔森如醍醐灌顶，头脑中灵光一闪，他想到了好办法——马上邀请所有的媒体记者过来举行发布会。"请他们来，告诉他们，我们取得了多么巨大的成功！"

很快，就在当天下午，发布会准备好了。到场的记者超过了 200 人，全都在等待阿德尔森发布"好消息"。阿德尔森上场了，他从上衣口袋中抽出一张纸条，开始向媒体公布此次展览的成果："我们刚刚举行过有史以来规模最大、最受欢迎的计算机展览，参展人数超过了 10 万，厂商超过 1000 家，连大名鼎鼎的苹果公司都来了……我们今天想在这里通过这个机会借助媒体告诉大家，明年的展会参展人数将会更多，不仅计算机厂商会来，就连软件行业的多位重要人物也会来到这里。"

前来参加发布会的媒体记者们全都大惊失色，这么大的一个展览会居然没有报道。就这样，当天晚上，所有拉斯维加斯的记者们都向各自的总部发去了一条新闻。第二天，全美国报纸的科技版都刊登了一条醒目的新闻：《全球最大计算机展览惊现拉斯维加斯》。

通过这次新闻发布会，COMDEX 的影响力得到了提升。半年之后，当阿德尔森再次向各计算机厂商发出邀请时，得到了他们的积极响应。不仅要求参展的计算机厂商达到了 1000 多家，就连参观门票也出现了销售一空的情形。

良好的前景让阿德尔森兴奋不已，他趁热打铁，连夜飞赴全美各地，逐个邀请当时最受欢迎的演讲嘉宾。

阿德尔森深知，若能够请到比尔·盖茨，便会在其他嘉宾当中形成很大的影响力，接下来的工作就会变得更加容易。因此，他决定首先从最难邀请的人比尔·盖茨入手。

为了说服比尔·盖茨，阿德尔森可谓煞费苦心。当时比尔·盖茨已经把微软公司搬到了美国西北部的海边城市西雅图，为了见到比尔·盖茨，阿德尔森穿过整个美国，从纽约飞到西雅图。出于礼貌，盖茨热情地接待了阿德尔森。可生性腼腆的比尔·盖茨并不喜欢在公众面前大谈计算机，他明确地告诉阿德尔森：“如果谈到写程序，我或许可以跟大家分享一些经验，但这样的话题显然不适合在计算机展览大会上演讲，而且更加不适合对着那么多根本不知道什么叫程序的人谈起。”

当时的阿德尔森满怀希望而来，当然不想就此放弃，于是他“告诫”比尔·盖茨：“这不是一次宣传写程序技术的演讲，在我看来，它更是一次向公众介绍计算机的机会。如果不能让所有的人都用上计算机，微软显然就无法成为一家前途光明的公司。”

这句话显然打动了年轻的比尔·盖茨。要知道，当时的微软公司刚刚上市，亟须提高人们对公司的信心，而从另一方面来说，“让每一个家庭的办公桌上都摆上一台计算机”是比尔·盖茨很久以来就有的梦想。所以，他答应会考虑接受阿德尔森的邀请。

看到比尔·盖茨的口气有所松动，老到的阿德尔森立刻乘胜追击，询问比尔·盖茨：“如果我们能请到你来演讲的话，你希望我们做出哪些准备？比如说，你希望演讲的长度是多少……”

年轻的比尔·盖茨果然上了套，他告诉阿德尔森，希望演讲的时间不少于 1 小时，参加演讲的人数不超过 200 人，能够用上幻灯片，等等。

不知不觉间，当双方谈话结束的时候，比尔·盖茨发现自己已经开始渴望在拉斯维加斯的展会上发表演讲了！

请到了比尔·盖茨之后，其他的事情就好办了。阿德尔森甚至不需要直接出马，他只要让公司的工作人员告诉其他人比尔·盖茨会来就可以了。然后，他列出了一长串名单，上面有苹果公司创始人史蒂夫·乔布斯、甲骨文公司的拉里·埃里森、IBM 的总裁等人。

果然，听说比尔·盖茨和史蒂夫·乔布斯等人即将参展的消息之后，全美国的科技产品经销商纷纷闻讯而来，展览的规模越来越大。

在造好了声势之后，阿德尔森就像是抓住了一头母牛，他接下来的工作就是拼命地挤出更多的牛奶来——这对阿德尔森来说，从来就不是一件难事。

他召集了所有的布展人员，告诉他们要对整个展览会大厅进行精准的规划，要充分地利用每一寸空间，不要漏过任何与 COMDEX 相关的赚钱机会。在他的主导下，工作人员制定出了一份典型的"阿德尔森式报价单"，其中详细规定了所有空间的广告费用。

拿到报价单的人们惊讶地发现，所有的空间都被利用了，大厅的每一处墙面、每一处简报，甚至每一个发给参观者和展览商的手提袋。他没有放弃任何一个环节的广告机会，阿德尔森自豪地说道："人们都叫我小气鬼，可我觉得这样做并没有什么不对，我只是发挥了整个展览的最大商业价值罢了。"

毫无疑问，此次展览获得了巨大的成功。根据展会之后的统计，当年参展的计算机厂商达到了史无前例的 2480 家，参观的人数超过了 21 万。阿德尔森不仅因此赚得盆满钵满，而且在参观者和参展商心目当中留下了极为深刻的印象。COMDEX 展览从此成为美国最大的计算机展览会，牢牢奠定了自己在计算机展览行业的霸主地位，而阿德尔森也成为美国当之无愧的"展览教父"。

独具慧眼开启赌王大门

1988 年前后，阿德尔森在如火如荼地举办展览的同时，还经营着一家业绩一直不错的旅游公司，名叫 GWV。无论是举行展览还是提供专门的旅游服务，GWV 公司都得跟周边的酒店打交道。依照当时的惯例，酒店会以折扣的形式分配给 GWV 一些利润，但超过 80% 的利润归了酒店。

有一次 COMDEX 展会期间，阿德尔森找到了展会的承办方西泽皇宫酒店，他口气强硬地向对方提出要求："要不是我在这里举办展览，你们酒店早就关门大吉了。所以你们应该跟我分享这部分利润，因为要不是我给你们带来那么多的客人，你们的生意根本就没有这么红火。"毫无疑问，这种逻辑在对方看来十分可笑："这种要求就像是没事冲进别人家的大门，并要求这家的主人感谢自己的拜访一样无耻。"

对于一向视财如命的阿德尔森来说，他显然不会让这么多白花花的银子流入他人的口袋的。于是，在展览会生意大获成功后，阿德尔森左思右想，便将赚钱的念头放在了提供参展厂商居住的酒店上。其实，在展会办得红红火火的时候，阿德尔森便已经着手准备了，他告诉自己："与其让这大把大把的钞票流向这些小气的酒店，还不如自己想办法让钞票流进自己的钱包。"

经过一番精心的搜寻之后，1989 年，阿德尔森物色到了一个心目中的理想对象——一家名叫金沙的赌场酒店。

在赌城拉斯维加斯，林林总总有几十家酒店，而当时的金沙只是一家不起眼的普通酒店，无论是从档次、规模还是从奢华程度等各方面条件来看，都远比不上米高梅、西泽皇宫等拉斯维加斯的标志性大酒店。那阿德尔森的目光又是盯在哪里呢？

原来，跟所有这些豪华大酒店相比，金沙酒店有一点是阿德尔森最看重的，那就是这家酒店所具备的极大的改造空间。"我之所以看上了金沙酒店，是因为虽然它不是我想象中的酒店，但是我完全可以把它改造成我想象中的样子。"

当时拉斯维加斯的所有酒店都是以经营赌博生意为主的，所以大多数酒店的布置和定位都很难突破这个传统的框架。而阿德尔森的想法与众不同，他不希望自己的酒店也跟这座城市其他的酒店一样。由于他本人之前主要是做展览，而后才来到拉斯维加斯的，而且他之所以进军酒店业，是因为他看好拉斯维加斯可以利用展览来吸引商务人士以获得更多的客源。他准备为拉斯维加斯的酒店带来一场革命，把酒店变成"集酒店、赌博、商务为一体的综合性的商业场所"。

在他看来，"即便是已经落寞，但金沙依然是位魅力十足的明星，我相信我完全有能力把金沙重新打造成一位天皇巨星"。

谈判进行得相当顺利，对方很快同意将金沙出售给阿德尔森，出价是1.28 亿美元。此时，一个最为现实的问题摆在了他面前——他并没有足够的钱！

阿德尔森去见了几个投资商，并且信心百倍地告诉他们，自己的项目是可以为他们带来丰厚的回报——虽然一开始碰了好几次壁，但很快他就成功了。

为阿德尔森的项目提供最大投资的人名叫迈克尔·米尔肯。他是美国德崇证券公司的负责人，在业界以擅长运作垃圾债券著称，据说他常常成功地用高额的回报率吸引了许多愿意承担较大风险的投资商。

当阿德尔森找到米尔肯，并将自己的想法清晰地告诉他后，米尔肯的第一反应是："我在拉斯维加斯做了 30 多年的生意，可从来没有听说过有人能够吸引商务人士在工作日的时候来到这里消费的。不过，看得出，他在做出这个决定之后所采取的行动，比较有可行性，也是我从来没有见过的。这当然是一个疯狂的念头，但同时也是一个可能将会载入拉斯维加斯史册的项目，我希望能够幸运地成为其中的一员。"

在米尔肯的巨资援助下，阿德尔森很快筹集到了足够的钱买下了整个金沙酒店。

酒店买下之后，阿德尔森很快就兑现了当初自己对米尔肯的承诺，对金沙酒店进行了翻天覆地的改造。他并没有心急火燎地为酒店披上华丽的外衣，相反，在收购酒店后将近一年的时间里，他根本没有在酒店本身花多少心思，而把大量的时间和金钱都用来规划一家会展中心——按照阿德尔森的最初规划，他现在要做的就是在这家酒店的旁边盖上一座美国最大的私人会展中心。

他的这个构想让原本有些提心吊胆的酒店业同行们笑破了肚皮——连三岁小孩都知道，拉斯维加斯是一座以纸醉金迷生活而闻名的城市，那些衣冠楚楚的商界精英们怎么可能会大老远跑到这里来举行商务会议呢？即便有，也只是偶尔才来一下，而阿德尔森的做法，是想通过办会展中心来获得固定的收入，怎么看都像是在白日做梦。

但阿德尔森就是阿德尔森，之所以他后来能够成为"世界赌王"，就是因为他总是有着与常人不同的思路。在他的精心策划实施下，金沙酒店一旁很快矗立了拉斯维加斯第一座专门用于展览和商务会议的会展中心——金沙会展中心。该会展中心面积高达 12 万平方米，在全世界范围内来说，也能算得上是一座大型的展览中心——后来的发展情况表明，这座会展中心的确实现了阿德尔森当初的构想。他凭借自己在展览和当初经营媒体广告时的关系做了大量的宣传，很快就使得人们开始接受"在拉斯维加斯举行商务会议是一种时尚"的理念，人们对拉斯维加斯的传统看法开始发生变化。

据统计，在 1970 年的时候，整个拉斯维加斯一年举办的商务会议不会超过 300 场，而且全是小型会议，而到了 1991 年阿德尔森盖起了金沙会展中心之后，情况完全发生了变化，拉斯维加斯已经成为美国最重要的以举办展览兴盛的城市之一。每年在这里举行的会议多达 4000 多场，而且有的规模超大。

就这样，凭借着自己的独特眼光和原有资源，阿德尔森在不到 3 年的时间里完成了从展览商到酒店老板的转型。通过这次近乎完美的转身，阿德尔森大踏步迈入了酒店业和博彩业。

进军澳门

2000 年，澳门特区政府决定开放赌权执照，打破原来由"亚洲赌王"何鸿燊一手垄断澳门博彩业的局面，并且规定可以向海内外公开招标，吸引全世界的玩家进入澳门。

2002 年初，阿德尔森通过各种渠道联系到了澳门特区政府的相关人员，表示了他在澳门的赌业新计划。为了得到经营权执照，坐着轮椅、行动不便的阿德尔森参加了全球博彩行业巨头云集的澳门博彩执照竞标。

当时在竞标场上，各路赌业风云人物齐聚一堂。有澳门本地区的庞大势力，如澳门 20 世纪最富传奇色彩的"赌圣"叶汉之子；同时还吸引了来自东南亚其他国家的赌业元老级人物，例如马来西亚赌王林梧桐；另外，其他欧美国家博彩行业的领军人物也积极加入这场争夺，像美国东部赌王和地产大亨特朗普。他们个个看上去神清气爽，像是胜券在握，每个人都对澳门赌博业这块肥肉充满了无限的渴望。

最终，阿德尔森以他在美国打造的全球最豪华的威尼斯人赌场度假村为成功典范和资本，赢得了他在澳门的经营权执照。另外，澳门特区政府答应分配给他相当的土地，以便其发展并实现他完美的赌博宏伟计划。

一切看上去还比较顺利，这让阿德尔森信心满满。不过，他在澳门的赌博市场开拓会不会像在美国一样进展顺利，甚至会超过它呢？对于风云变幻的将来，一切都还是个未知数。

事情在进展中还出了点小插曲。澳门政府给老阿德尔森的地皮，其实是一块还未开工的填海区。它位于澳门半岛南部的两座离岛，路环和凼仔之间。风景虽然不错，但是一块从来没有被开发过的杂草丛生的荒地。这让阿德尔森感到有些恼火和沮丧："我觉得自己当时就像被遗弃和玩弄了，那片地区虽然看上去非常漂亮，风景如画，海水湛蓝，但真正的财富却在水底下！他们简直就是把我发配到了荒郊野外！"

不过失败者错失机会，成功者创造机会。如果这位经历了 60 余载商业传奇的老人眼里看到的仅仅是一片汪洋的海水，那他就不是让世人传颂的赌王了，顶多算是一个将赌博作为赚钱手段的三流商人而已。

回望谢尔登·阿德尔森几十年的商海沉浮生涯，他可以在 12 岁的时候借来 200 美元去挖掘人生中的第一桶金，可以想到去汽车旅馆推销洗发精，可以非常有魄力地以一个门外汉的身份把一个专业的 IT 博览会 COMDEX 办得有声有色，然后又能以独特的眼光，在竞争白热化的拉斯维加斯开设威尼斯人酒店。所有的成功表明，阿德尔森不仅仅是一个空想家，更不是一个头脑简单的盲动派，他总能从其他人视而不见的事物中发现新机会，寻找到别人眼里看来根本没有希望或不可能发生的事情。这也许就是这位有着犹太人血统的美国人，能够成为今天拉斯维加斯最精明的赌业巨头的最重要原因。

望着路环和凼仔的海水，阿德尔森果然打开了思路，发现了这其中的机遇。"我仿佛看到了清晰的未来，就像镜子面前的我那么一目了然。"

谋定而后动，在一切准备工作就绪后，阿德尔森便开始了放手大干。为了快速抢滩和事先做些摸底，一开始的时候，他并不是直接在这片空地上投资建立起豪华的梦幻之城，而是首先与澳门政府达成了一项协议，先建立他的"临时赌场"——耗资 2.65 亿美元的金沙娱乐场。

前期准备妥当之后，2004 年的 5 月 18 日下午 2 点，阿德尔森在澳门的第一个赌场——金沙娱乐场在澳门码头附近的闹区顺利开业了。它的成立标志着第一家由美国人开设的赌场正式登陆澳门来抢夺本土的生意，也标志着赌王何鸿燊独霸澳门赌业数十年的风光岁月就这样一去不复返了。

这座娱乐城充满了拉斯维加斯式的宫殿迷幻般的色彩。走进其中，就如同人间仙境一般，无论是服务还是各种娱乐设施都堪称国际一流。这让所有人在大开眼界的同时，更让他的同行们感到了危机的所在。媒体报道称，在金沙娱乐场开业的前几个小时，便有数千人等候在大门之外。刚开始营业，这些人便似饿狼扑食般一拥而上，直奔二楼。蜂拥的人群最终让自动扶梯都承受不住，电梯开始倒退，一时间又把人群送到了底楼。还有报道说在开幕当天，共有超过 3.5 万人光顾了金沙赌场。当时整个大厅和二楼都是顾客，门口大厅内的服务人员和赌台上的工作人员从来没有面对这么多的人，当时都傻了眼，愣在那儿不知做什么，他们怎么也没想到会有这么多的人来参观，管理人员之前也没有告诉过他们在这种情况下的处置方法。

据统计，2004 年到过澳门的 1600 万人中有 40% 的人去了金沙赌场。而在这一年里，金沙娱乐场的赌博业一共产生了 3.2 亿美元的税前现金流。这比同期的阿德尔森在美国的 4000 个酒店客房和饭店、展厅、商店、游戏桌，以及威尼斯人大酒店吃角子老虎机获得的收入总和还要多。更让人难以置信的是，在短短 7 个月内，这座耗资 2.65 亿美元和花费 20 个月时间建成的豪华赌场竟然全部收回了其所有投资！

随着澳门金沙赌场的开门大红，阿德尔森更是对打造"东方威尼斯"的梦幻赌博之旅充满信心。他认为金沙的成功只是牛刀小试，更精彩的大手笔还在后面。他知道真正在澳门赚钱的重量级机器，是那片政府拨给他的填海之地，那个正在等着他去开拓的处女之地。

2007 年 8 月 28 日，位于路环和凼仔之间的那片填海区域，阿德尔森投资23 亿美元的澳门威尼斯大酒店正式建成。它复制阿德尔森在拉斯维加斯的得意之作——威尼斯人大酒店，它比拉斯维加斯目前的赌博大厅面积大上 5 倍。在这里建成的赌场成为世界上最大的赌场。它是集酒店、购物中心和娱乐场为一体的综合性商务场所，其中包括 3000 间酒店客房、1.5 万平方米左右的游泳池、7.9 万平方米商店、1.5 万个座位的展厅和 11 万平方米的会议中心。

现在，这片被世人所关注的财源之地已被安上了一个响亮的名字——金光大道。相信不久后的将来，澳门一定会因为阿德尔森的杰作而成为一座东方的拉斯维加斯城。

与何鸿燊争"地盘"

为了鼓励开发填海区，澳门特区政府批准阿德尔森先在澳门半岛上距离葡京酒店不远处建设金沙娱乐场。这座让澳门赌业人士忧心忡忡的宏伟工程在 20 个月后便揭开了它神秘的面纱，盛大的开场仪式吸引了许多人。

开业时的轰动和后继业绩的迅猛发展，给澳门赌业的老大何鸿燊来了当头一棒，这原本属于他的地盘突然间又多了一位巨鳄般的掠夺者，何鸿燊旗下的葡京酒店因此也受到巨大冲击。

葡京酒店之前作为澳门众多赌场的"龙头老大"，可以说是一台永不知疲倦的大众娱乐机器。这台机器可以在分秒之间就快速创造常人无法想象的财富。有人统计过，在阿德尔森的金沙还未登场之前，每天进入葡京赌场的顾客络绎不绝，平均可以达到 3 万多人次。因此，葡京酒店每 3 个月的收益几乎就有 1 亿多澳元。这些数字表明，当时的葡京酒店无论是在顾客人数上还是在每天的收入上，与其他世界各国的赌场相比，都高居榜首。

但是现在这一切已成为历史，在葡京酒店财富滚滚之际，半路上突然杀出个阿德尔森，让原本高枕无忧的何鸿燊头疼不已。

金沙娱乐场建成完工后，做事一向周全的阿德尔森考虑到来澳门赌博的多半是中国人，而中国人在博彩上信奉运势和迷信，所以他特地咨询了风水大师的意见，在原来金沙娱乐场的建筑中又加建了一个圆形塔状的酒店，上面还装饰了龙和长城等图案。另外，他还考虑到中国人的饮食习惯，比如，在赌桌上很多中国赌客并不像美国人那样会喝酒助兴，所以细心的他为这些顾客提供了瓶装水或者是加了牛奶的热茶。

金沙赌场在空间的设计上也是匠心独具，高高的天花板、宇宙飞船式的空间体验，里面还设有各国风味的餐馆、酒吧等，供顾客享用。另外，金沙赌场首推的中国舞蹈演员和保加利亚女子弦乐四重奏等表演，在澳门也是轰动一时。

阿德尔森的这些精心设计和周全的服务，给光顾的赌客带来了前所未有的味觉和视觉享受。很多原本去何鸿燊葡京的赌徒们又慕名来到金沙消费，阿德尔森与何鸿燊的"刀光剑影"就这样开始一幕幕上演了。

除了在赌场气氛的营造上阿德尔森考虑周全外，他还在了解赌徒心理上下了不少工夫。他细心观察对比发现，在金沙赌场未开业以前，这片隐藏着巨大财富的弹丸之地上的很多赌场的气氛与美国赌场的气氛相比，少了很多的娱乐和休闲的味道，甚至可以说是单调而乏味的。比如，何鸿燊旗下的葡京赌场，虽然当时在澳门是最有名的娱乐场所，但它还是忽略了普通赌徒的心理。在葡京赌场，业务一般分"中场"（也就是赌场大厅）和贵宾厅两块。热闹非凡的"中场"是整个赌城人气最旺盛的所在地，当然里面的赌客也就是普通性质的顾客，只有出手阔绰的"鲸鱼级"赌客才有资格被请进贵宾套房，在这里会享受到的殷勤招待和上乘的服务。这种"等级划分"十分张扬和明显。

那些赌注比较小的普通赌客像亡命徒似的一堆一堆地挤在乌烟瘴气的大厅里，整个赌场看上去不像是一个真正让人娱乐休闲的场所，反而给人的感觉是充满铜臭味和宿命论的人间地狱。虽然葡京收入的重心是来自贵宾厅的消费，但是来这里的人大部分还是普通的消费者，所以像葡京这样定义的消费群体有点狭窄。

为充分发掘"中场"的市场潜力，他做出了一个让整个澳门赌业为之惊叹的决定，那就是只要投注1万港币以上的赌客都可以免费使用金沙为他准备的私人飞机、高级轿车和雪茄房。

新规定一经推出，马上有不少赌徒蜂拥而至，金沙的业绩很快呈爆炸式增长。这个举措对于资本雄厚的阿德尔森来说，可谓蒙蒙细雨，但是对于80高龄的何鸿燊来说，简直是致命的，因为葡京虽然之前发展得不错，但目前还远没有达到这个资本实力，而且照这样的发展趋势，葡京很可能不出几年就得关门大吉了。

果然不出所料，在阿德尔森进行一系列重大改革之后，金沙经过了短短 2 年的时间，就把何鸿燊葡京酒店打得"落花流水"。葡京贵宾博彩收入明显下降了 70％。

要突围，就得想方设法，从 2006 年的 9 月 1 日起，在 28 天里，何鸿燊采用了免费送叉烧饭的方式吸引顾客。刚开始的 2 天便发送出去 1500 盒叉烧饭，旅客除了免费乘坐赌场巴士外，更可免费品尝濠江著名食府——葡京潮州酒楼、喜万年酒楼的鲜美且传统怀旧的叉烧饭 1 碗。此外，搭乘港澳喷射飞航的旅客，还可持当日船票票根，到这两个大酒楼获得相同的优惠。领免费叉烧饭的旅客都会得到 20 港元的娱乐消费券，旅客便可以拿着这个消费券到赌场试玩，并可以参加大抽奖。

金沙为了争夺赌客，也不甘示弱，在户外打出红底醒目的大字标语："搭金沙车，随时带走 100 万奖金。"

正所谓"得客源者得天下"，一个是美国赌王，一个是亚洲赌王，为了共同的利益取向，他们的"战争"核心都是想利用各种手段尽力拉拢到更多的客源。

看来，只要他们各自都在澳门赌业一天，他们之间的斗争就会随着澳门赌业的不断发展而愈演愈烈。

卷三　财富博弈

——解读不一样的犹太巨富

从成功人物的身上吸取经验与智慧。

第一篇　罗斯柴尔德家族：
50万亿美元的神秘家族

放长线钓大鱼：老罗斯柴尔德的发家之道

要想成为大人物，就预先做小人物。

——犹太格言

"秉承祖先的财富，绝非荣耀之事，唯有用自己双手开创的财富，才值得你举杯庆祝。"这是犹太人的一个传统的财富诚言。很多白手起家的富豪，都将其视为家训，世代流传。但任何人都清楚，要凭借自己的力量去打造一份傲人的财富，是何等的艰难。

在这方面，老罗斯柴尔德的故事就是一个明例：

老罗斯柴尔德全名为梅耶·阿姆谢尔·罗斯柴尔德，也是罗斯柴尔德家族根基的缔造者。因后将介绍他的五个儿子——叱咤世界经济舞台的罗斯柴尔德一辈，所以，此处将他描述为老罗斯柴尔德。

1744年，一个婴儿在德国法兰克福犹太隔离区的一个贫民家庭里诞生。他的到来，让这个受尽恶劣对待的家庭有了一些欢笑，多了一些温馨。在这个简陋的家中，梅耶·罗斯柴尔德度过了他的童年。

欧洲历史上对犹太人的歧视与不公，让这家人如同祖辈们一样，在生活中遇到很多困难。除了居住环境阴暗简陋外，他们在诸多权利面前，还是"编外人士"：犹太人无权上普通的学校，只能到隔离区上犹太宗教学校；犹太人不能出任公职，不能担任律政人员，不能从军，以免污染了这些高层人群的"纯净"；更令人难以接受的是，犹太人不能进入一些行业进行经商……这些幼时的记忆，在老罗斯柴尔德的心上一笔笔深深刻下，起落沉重，以至于他终其一生，都难以忘记。

父亲不过是个最底层的小商贩，没有身份和地位不说，还要时常忍受别人的嘲笑与白眼。母亲也只是个普通的犹太妇女，不得不承受命运带来的不公与压力。面对这些，老罗斯柴尔德赐予了自己生命中第一个愿望——总有一天，他要掌握最多的财富，要出人头地！

幸而，老罗斯柴尔德天资聪颖，记忆超群。在学校的好成绩，让父亲对他寄予了更多的希望。父亲常常想，或者这孩子能摆脱贫困，过上富裕的生活也说不定。

不过，生活的安宁很快被一场天花瘟疫打破，老罗斯柴尔德的父母先后去世。一个本就贫苦的家庭，一时坍塌下来。为了生存，老罗斯柴尔德同自己的兄弟不得不分离，被不同的亲戚带走，走向难以预知的未来。其中，老罗斯柴尔德跟随着条件略微优裕的舅舅来到了异乡。

在舅舅的安排下，11 岁的老罗斯柴尔德进入当时著名的奥本海默银行，谋得一份小差事，并一直干到 15 岁。在这家银行里，老罗斯柴尔德学习了很多金融实务，并接触到许多频繁往来的商人。他暗中观察这些人做生意的方法，并下决心有朝一日要为己所用。等到一成年，老罗斯柴尔德便对创业跃跃欲试，他很快就告诉舅舅，要离开这里，回法兰克福生活。

亲戚们大为不解，因为，当时德国恰逢七年战争，此时回去，并不合适。但老罗斯柴尔德坚持自己的想法，不久便重新踏上了法兰克福的土地。

刚开始，老罗斯柴尔德的生活比较拮据，依靠倒卖有钱人丢弃的旧衣服给穷人为生，终日在破烂堆中盘旋。可没多久，他发现了另一个挣钱的门路。一次，他偶然中看到，一群小乞丐在垃圾堆里捡拾旧的勋章和钱币去古董店换钱，头脑中便萌生了一个更好的赚钱计划！

由于德国的文化气息很浓厚，收藏为众人所推崇，尤其是上流名士，更是对其钟情不已。所以，老罗斯柴尔德想，如果他倒卖古董，肯定会比倒卖二手衣服挣钱。随即，他开始收集各式各样的废旧钱币、奖牌和勋章，经过手工防潮等处理，整理成套，再进行销售。渐渐地，他在人们眼中的身份便从"破烂王"转变成了"古董商罗斯柴尔德先生"。同他交往的人也逐渐从拾垃圾者变成了富商、贵族。老罗斯柴尔德的收藏品种类繁多，且时常会有一些珍品，逐渐，很多显要人物都成了他的常客。

命运总是有些机缘巧合。在这些常客中，有一位是当时法兰克福的军事占领者冯·埃斯多夫将军。这个人，可谓是老罗斯柴尔德的"贵人"，为他的另一次人生转折做了牵针引线的作用。

冯·埃斯多夫将军是当时占领区的第一权贵，也是熟稔宫廷显贵的重要人物。通过他的引荐，老罗斯柴尔德结识了当时的黑森国的威廉王子。提到威廉王子，不得不说他是个传奇性的人物。此人有两大超常特征，极端好色与嗜爱做生意。虽然，男人的骨子里面都是好色的，看到美女目不转睛是世人常态，但这位王子却将这一特征发挥得淋漓尽致。高贵的身份不仅没有让他有所收敛，相反，却愈发地对情色之事痴迷不堪，甚至可以说是达到了"色情狂"的地步。威廉王子的情妇不计其数，以至于后世对其进行统计时，居然发现，已快超过两位数字所能囊括。而另一方面，他又有着极其精明的头脑，喜欢做生意。尽管在继承王位时，威廉王子（即威廉四世）已经是当时欧洲大陆鲜有的富庶王公，但他仍希望自己能够掌握更多的财富。威廉王子十分崇拜犹太人的赚钱本领，并常常主动向犹太商人讨论经营之道，于是，又被人戏称为"生意人王子"。

起初，威廉王子喜欢投资古董，他对这个业余的爱好十分痴迷。当然，威廉王子绝非珍藏把玩，其真实目的是转手卖出，从中感受挣得巨额金钱的快感。刚好，冯·埃斯多夫将军是威廉王子的"藏友"之一，他向威廉王子建议，收集古钱币是个非常不错的方向。这样，便将主要人物老罗斯柴尔德引了出来。冯·埃斯多夫将军称赞这个犹太古董商人的古币质量上乘、样式繁多，非常值得投资。

极具说服力的言辞和一向交好的心理作用，威廉王子听信了他的话，接见了老罗斯柴尔德。此时，这个精明的商人正式走进威廉王子的视野。虽然，在见到王子的那一刻，老罗斯柴尔德还有些胆怯，但凡是看到他的人都会注意到，其实，他脸上神采奕奕。

对于老罗斯柴尔德来说，讨好权贵，已经在多年的跌趴滚打中变成了一种天性，他知道如何"投其所好"，没费多少时日，便"搞定"了威廉王子。当然，威廉王子也在转卖古币的过程中过足了瘾。要清楚，老罗斯柴尔德常常是以"半卖半送"的价格将藏品卖给他，而他却可以高价卖出！几乎是"纯赚"的生意游戏，让威廉王子玩得不亦乐乎！

就这样，随着时间的流逝，威廉王子逐渐同老罗斯柴尔德建立起了深厚的友谊。他十分欣赏老罗斯柴尔德，并不时会对其贴心询问。当然，老罗斯柴尔德早就在心里做好了一切的盘算，只是不敢贸然采取行动。他深刻地感受到，在当时，犹太商人还处于"名不正，言不顺"的地位。老罗斯柴尔德所要做的，就是为自己争取一个名分和地位，一旦获得将是他莫大的荣耀，也将为他的生意带来莫大裨益，但如果匆忙行事，恐怕只会惹来威廉王子的厌恶。

多年的生活磨砺，老罗斯柴尔德时常与"忍耐"为伍。而要想获得自己想要的，就必然要学会经受住沉闷的压抑。老罗斯柴尔德决心要用短期的舍予换取长期的利益，并忍耐到最恰当的时机，然后，一举成名！

1769 年，这个"最恰当的时机"到来了。此时，老罗斯柴尔德在威廉王子心中有了一定的分量或者说，威廉已经将老罗斯柴尔德当成自己"最忠实的仆人"和"慷慨的朋友"。于是，老罗斯柴尔德在一次给威廉王子的书信中便提出了自己的想法：希望能够成为威廉王子的"王室供应商"。这个不失时机的请求，让威廉王子震撼了一下，但经过深思熟虑，他同意了。

至此，老罗斯柴尔德经历过的贫穷和不堪，彻底被翻了过去。他的人生铺开了崭新的一页。当老罗斯柴尔德在自家店铺上挂上嵌有"M. A. 罗斯柴尔德，威廉王子殿下指定代理人"几个大字的铜牌时，他的一切都发生了翻天覆地的变化。

古董店的经营因沾上了皇室的名声而愈发地顺利，奋斗多年的老罗斯柴尔德终于收获了自己的第一桶金，当初他为讨好威廉王子的所有付出，最终都有了回报。一时间，人们再也不敢用鄙夷的目光看着他，相反，每每流落在他身上的，突然都转变成了夹杂着妒忌和羡慕的眼神。

这一年，老罗斯柴尔德 25 岁。作为一个家族的男继承人，他同样面临娶妻生子，繁衍后代的使命。而早在他成功的几年前，就看中了一位犹太杂货商的女儿，只是由于生活条件的艰苦，让他迟迟没有勇气提亲。一旦老罗斯柴尔德的手头宽裕了，他便立即买下了一座名为"绿盾"的三层小楼的永久产权，并迎娶了那位漂亮的姑娘——古特。他们非常相爱，在经历了一场"马拉松式"的恋爱后，终于明确了彼此的心迹，走上了婚姻的殿堂。婚后的第一年，古特就给老罗斯柴尔德生下一个可爱漂亮的女儿，这让老罗斯柴尔德欢喜了好一阵子，他愈加疼爱古特了。随后，两个人的世界，逐渐增添着可爱的孩童……

在这些孩子中，有 5 个小男孩，即阿姆谢尔、萨洛蒙、内森、卡尔、詹姆斯，也就是日后享有盛名的罗斯柴尔德一辈。当然，在小的时候，他们拥有的还只是充满好奇的大眼睛和聪明的小脑袋。可他们的父亲，却每每用严厉的目光审视着这些孩子，憧憬着能让他们每个都成为撑起家族事业的栋梁之才。

在这一阶段的欧洲，整体的环境较为和平。这为老罗斯柴尔德生意的发展提供了良好的社会土壤。他极力拓展事业范围，并逐渐扩大店铺的规模，总体上，也算发展成了一个小有财富的犹太商人。直至1789年法国大革命爆发之前，他们一家都过着殷实安稳的生活。

老罗斯柴尔德跨进国家财务的大门

虽说金钱不是慈悲的主人，但却能成为有用的仆人。

——犹太格言

时间继续向前推进。老罗斯柴尔德在年复一年，不断交替的岁月里，凭借精准的眼光，似乎展望到了什么。他有种预感，未来，将是金融业迅猛发展的时期，也将是银行家的天下。

当老罗斯柴尔德无意中看到当时第一个现代银行——英格兰银行的收入数据，顿时再无法挪开眼睛。上千万英镑的贷款，悉数计入明细账户。哪怕添个千分之几的贷款利息，他的算盘都可以敲到爆裂！巨额的数字似乎在对他说，做个收入丰厚的商人，远不如做银行家更具有实力。何况，他胸中那勃勃的野心还试图觊觎全世界的财富！

一旦萌生了这样的想法，老罗斯柴尔德的手脚便立刻行动起来。不等别人察觉，他就已经开始为将来"罗斯柴尔德"银行做起前期规划！这时，他想到能依靠的人，就是威廉王子。

实际上，王室不乏精通运作财富的人，而在他们的建议下，威廉王子很早就开始对外放贷。他庞大的财富有一半多是作为高利贷放出去的，所以有人戏称"在他的统治下，黑森不像一个国家，而更像一个投资银行"。老罗斯柴尔德当然看到了这其中的机遇，倘若将自己安插入王室的财务中，那将会向自己的梦想跨进一大步。但现实是，犹太出身又成了一道无形的障碍，让他根本无缘插手威廉王子的财务管理。

为了突破这一困局，老罗斯柴尔德冥思苦想，终于想到了一个可以助自己一臂之力的人——卡尔·布达拉斯。这是个上任不久的财政官。他年轻有为，能力出众，是黑森王国头号财政人物。但因为出身平凡，碍于宫廷内错综复杂的政治关系，浓厚的论资排辈氛围，让他常常受到别人的妒忌和冷落。

老罗斯柴尔德看上他，是因为卡尔·布达拉斯拥有管理财务的权力，并且有赚取财富的野心。这一点便足以让老罗斯柴尔德紧紧抓住，发掘成两者合作的机会。

犹太商人总是有灵敏的嗅觉，能闻出谁的身上散发着金钱的气味。老罗斯柴尔德在仔细地观察卡尔·布达拉斯后，发现此人正具有"被开发"的潜质。这一认知，让老罗斯柴尔德在心中暗自惊喜！这个人将会给他带来更多插手国家财富的机会！

又是一个酝酿已久的"偶然"，老罗斯柴尔德同卡尔·布达拉斯结识。他们相言甚欢。在交谈中，这位高级官员表现出的谦和神情以及对老罗斯柴尔德的欣赏，让这位古董商感到非常舒适。他感觉到，想要同卡尔·布达拉斯站到一条船上，似乎不难。

在几次的"亲密"接触后，老罗斯柴尔德逐渐给以卡尔·布达拉斯一些"风声"，暗示这位财政官：只要能帮自己从威廉王子那里弄来投资，便可以得到丰厚的利润。

想想，这种双赢的交易，没有被拒绝的道理。卡尔·布达拉斯也是个聪明绝顶的人，两者会意了彼此的想法后，一拍即合。几天后，第一笔来自布达拉斯的签收款项，便到了"王宫代理人"——老罗斯柴尔德手中。

从此，这个精明的古董商人的一只脚便踏入了金融业。

仅仅在幕后操作，满足不了老罗斯柴尔德内心燃烧着的对金钱的欲望。他急切地需要一个机会，在威廉王子面前展现自己理财的能力。而上天对他确有优待，没多久发生的一场战争，赐予老罗斯柴尔德一个良好的契机。

恰逢丹麦同英国交战，且丹麦战败。整个丹麦王国的经济因这场战争的失势而濒临崩溃。丹麦国王四处筹款，以免国家溃散。而威廉王子同丹麦国王是血脉相连的亲戚，自然也收到了求援信。在信中，丹麦国王希望能向威廉王子借贷 400 万盾！

这笔款项，绝非小数目。不过，对身家相当于两亿美元的威廉王子来说，不过是"九牛一毛"。只可惜，这个王子一向"嗜钱如命"，他在心里盘算："借，可以，但就怕借出去，就难还回来。"虽然，"亲兄弟明算账"是常理，但若真到最后，丹麦国王借口拖欠，恐怕谁都不愿意撕破脸皮来对这个糊涂账。"百般犹豫，威廉王子迟迟没有做出决定。

这时，卡尔·布达拉斯提出了一个关键性的建议，他对威廉王子说，借钱是应当的，无论是在情理上，还是在利益上，但为能更好地兼顾两者，不妨采用商业贷款的形式。也就是说，找个商人来顶替国王放贷，一来能收回利息，丹麦国王也不好推托；二来，在情理上也能说得过去。

威廉王子一听，如同醍醐灌顶，顿时驱散了心中的忧虑。他询问卡尔·布达拉斯，既然有了这样的想法，是否已想好了人选？毋庸置疑，卡尔·布达拉斯立即说出了那个威廉王子十分熟悉的名字——罗斯柴尔德。

得知是这个人，威廉王子暗暗惊讶，他觉得老罗斯柴尔德的势力已经延伸到自己身边，不自觉地有所疑虑。毕竟在一个犹太人还十分受歧视的国家中，能够时常被显贵们提在嘴边的犹太人，定然是有一定势力的。尤其是这个老罗斯柴尔德，似乎已经在某些方面突破了犹太人应遵守的界限。但除他之外，似乎找不到更恰当的人选。现实的抉择，让威廉王子很快将疑虑抛掷脑后，只要有钱入手，精明如他，是不会放过这个大好机会的。

这样，老罗斯柴尔德被推到了台前，打着自己的名义，代替威廉王子贷款。他风度翩翩，他拥有独特的商人气质，他谈吐极具修养，总之，当老罗斯柴尔德出现在丹麦国王面前时，是个非常成功的商人。老罗斯柴尔德妥帖地和丹麦国王周旋商议，而在签订贷款合同的同时，也完成了一个普通商人到政府贷款理财人的转变。

这样的一小步进展，让老罗斯柴尔德得以在后来参加威廉王子的多次放贷。但这离他想要做的——国王正式的金融经纪人还差很远。

历史在一点点继续。老罗斯柴尔德清楚，要想达到自己的目的，最好是"以不变应万变"，等待有时比任何主动地恳求都有意义。他愿意在时间中忍耐，抑制内心的焦躁，等待机遇呼唤自己的声音。

果不期然，1789 年，法国大革命爆发。一切都开始悄然地改变。而老罗斯柴尔德从中嗅到了风险、动荡、不安和机遇。

野心勃勃的拿破仑，为了能创造自己的丰功伟绩，带领着欧洲，走入了20 多年的战乱期。他思想激进，力主改革，要推翻一切封建的东西。而对这些国王级人物，自然是出兵征讨，威廉王子，即威廉四世，也遭受了同样的待遇。

面对气势汹汹的法军，威廉王子决定出逃。人可以随时逃走，兵荒马乱中，趁隙混出绝无问题。但钱、账本、有价证券等，却来不及收拾。如果这些被拿破仑掠去，威廉王子恐怕就只能做个挂名的君主了。

结果，四大箱宫廷账本，顿时成了烫手的山芋，无处安放。此时，留下善后的布达拉斯想到了老罗斯柴尔德，经过深思熟虑后，他自驾马车，将这四箱账本运到犹太隔离区，那个古董商人的家。

老罗斯柴尔德不是不知道这其中的风险，当初预感的不安实现了。但，这也是一个机遇，也许通过这次经历，威廉王子能彻底相信他，并换来自己梦寐以求的职位。为了这点，老罗斯柴尔德狠下心来，决定无论发生任何事情，都绝不交出这四大箱账本。

事实证明，这一任务的确让老罗斯柴尔德吃尽苦头。为了能挽救这些账本，他利用"李代桃僵"的计谋，毫不犹豫地牺牲了全部财产。一夕之间，几十年的积蓄分文不剩，他，则再度成为捡拾破烂的乞丐。

贫困，屈辱，不停的审讯与肉体上的折磨，成为了老罗斯柴尔德每天睁开眼后，逐一要面对的事情。很难想象，一位年近60的老人，还要天天忍受无情的唾骂与棒揍！每当他一瘸一拐地从警察局走出来时，背影都显得愈发得孱弱……那段痛苦的日子，让老罗斯柴尔德的身体状况急剧下降，不过一年左右的时间，他便苍老许多。

终于，拿破仑派来查询账本的人松懈了下来。毋庸讳言，这其中，也是金钱在发挥力量。老罗斯柴尔德为了能换取一口喘息的机会，在负责查账的人员上狠砸了不少的金钱。趁着机会，布达拉斯立即将威廉王子（威廉四世）和老罗斯柴尔德联系起来，并向威廉详细陈述了老罗斯柴尔德所经历的种种艰辛。威廉王子（威廉四世）为之感动，立即决定抛弃一切成见，将账本交由老罗斯柴尔德负责管理。他还给予老罗斯柴尔德双倍的佣金，以示感激和信任。

65岁的老罗斯柴尔德，终于如愿以偿，成为威廉的皇家理财商。虽然这一荣誉的获得，耗费了他40多年的努力，可在当时，已是犹太人所能获得的最高奖赏。此后，他为威廉王子（威廉四世）办事，更加谨慎认真。

借着自己公司做进出口生意的名号，老罗斯柴尔德使用障眼法，在欧洲的各个国家替威廉收账。而被赋予的无限名誉和权力，为其管理账目提供极大便利。同时，老罗斯柴尔德没有放过机会，趁这阵"东风"，为自己牟取了不少暴利。据不完全统计，老罗斯柴尔德在19世纪的100年中，聚敛近4亿英镑的财富！这些钱足以用来满足他的梦想，在西方构建一个庞大的金融帝国！

内森在英国初露锋芒

祈求奇迹犹可，但绝不能依靠奇迹。

——犹太名言

无声之中，老罗斯柴尔德已经忠心地为威廉王子工作了 10 多年，他兢兢业业地为主人疏通着每个财源脉络。但日渐繁忙的理财业务和进出口生意，已让年迈的老人感到力不从心了。

他立刻调动五个儿子，帮助他进行各地业务的管理。由于从小便经受父亲的训练，此五子每一个都具有精明的生意头脑，在多年后，无一不成为一方的金融巨鳄，堪称商业奇迹。

尤其是三儿子内森，才能更为突出。他在英国的成功经营，为罗斯柴尔德帝国的建立做出了不可磨灭的贡献。

老罗斯柴尔德的这个儿子，长着圆脸，红头发，翘嘴唇，并有些脱离父亲的脾性。内森从小便不愿意隐忍脾气，做事也比较急躁，稍不顺心，就雷霆暴怒。但老罗斯柴尔德非常器重他。因为，在他身上，老父亲看到了超凡的魄力和胆识，并且内森是个玩"高买低卖"游戏的顶尖高手，这对于一个生意人来说，无疑是最大的优势。老罗斯柴尔德愿意放手一搏，让这个儿子去英国（当时罗斯柴尔德经营的最主要地区）开拓经营领域。

果然，内森没有辜负父亲的期望，他凭着超常的金融天赋和神鬼莫测的手段，将父亲给予的 2 万英镑变成了 5000 万英镑，用了大约 15 年的时间，变成伦敦首屈一指的银行寡头！

最初，内森抵达的是英国以纺织著称的曼彻斯特。根据当地的地理资源，他主要售卖纺织品。此时，恰逢英法战争，各国军队都需要大量的衣物等生活用品。同英国相比，法国工业很不发达，两国交战，直接导致法国内部的资源匮乏。而拿破仑的封锁政策，无疑将这种情况演变得愈加剧烈。所以，英国货在法国成了"热门"。这就给内森提供了一个赚钱的"肥机"。他暗中同法国的弟弟詹姆斯取得联系，计划要进行走私——将英国货悄无声息地运到法国卖掉，大赚一笔。消息同时也传到了老罗斯柴尔德的耳中，老父亲十分同意儿子的这一建议，并表示大力支持。

精明的内森在得到父亲的首肯后，马上活动起来。一方面，他频繁地在当地官员中走动，出手豪阔，以博取他们的好感，顺利地从市场上低价购入商品。另一方面，他将廉价的商品以分批的形式，用走私船队运往法国，然后由老父亲负责以高出两倍甚至三倍的价钱卖出。

倒手买卖之中，这个英国官员眼中"懂规矩"的商人，早就利用英国人狠赚了一笔！他又怎么还会吝啬那些少许的"疏通费用"？内森深谙逢迎之道，进一步同英国人的关系打的火热。

只要战争的情形维持一天，便有源源不断的金币滚入内森的钱囊。但商人嗜钱的本性，让他对财富的欲望日益膨胀。手头的钱在面临大把的机遇面前已支配不开，内森马上给父亲写信，催促老罗斯柴尔德能筹借到更多的资金。老父亲接到信之后，一刻也没有停顿，将消息告诉给曾经的"老关系"布达拉斯，希望能通过他，向威廉王子（威廉四世）借钱。

但威廉在钱上，一向是"不通人情"，除非保证有百分百的赢利，否则，休想挪出他手中的一分钱。眼看着面前涨满的钱袋却不能动，这可急坏了老罗斯柴尔德和布达拉斯，而英国那边，内森的性子早已按捺不住，连夜赶回法兰克福。

在一个安静的夜晚，老罗斯柴尔德、布达拉斯和内森三人在经历了一场彻夜长谈后，决定采用"瞒天过海"的计策。他们密谋，将利用威廉对英国公债的兴趣，借口让内森在英国为威廉管理公债，然后成功诱使威廉松开手中的金钥匙。

第二天清晨，布达拉斯立即动身入宫，展开了游说之旅。正如预料，威廉王子一向看好英国公债，并对老罗斯柴尔德的理财能力非常有信心，毫不犹豫地就将钱汇到了内森在英国的账户上。

一笔15万英镑的巨资从天而降！内森喜出望外，遂将其扣留在手中，继续从事走私生意。财富平台的扩大，给予内森更广阔的施展空间，他的商业才能也被彻底地激发出来。不到三年的光景，内森就让这笔钱翻了两番！

威廉王子对内森的"管理"才能十分满意，随后又将几笔资金划拨给他，投买国债。此时，内森和父亲才大松了一口气。看来，长期的运作资金有了稳定的来源，而未来的无数金币已在他们头脑中哗哗作响了。

手握上万资产，头装无数商机，内森这个作风果敢，思维敏捷的犹太人，在英国大展拳脚。他依靠走私及投机获得的巨额利润垫底，逐渐走上了伦敦交易所的顶层，成为家喻户晓的人物，获得无上的声誉！

横空竖起的"罗斯柴尔德之柱"

即便是风，也要嗅一嗅它的味道，你就可以知道它的来历。

——犹太圣典《塔木德》

狮子的胃口不会因为一顿饱餐而满足，而内森就如这样一头狮子。他胆略过人，有着王者般的胸怀，除了热衷于把玩已有的金币，还伺机而动，试图一跃成为伦敦金融舞台的主角，占据最显赫的位置！

战争，再次为内森提供了便利。他在英法战争中，揣摩出了一些先机。当然，内森的城府颇深，根本没人能猜透他在想什么。面对战乱中世人盲目的眼神，内森心中早已得意万分，摩拳擦掌的他，已经准备好要玩一场投机游戏了！

之前，内森接收到威廉王子一直为投资英国公债。而英法战争中，每场战争的输赢，都密切关系着公债的收益。从内森的角度看，倘若英国获胜，那英国公债必然会直冲云霄。但若是相反，也必将跌入谷底。这是两个可怕却又具有致命诱惑力的极端。其中牵扯的政治和金钱的关系，也非常的微妙。

当众人还在变化莫测的战局中倾其所有进行盲目地豪赌时，内森却没有丝毫的担忧。他眼中只有冷酷的镇定和必胜的决心。因为，为能在这场大投机中占据最有利的地位，内森早已用无数金钱铺散开了严密的战略情报网，一旦战场上有什么风吹草动，消息就会以极其迅速的速度传到内森手中，甚至要远远快过任何官方信息网络的速度。也正是由于这一点，他被称作是"无所不知的罗斯柴尔德"。

在伦敦的证券交易所里，消息的灵通和准确，为内森带来了绝对的优势和众人的瞩目。毕竟，在瞬息万变的金融市场中，信息往往会成为胜败的决定因素。渐渐地，很多投资者都对其产生依赖，妄图跟从内森的决策，海捞一笔。由于每天内森都会在交易所里的同一根柱子下观察交易情况，于是人们便将他所依靠的那根柱子称为"罗斯柴尔德之柱"，并时刻对内森的行动进行观察。

前线上，两军对垒，短兵相接。战场后方，内森则精心谋划着掀起金融界的血雨腥风。战争伊始，拿破仑所向披靡，连胜多场。结果直接导致英国的公债几度低迷，甚至一跌到底，让英国国家银行有了破产的预期。

战况让那些怀中揣有英国公债的投资者心急如焚，他们日夜盯着内森，盯着那根"罗斯柴尔德之柱"，期盼着能第一时间猜透内森的行动。

硝烟逐渐在散去，此役的结果在历史之锤敲定的那一瞬间，立即被罗斯柴尔德家族的情报网连夜送往英国，交到内森的手中。内森在接近夜里 11 点中接收到了这封密信，并连夜写信给远在巴黎的弟弟詹姆斯，坚定地告知他——是时候动手了。

1815 年 6 月 19 日，这是一个在金融史上划下深刻痕迹的日子。

这天上午，内森如往常一样，走入伦敦证券交易所。满脸愁容的他，佯装还不知道战争的结果，安静地走到那根熟悉的柱子前，没有说一句话。投资者们原本期望能在他身上获得些内心的确定，但眼中燃烧起的热切期盼，在内森恍如常态的举动下，立刻戛然而止。"他没有说任何话，那就说明，一切都还没有定论。"众人都这样想着，交易所内渐渐又恢复了以往的喧闹。

突然，内森向自己的代理人示意了什么。只见这些人立即行动起来，齐刷刷地向外抛出英国公债！人群中顿时炸开了！所有的投资者都意识到，内森知道战争结果了，他刚才的镇定是一种伪装，全是为了获得这场赌博中的先机！而他往外抛售的行动正说明……英国输了！

这个可怕的消息和内森代理人们疯狂抛售的行为让交易所中顿时一片哑然，很多人不知所措，更有很多人顾不得思考，跟着内森一起抛售英国公债！恐慌在瞬间传遍了整个交易所，连最有经验的经纪人也都沉不住气了！

绝大多数的英国公债都被无情地抛卖，人们如同要送走瘟疫一般地将单子毫不犹豫地抛出。不到几个小时，英国公债就已经面临崩溃，票面价值仅剩下 5%。

但，谁会想到，这其实是内森导演的一场惊天骗局！实际上，英法战争最后的结果是：英国战胜，拿破仑于滑铁卢惨败！内森却故意在表面上做出英国大败的假象，并让法国的弟弟大笔购入法国公债，同他相互辉映，共同设计全部的投资者！再精明的经纪人，都会被兄弟俩天衣无缝的合作所欺骗！于是，当英国公债跌成一堆废纸时，内森便自豪地笑了，他让一群秘密的代理人悄悄地吸入英国公债，不计代价地吸入！

第二天，当伦敦日报刊登出英军在滑铁卢大捷的消息时，内森的证券之战已经完美地结束。随着英国公债的回升，内森无疑狂赚了一笔，据粗略的统计，在这场"滑铁卢大投机"中，罗氏家族一共赚了 2.3 亿英镑！一夜之间，罗斯柴尔德家族摇身变成了英国政府最大的债权人！也就是说，英国的经济命脉——货币，被牢牢地掌握在罗斯柴尔德家族手中！

不过是一个简单的买入和卖出，就为内森挣得了一个大英帝国的财政掌控权！这时，他再也抑制不住内心的得意之情，说："我根本不再乎什么样的人被放在这个王位上来统治这个强大的日不落帝国。谁控制着大英帝国的货币供应谁就控制了大英帝国，而我控制了大英帝国的货币供应！"

一场战争，成就了一个金钱家族的丰功伟业，他们从此傲世欧洲甚至整个世界！不得不说，从此刻开始，"罗斯柴尔德之柱"已经不在指伦敦交易所的那根普通的柱子，而是指的支撑英国金融的资金巨柱！它一夕之间，横空竖起，从而成为了世界金融历史上永远不可企及的奇迹！

构建欧洲第六强国——罗斯柴尔德金融帝国

生命稍纵即逝，只有事业永存。

——罗斯柴尔德家族的座右铭

"当你窥视到黄金的一角，你便想得到它的全部"——正如这句犹太名言所说的一样，内森的成功，展现了罗斯柴尔德家族的果决和精明，也让老罗斯柴尔德看到无限的未来，构筑金融帝国的欲望在蠢蠢欲动。其他的几个儿子在内森的带动下，也开始在英国、德国、法国、意大利和奥地利等的金融经脉屯集之地扎根，将罗斯柴尔德家族的事业铺散而开。他们如同一只尖利的鹰爪，插入欧洲的五块核心地区，试图紧紧地掌控整个欧洲。

于此，罗氏的第二代传人正式登上世界金融舞台，一场财富大戏，逐渐拉开帷幕。

"罗氏五虎"（即老罗斯柴尔德的五个儿子），几乎全部继承了父亲的多项优秀品质，很快便各霸一方。当时的内森，因"滑铁卢大投机"而牢牢控制英国经济，掌握了伦敦金融城的主动权，不再赘述。此处不妨看看其他几个兄弟的发展。

五弟詹姆斯，虽然最小，才能却毫不逊色。他在英法战争中，同三哥内森打了一个漂亮的"乌龙仗"，一时名声噪起。随着拿破仑的失败，路易十八政府重新上台。詹姆斯以为自己曾经在其危难时接济的旧主，会对他有所回报。要清楚，在詹姆斯刚入巴黎时，拿破仑是法国的大帝，而路易十八则是一度落魄的穷酸人。若没有詹姆斯给他提供的生活津贴，恐怕他早就一命呜呼了。

　　可惜就可惜在，法国贵族总是自视甚高，浮躁傲慢。这点在他们得势之后，显现了出来。1817 年，法国政局基本稳定，此时，路易十八为恢复经济，开始筹借资金。得到同政府做生意的机会，一直是詹姆斯"预料之中"的事情，可结果却是，罗斯柴尔德银行被屏蔽在外。

　　地位高贵的法国人，看不上罗斯柴尔德家族的贫贱血统，更不愿意同他们做大宗的买卖。詹姆斯一时羞愤不已，决定再次利用国家公债来场"别开生面"的游戏。很快，他便纠集几个兄弟，偷偷大量买入法国公债，让其升值，然后再在同一天，全部抛售！如同对付英国公债一样，詹姆斯静静地看着法国公债下滑，贵族们的傲气逐渐消散，政府四处求援。这时，国王和他的政客们终于看到了詹姆斯……

　　罗斯柴尔德银行在险处伸手，挽救了法国的经济危机！罗斯柴尔德银行制止住了债券的崩溃！

　　一旦获得经济稳定的消息，路易十八对詹姆斯再度的援手更是感激涕零。他顿时醒悟，清楚了谁才真正拥有主宰这个国家的力量。从此，詹姆斯成为了路易十八的座上宾，并日渐控制法国金融……

　　二哥所罗门身处奥地利，他的经历要比五弟略微顺利些。在拿破仑战争之后，奥地利元气大伤，正欲寻求能支撑大局的"金主"，看到罗斯柴尔德家族的富有，奥地利的君主自然有所心动。但作为罗马帝国的继承者，奥地利政府内部难免有"贵族气"。刚开始，所罗门试图接触皇族时，也曾碰了一鼻子灰。

　　直接求见不行，仍可利用"曲线原理"。所罗门立刻就想到了当时的奥皇的宠儿：梅特涅。梅特涅时任奥地利外长，声誉极高。

　　俗话说，"没有用钱敲不开的门"，罗斯柴尔德一家对此更是深信不疑。所罗门用钱"疏通"梅特涅身边的一位关键性人物——同是犹太人的金斯，并顺利地结识了梅特涅。梅特涅对这个金融望族早有耳闻，自然不敢怠慢。一番长谈后，他们发现，彼此有着非常"合适"的合作基础——梅特涅希望能借助罗斯柴尔德的雄厚财力得到更好的发展，所罗门则希望依靠梅特涅这根线将自己引到奥皇面前。最后，两者相视一笑，又一笔成功的交易在彼此的会意中敲定了！

梅特涅没有让所罗门失望，他很快就让所罗门跨过重重障碍，直接见到奥地利皇帝。畅言之中，所罗门和善亲切的态度和得体的措辞，给奥地利皇帝留下了深刻的印象。（原本，所罗门便具有极其高超的交际能力，时常能让对方在巧妙的恭维之中，感觉到"神清气爽"）考虑到所罗门身后的巨资，这位君主也是位活络的人，不会做"同钱过不去"的选择，很快就同意让罗斯柴尔德家族为皇室提供金融服务。1822 年，奥地利王室赐予所罗门男爵封号。

而其他两个兄弟，即留守在法兰克福大哥阿姆谢尔和意大利的卡尔，也拿捏住拿破仑战争的机会，在战后，凭借雄厚的金钱背景顺利成为德意志的首届财政部长和意大利的财政支柱。

到 19 世纪中期，罗斯柴尔德家族已控制了英、法、德、奥、意五大国的货币发行大权，一个骇人的金融帝国拔地而起！此刻的罗斯柴尔德家族走向鼎盛，其力量已经不逊于各国王室。所以，有人称："19 世纪，欧洲有六大强国，大英帝国、普鲁士（后来的德意志）、法兰西、奥匈帝国、俄国，还有罗斯柴尔德家族。而这个家族还有另一个显赫的外号，就是：第六帝国！"

罗斯柴尔德家族同希特勒的生死斗法

我有两大荣誉：第一，我是罗斯柴尔德家族的一员；第二，我是一个犹太人。

——罗斯柴尔德家族的家训

第六帝国的光环，一直闪耀在罗斯柴尔德家族的上空。在 19 世纪的后半阶段，罗斯柴尔德家族都过着如贵族般享受的生活。他们常做的事情就是：在欧洲发生各种战事时，出任向政府放贷的角色，然后再坐收渔利，做着几乎没有风险、永不赔本的生意。同时，对各大国经济的控制，让他们的金钱流可以在欧洲畅行无阻——他们开银行，修铁路，发展钢铁、煤炭、石油等工业，其影响渗透到欧美及殖民地经济生活的各个角落！

家族事业的发展一向顺风顺水，直到一场血色的风暴袭来……

1933 年，希特勒登上政坛，纳粹势力在德国占据核心地位。这个奥地利流浪汉的极端思想，让犹太人顿时成为了纳粹分子疯狂驱逐和屠杀的对象，他给欧洲各国的犹太人带来了巨大的灾难。罗斯柴尔德家族也未能幸免，大量的家族成员被杀害，几乎全部的财产被没收。最终，家族在德国的一支不得不出逃异乡以求自保。

随后，希特勒又打算侵犯奥地利，罗斯柴尔德家族另一支系的生存也受到同样的威胁。路易是此时家族在维也纳的主持人。在气势汹汹的希特勒大军入侵之前，他就已经收到来自法国的密信，要求他立即离开奥地利。但路易倔强而刚毅的脾性，让他拒绝在希特勒的淫威之下退却，最终，他坚持要留下来，守护家族在维也纳的财富。这无疑是个极具风险的决定，但路易的话一旦说出口，便势必不会更改。

1938 年 3 月 11 日，德军冲过奥地利边界，用了不到一天的时间，将这个帝国纳入囊中。第二天，便有两个纳粹的高级军官找上门来，要求同路易见面。但可惜路易拒绝接见这么"狼狈"而"不体面"的人物，他们只得吃了闭门羹。一天后，路易家中来了六名全副武装的党卫兵，要准备带走路易。见到这群不速之客，路易丝毫没有惊慌，相反，他从容地在六人的注视下，要求吃完一顿丰盛的午餐。

豪华的居所、精美的午餐以及路易贵族般的气势，震慑住了六个党卫兵，即便他们手持最可怕的武器，却还是在这个勇气非凡的金融家面前胆怯了。当路易准备起身要走时，六人立即恭敬地给路易让出路来……

"罗斯柴尔德家族的路易公爵已落入党卫兵手中"这一消息传到希特勒的耳朵里，他着实兴奋了一阵。希特勒盘算着，只要有这张王牌，就可以做上一笔"净赚"的大买卖！单看罗斯柴尔德家族在奥地利的财富，就已经让他垂涎三尺了！

随后，希特勒放出风声，要想救回男爵，就必须上交罗斯柴尔德家族在奥地利一半的财产，并将维特科维兹公司的全部股权出让。（该公司是当时中欧地区最大的煤矿和制铁联合企业）

还在狱中的路易，一听到这样的条件就笑了，他说，希特勒的脑袋还真够异想天开的！这样的条件，等于是要罗斯柴尔德家族在奥地利的分支彻底破产！即便是路易要保住自己的性命，也绝不会轻易拿家族几代人的辛苦成就开玩笑。

其实，路易早就有所盘算。德军占据奥地利前夕，他就已将维特科维兹公司的产权秘密地转移到英国的罗斯柴尔德家族手中，而自己在奥地利的财富必然是要被没收了，所以，他现在能做的就是慢慢同纳粹周旋，然后给自己开个好价钱。

正当路易静心思考的时候，那些纳粹的高级将领已在举杯庆祝了！他们想，罗斯柴尔德家族的人不可能袖手旁观，且如果他们不采取行动，那就让路易吃点苦头。

但，过了很久，罗斯柴尔德家族的人都没有动静，而路易公爵则在狱中过着怡然自得的日子。纳粹高层眼看着大好的机会久久不能动手，终于憋不住了。一天，他们派人同路易公爵"商量"。却没想到，路易公爵说，要是希特勒向罗斯柴尔德家族支付300万英镑，这生意或许能谈成。

希特勒听到路易的这番话后，非常愤怒。但碍于罗斯柴尔德家族在英法的强大财力，不得不对其手下留情。他传令让官员们可以想些其他办法，让路易屈服。偏偏，路易软硬不吃，结果在双方周旋了近一年后，达成协议，按照路易提出的条件进行交换。不久，路易出狱，并很快乘飞机安全抵达巴黎。

一场生死斗法，就这样结束了。尽管这项协议后来因二战的爆发而未能履行，但，路易以及其他罗斯柴尔德家族的成员展现出来的非凡的智慧和勇气，让这段事迹传为美谈。因为，在当时，一个能将希特勒逼得无可奈何的家族，无异于是一个散发着奇迹般色彩的灯塔，值得接受万千世人的景仰。

罗斯柴尔德家族的现状，做"无形"的世界首富

理念是世界上最强大、最重要的现实力量。

——安·兰德

经历了生死涅槃，凤凰是否会浴火重生？

罗斯柴尔德家族这一鼎盛的家族，在遭受了希特勒制造的血腥劫难后，成员中近8成以上被杀害，财产流逝难以计数。紧跟而来的第二次世界大战，又让其没有喘息之余，再度面临金融重创。从此他们便在金融市场上销声匿

迹，宛若凭空消失一般。

有人说，罗氏家族惯发战争财，他们的财产不可能减少，而应仍一直稳坐世纪首富的位置，也有人说，他们早已经实力微薄，不能再被称作世界上的富人……

隔世的回眸，让人崇拜那屹立冲天的帝国大厦，今生的虚名，是否只是为了掩饰破败潦倒的无奈？……

由于罗斯柴尔德一族的"低调"让他们始终处于世人的视野之外，所以，报纸上很少有关于罗氏的报道，更很少有人能获得他们确切的消息。但，这并不表明他们已彻底退出金融舞台。

事实上，二战结束后，罗斯柴尔德家族再次悄声投身商海，尽管当时只剩下英国和法国两个罗斯柴尔德银行。

这时，家族已传到第六代，英国的掌门人是利奥波德。此人有不输先辈的魄力，一上台，便对传统的罗斯柴尔德银行进行改革。首先，他将家族银行改制为有限责任公司。此举一出，便在英国老牌银行里掀起轩然大波，很多老派作风的英国商业银行家都大呼"罗斯柴尔德疯了"！但利奥波德却对此不以为意，继续自己的下一步计划。

冒着冲淡企业的家族性质的风险，利奥波德还广招贤士，甚至在家族董事会中引入异姓人物。此举果敢坚决，让很多银行家都震惊不已。而利奥波德却说，要想让整个家族的企业在新时代顺利发展，就必须让企业具备现代银行各项适应环境的素质。

也正是由于青睐变革的思想，让利奥波德大胆启用了思想更为激进的雅各布——罗斯柴尔德家族的另一位风云人物。

提到雅各布，不得不说，他也是促生罗斯柴尔德银行脱胎换骨的重要人物。因为，是他将家族银行的改革推向高潮！

雅各布是英国的第四代罗斯柴尔德勋爵，他从小就立志做个金融家。恰恰，殷实的家底，足以让他受到最好的教育。而财富世家的影响，更是让他对金钱万分着迷。于是，当他从牛津大学毕业时，已是个非常有主见的金融才俊了。

由于雅各布受过最高等的金融教育，因此，对金融业的发展模式与发展潮流非常熟悉。在进入家族银行伊始，他就力主现代管理和经营思想。他认为，现代的商业银行必须积极进行"角色转换"，要从"坐等客户上门"的守候者，转变成"主动创造客户"的开拓者；认为，现代金融领域中，只有一项业务是最有挑战性和发展前途，那就是：企业并购。

雅各布的开明思想，为古老的罗斯柴尔德银行注入了新的活力。他将全部的想法都变成创新性的行动，带领着银行，走入了罗斯柴尔德银行发展的新纪元！上任后不久，雅各布便帮助同是罗斯柴尔德家族的皇家太阳保险公司并购了30多家同业，让该保险公司的市值达到10亿英镑！随后，他又帮助大都会集团并购了华特尼公司，牵涉资金达到42亿英镑，刷新了英国金融历史上的并购记录！

这位儒雅绅士的犹太裔勋爵，很快就让人见识到了罗斯柴尔德家族世代相传的"玩转"金融的"绝技"，让众多银行从业者都只能望其项背，无法企及！

但雅各布并未因此沾沾自喜，他仍旧保持精神百倍的状态和无穷的创意。在1972年，他开创罗斯柴尔德创投基金。结果，不到两年，该基金的市值就从500万英镑一跃至8000万英镑，成为世界上"最聚财"的投资基金之一！直至今日，该基金仍活跃在国际创投领域，屡屡成为人们投注的热门！

与此同时，法国的银行也在二战后，进行着开创性的大转型。只是，初期的改革效果并不明显，甚至在20世纪70年代时，家族银行的经营还遭到了亏损危机。当时法国银行的掌门人居伊痛定思痛，断然将转型的方向调整，砍掉不必要的投资，这才挽救了局势。

此后，居伊同家族成员共同投资成立了一个名为PLM的公司，专门经营连锁旅店。该旅店以贵族标准进行经营，堪称酒店中的"勋爵"。因此，常成为欧洲、美国及日本富豪在法国的首选居所。时至今日，该旅店已经发展成为一个旅游集团公司，在法国、英国、意大利等具有连锁店面，可谓日渐兴隆。

而真正让法国罗氏银行再现辉煌的，则是现在的罗斯柴尔德银行家族合伙人——戴维德。他是罗斯柴尔德的第八代传人。这个总是温文尔雅的绅士，绝对比自己的祖先更有传奇色彩。

此人对人总是笑容满面，但实际上却是个神鬼难测的人物。没人能摸透他笑容背后隐藏的神秘动机，而所有的竞争对手都会因他那张"柔情绅士"的脸感到头痛。因为，戴维德在继承祖先"足智多谋"的头脑之后，又自发开创了一项独门"密技"——即擅长挖掘人才。

这个对心理学有着强烈兴趣的商人，常常能用不同的方式，将每个竞争对手旗下的能人都敛为己用。以至于在法国的罗斯柴尔德银行中，每一个员工都是具有真才实干的勇士。即使像高盛这样的巨资企业，都未必能同只有几百人的罗斯柴尔德银行一较高下。

在众人一次次的惊讶声中，戴维德每次都满载而归，无论是荣誉还是金钱，在他看来都是轻而易举……

现今，两家罗斯柴尔德银行仍在世界银行界有极大影响，但由于他们都拒绝透露财政报告，所以，没有人知道罗斯柴尔德家族到底有多少财富。不过，人们都相信一点：罗斯柴尔德家族的财富是经几代人积累而成，恐怕不能单纯用市面上的报道来估计。

据有关人士的保守计算，认为罗氏家族资产至少有"50万亿美元"！若真是如此，那罗斯柴尔德家族，将是远远超过比尔·盖茨的"隐形"首富！

而当人们翻动历史，也发现相关的记载，"19世纪中期，罗斯柴尔德家族已经积累了相当于60亿美元的财富"，如果以6％的回报率计算，今天，他们的财富，至少达到50万亿！可见，世界首富的传说并非空穴来风！

财富数字的与世隔绝，让众人不能挖掘出罗斯柴尔德家族背后的真正实力，但无人不为之传奇的金融世家历史所敬畏，直至今日，金融界仍有很多人认为，他们是世界上最神奇最强大的家族！

挥之不去的神秘色彩，让人们想起了1812年老罗斯柴尔德去世时，为这个家族定下的"奇特"遗嘱：

（1）所有的家族银行中的要职必须由家族内部人员担任，绝不用外人。只有男性家族人员能够参与家族商业活动。

（2）家族通婚只能在表亲之间进行，防止财富稀释和外流。（这一规定在前期被严格执行，后来放宽到可以与其他犹太银行家族通婚）

（3）绝对不准对外公布财产情况。

（4）在财产继承上，绝对不准律师介入。

（5）每家的长子作为各家首领，只有家族一致同意，才能另选次子接班。

任何违反遗嘱的人，将失去一切财产继承权。

这位老人是否在去世时，就已想到，罗氏家族终有一日要富霸世界？他为了财富能世代相传，才要求每一份经营都必须隐藏于世人眼中？……

俗语言——小隐隐于野，中隐隐于市，大隐隐于朝。要说的，或许正是罗斯柴尔德家族这样的故事……

第二篇　摩根家族：华尔街的拿破仑

拼搏的家族——摩根财团的创始人

这个世界上，有充满恨的人和充满爱的人，皮博迪属于后者，正是在这种人的脸上，我们看到了上帝的笑容。

——雨果

相对于现在的摩根集团，1935 年以前的老一代摩根财团可能更让世界敬仰，因为，他们利用金钱堆积起的商业奇迹，让华尔街都为之倾倒。

面对摩根家族的丰功伟业，任何人都不禁想要一探究竟。到底，这个庞大的大家族是如何耸立起来的？

家族的故事，要从约翰·皮尔庞特·摩根的祖父和父亲说起。

最初，摩根的先辈是 17 世纪初移民美国的淘金者，他们定居在马萨诸塞州。等发展到约瑟夫·摩根这一代时，已经历了大约一百多年。原本，在马萨诸塞州摩根家有一片农场，但年轻气盛的约瑟夫·摩根不甘心做个平凡的农民。后来，他卖掉了土地，并迁居到哈特福，开始自己的小营生。起初，他盘下一家店面，经营咖啡。经过一段时间的经营，摩根拥有了一定的积蓄，他先是投资了一家旅馆，然后又购买了运河的股票，成为汽船业和铁路业的股东。

从某种程度上看，约瑟夫·摩根和自己先辈最大的区别就是具有冒险精神。当时，他所居住的哈特福是美国保险业的发祥地。只是人们对保险业的认知有限，相关公司及业务都还不完善。

约瑟夫·摩根对这种新鲜的行业十分感兴趣。1835 年，约瑟夫·摩根投资了一家名为"伊特纳火灾"的保险公司。虽名义上是投资，但股东所要做的只是在这家保险公司的股东名册上签上自己的姓名而已，并不需要任何现金投入。相反，出资者能够定期收取投保者交纳的手续费。也将就是说，只要不发生火灾，这桩生意稳赚不赔。

然而，天有不测风云。在约瑟夫·摩根投资后不久，纽约就突发了一场特大火灾。投资者必须要为灾损负责赔偿。这时，很多投资者都已经吓呆了，他们当初可没想过会发生赔钱的状况。退股的吵闹声在股东中传开，只剩下约瑟夫一个人仍坚持持股。于是，众人将手中的股份以低价卖给了约瑟夫。

依据常理，这个烂摊子将可能给约瑟夫带来沉重的债务，但约瑟夫的头脑却告诉他，这是个机会。因为，如果他能够偿还投保者的钱，取得投保者的信任，那么当他继续经营承担火灾保险的投资公司时，投保的人将会越来越多。

显然，这样做需要承担很大风险。但约瑟夫·摩根坚信，做任何生意都是有风险的，只要能看到其背后蕴藏的机会，就应当放手一搏，毕竟良机总是会转瞬即逝。若想赚到大钱，必然需要一个人超凡的勇气和魄力。

带着这种想法，约瑟夫·摩根赌上手头所有的钱，甚至售卖了旅馆，向朋友借贷，总之凑齐了 10 万美元赔款，然后派了代理人去纽约理赔。

渡过这场赔款危机后，"伊特纳火灾"保险公司在业界名声大噪，人们都因其具有良好的信誉而要继续向其投保。这时，约瑟夫·摩根要了个小聪明，他派代理人到纽约对投保人说："为了付赔偿金，我已经倾家荡产。不过，下一次签约，投保费要增加一倍。"

奇妙的是，保费的提高不仅没有让投保的人减少，反而带来了络绎不绝的顾客。而约瑟夫·摩根在重新收受投保费时，净赚了 15 万美元。也是在这时，一个小商贩摇身一变成为了哈特福的诸多富人之一。

在约瑟夫·摩根去世后，接受摩根家族事业的是朱尼尔斯·斯潘塞·摩根，也就是 J. P. 摩根的父亲。这也是位极具商业头脑的生意人。他在 16 岁时便只身闯荡波士顿的商行，23 岁开始经营一家资产为 5 万美元的干货店，由于管理有方，干货店经营得十分成功。

没多久，一个对摩根家族的兴起有着关键性作用的人物出现了——乔治·皮博迪，一个来自美国的干货商。1835 年，乔治·皮博迪因为一些事务来到英国伦敦筹借贷款，在这个过程中，他发现金融业在伦敦是个十分赚钱的行业，倘若自己也能投身其中，一定能赚到大钱。想到这里，一个经营金融商号的蓝图便开始在乔治·皮博迪的大脑中展开了。

1837 年，乔治·皮博迪迁居伦敦，并伙同一些朋友一起开办了一个商号，专门做承兑银行的生意。起初，这个商号的规模非常小，说到底也就只有一个柜台、一只保险箱和几张书桌。但乔治·皮博迪却非常有才干，他凭借自己出色的交际才能，顺利地进入了由卓越的银行家组成的商人圈子。通过同业内人士的不断交往，乔治·皮博迪吸收了很多关于银行的运营知识，并成功地在实际中进行应用。

到后来，他开的商号不仅能够为商人们提供普通的融资，还创立了金融批发业务。商号的经营越来越好，乔治·皮博迪也已经不再运营那些普通银行进行的"平庸业务"，他只同各国的政府、大公司和有钱人打交道，甚至这其中还包括罗斯柴尔德家族。

商号的日益兴隆自然会引起业务规模的扩大，乔治·皮博迪需要选择更多有才能的人来共同掌控这个企业。这时，他发现了来应聘的朱尼尔斯·斯潘塞·摩根。皮博迪认为这个年轻人非常具有经营的头脑，于是让他入伙自己的商号。在他们的共同努力下，乔治·皮博迪商号逐渐成为了美国银行界的重量级公司。

同商号经营成功相伴随的，乔治·皮博迪也日渐衰老了。在快 60 岁时，他患上了严重的风湿病，病痛的折磨，让他意识到自己的时日无多。但是由于他一生未婚，所以更没有子嗣可以继承这庞大的产业。

在经过反复的思考后，乔治·皮博迪决定将这个商号传给朱尼尔斯·斯潘塞·摩根，并相信这个年轻人一定能将商号经营得更加成功。于是，在乔治·皮博迪去世后，朱尼尔斯·斯潘塞·摩根便成为了英国银行界最年轻的富商之一，而原来的商号也就改名为朱尼尔斯·斯潘塞·摩根公司。

约翰·皮尔庞特·摩根的第一桶金

财富就像海水：你喝得越多，你就越感到渴。

——贺拉斯

从约瑟夫·摩根到朱尼尔斯·斯潘塞·摩根，家族的优良商业传统让两代人的经商都很成功。在这样的家庭背景下，1837 年 4 月，一个对世界经济史和金融史具有划时代意义的婴儿诞生了，他就是约翰·皮尔庞特·摩根。

这是个面庞宽阔，哭声响亮的孩子，他有着一头象征着摩根家族血统的浅棕色头发。他的出生，让父亲和爷爷都异常兴奋，老约瑟夫还将这件事情记录在自己的日记上，"4 月 17 日，朱尼尔斯的第一个孩子出生了，是个男孩，凌晨三点出生"。而作为摩根家的长孙，约翰·皮尔庞特·摩根（J. P. 摩根）受到了家里人最无微不至的关爱。

在很小的时候，父亲就开始注重对 J. P. 摩根在品德修养和金融知识的培养，为了能让他得到最好的教育，家里让 J. P. 摩根换了不止 9 次学校。而幼年时，父亲便让他在自己公司中做些零活，还经常叮嘱他要多阅读关于商业知识的书。

尽管双亲对 J. P. 摩根要求十分严格，他在同学们的眼里却是个随心所欲的人。他作弄同学，批评老师，是个胆子很大的男孩子。或者，隐藏在他身体里那叛逆而冒险的血性，更像是继承爷爷。

经过多年的游学，摩根终于长成了一名帅气青春的小伙子。大学毕业以后，在父亲的安排下，他来到邓肯——舍曼商行学习做生意。刚刚从学校里走出的 J. P. 摩根拥有着同其他年轻人一样的热情，他一直希望能够在这家商行里一展拳脚。但是父亲却写信告诉他，一切才刚刚开始，他必须从最基础的抄信员做起。

几年的磨砺，让 J. P. 摩根掌握了会计、管理等金融知识，并可以代理商行进行一些基本的业务，例如采购货物。

一次，J. P. 摩根乘船到古巴为邓肯商行进行采购，在轮船在法国靠岸的空隙时间，他在街头信步而游。这时，突然有一位陌生白人来到他面前，面露窘色，问他是否要买咖啡。

J. P. 摩根感到十分吃惊，但凭着商人特有的直觉，他认为可以听听这个人想说些什么。那人立刻自我介绍说，他是往来于巴西和美国之间的咖啡货船船长，受委托到巴西运回了一船咖啡。但当船到美国时，买主居然破产了，一船的货物只能自己推销。现在为了能让咖啡尽快出手，他甚至愿意以半价出售。也许是看出摩根穿戴考究，一副有钱人的派头，这位船长才斗胆找他攀谈。

J. P. 摩根一边听他描述，一边观察他的神态，认为这个船长所说的应该属实。于是决定接受这桩生意。当下，他就拿着一部分咖啡样品到新奥尔良所有与邓肯商行有联系的客户那里推销，但是由于来路不明，没有一个商家愿意接受。很多人还反过来劝告他，也许这个船长是个骗子，专门用样品来蒙骗买家。几经思考后，J.P.摩根觉得应当相信自己的判断力，他毅然决定要以邓肯商行的名义买下全船咖啡。当他电告给商行总部已买到一船廉价咖啡时，邓肯商行却指责他擅自主张，要求立即停止交易。无奈之下，摩根不得不向父亲开口求援，在得到父亲的默许后，他及时地偿还了挪用商行的款项，并还在那位船长的介绍下，购买了更多的廉价咖啡。

作为一个年轻的商人，J.P.摩根购买这些单纯是出于赢利，当然他也知道自己将要为这种简单的动机担当多大的风险。不过既然决定了，他就一定会义无反顾地承担一切。

很幸运的，J.P.摩根在同命运展开的这第一场赌局中赢了。船长卖给他的的确是好咖啡。而就在他买下这批货不久，巴西咖啡因受寒减产，市场上的价格顿时翻了好几番。J.P.摩根就趁机及时抛售，结果赚了一大笔！

面对儿子初试手脚后获得的成功，朱尼尔斯·斯潘塞·摩根感到十分欣慰。他其实一直都很相信儿子的经商能力，并认为一定会青出于蓝而胜于蓝。

但此次事件，让邓肯商行的主管们十分恼怒，这些人认为J.P.摩根年轻气盛可以理解，但是有点太自作主张了，未免狂妄自大。此后，J.P.摩根再进行工作时，他们必然会百般监督，严格限制。

由于无法忍受束手束脚的诸多限制，J.P.摩根向父亲要求离开这里。这时，父亲对情况也有了一些了解，认为，是时候让儿子到更大的地方去锻炼一下了。于是，父亲就在华尔街纽约证券交易所对面的一幢建筑里，挂起了一个新招牌——摩根商行，并让J.P.摩根去经营。

当时，华尔街的金融才刚刚起步，并不繁荣，只有一些投资者从事债券交易的简陋场所。J.P.摩根在一个黑市交易所上结识了一位名叫克查姆的朋友，两人兴趣相投，十分谈得来。而这个克查姆是一位华尔街投资经纪人的儿子。

1862年，美国南北战争爆发，恐慌和茫然在华尔街上传开。很多投资者都十分紧张，不知道将来会发生什么。J.P.摩根和克查姆也十分担忧，时刻关注着局势。

一天，克查姆来找J.P.摩根，并向他透露了一个重要的消息。由于受到战争的影响，黄金的价格飞涨。如果这时有人大量购买黄金，再汇到英国伦敦去，则金价就会涨得更快！

两人相视一笑，都明白了彼此的想法。于是便展开了精心的策划。首先，他们打算先秘密买下 400 万～500 万美元的黄金，并将一半汇往伦敦，另一半留下。然后将黄金数量大减的事情大肆宣扬，此时，人们就会争相购买黄金，他们也就可以将剩下的一半抛售，大赚一笔。说干就干，J. P. 摩根和克查姆在第二天就立即行动起来。

事情进展得非常顺利，情况也按照他们当初预想的发展着。黄金的价格在不久后就飞涨起来，不仅华尔街的金价攀升，连伦敦的金价也被带动起来。谋划的成功，让 J. P. 摩根和克查姆发了一大笔财！而在美国的投机买卖首战告捷，也宣布着 J. P. 摩根真正地掘到了人生的第一桶金！

欣喜之余，J. P. 摩根却深刻地意识到了一件事情，即——商场如战场，信息的搜集非常重要。甚至可以说，谁最先获得信息，谁就有可能胜利。

为此，摩根利用金钱和人际关系，想法设法地编织了一个信息网络。通过这个网络，摩根就能比其他任何人都抢先一步获得准确的前线最新军事情报。

很快，信息就源源不断地从四面八方传来，并日渐显示出其不可忽视的威力。在美国内战发生后的两个月，J. P. 摩根获得了这样一个消息，随着战事的展开，北方军队因为准备不足，枪支弹药严重缺乏。碰巧，J. P. 摩根的一位朋友弄到了一批旧步枪，正要出手。这似乎是上天给 J. P. 摩根的一个好机会，他立即将 5000 支步枪以低价搞到手，再转手卖给山区义勇军的司令弗莱蒙特少将，并从中获利数万美元。

随着战事的变幻，联邦政府的财政出现了严重赤字。为了稳定经济和支付战争经费，政府决定公开向民众发售债券，总额为 4 亿美元。但受到局势的影响，并没有人敢购买。代售的官员心急如焚。

一天，政府的代表找到了已经小有名气的 J. P. 摩根，希望他能够助上一臂之力。这位年轻的银行家，并没有推辞，立即答应政府承担 2 亿美元的国债发行。因为，他感觉到，又有一个发财的机会来了。

令人费解的是，在承购了这些债券后，J. P. 摩根并没有立即发行它们。而是不断地参加各种聚会，并频繁地在一些重要场合露面。有人认为，J. P. 摩根答应承购国债不过是为了出风头，很快就会被自己的承诺击垮的。

J. P. 摩根真的是这样想的？

不，实际上他在为自己发行债券谋划一条出路。他在频繁出现的同时，定然会激昂地发表爱国演说，进而煽动起民众购买国债的情绪。他利用精辟的言语、严密的逻辑，在媒体和公众心中留下了良好的印象。

在一切前序工作都做好后，J. P. 摩根这才开始发行国债。他不断地游走在各个州之间，在大讲爱国主义的同时，倡导每个人都应当为国家贡献出一份力量，购买政府发行的国债。公众爱国情绪的高涨和报纸的推波助澜，让摩根发行国债的活动得以顺利进行，他居然将 2 亿美元的公债全部发售完毕。而在这一过程中，凭着高达 6% 的利率，J. P. 摩根获得了一大笔发行费，并且成为了华尔街上威望最高的银行家之一，可谓名利双收。从这时开始，J. P. 摩根的脚步正式向华尔街的"金融皇族"地位迈开了！

所向无敌的铁路大王

摩根作为一个企业统治者，同当代最具有实力、拥有各种武器的金融资本家对抗，他获得了他的胜利。由此为他奠定了纵横于企业大舞台的基础，也开拓了他自己的人生。

——《美国人物志》评论摩根夺取萨斯科哈那铁路

南北战争结束后，美国各地为了恢复经济，加速相互间的金融流通，纷纷营建铁路。这时，J. P. 摩根正携带着自己巨资寻找能创造最大利润的垄断行业。看到人们正大举营建几千英里的铁路，他突发奇想——如果把全美的铁路都由自己统一起来，他就能够形成梦寐以求的企业垄断，并获得最可观的利润。

其实，不仅仅是 J. P. 摩根，华尔街的很多投机家都意识到了这一点，他们为了争夺最好的铁路线路，早就展开了一系列的争夺战。但与他们不同的是，J. P. 摩根并没有草率地采取行动，而是一直在旁边静观混战。

1869 年，一个期盼已久的时机终于到来了。此时，华尔街正在上演萨斯科哈那铁路之争。萨斯科哈那铁路是联结美国东部工业城市与煤炭基地的大动脉。这条由纽约州首府奥尔巴尼到宾夕法尼亚州北部的宾加姆顿的铁路，全长 220 多公里。其南接伊利铁路，西达美国中部重镇芝加哥，是较为重要的钢铁和石油运输线路。而铁路的终点站宾加姆顿城有许多捷径可以通往各煤炭产地，因此是著名的煤炭集散地。所以，这条铁路在华尔街相当值钱，具有极其重要的战略地位。

当时，抢夺这条铁路的所有权为两大竞争者。一方是投机业上独霸华尔街的年轻投机者乔伊·古德尔团体，另一方是原萨斯科哈那铁路公司的拉姆杰集团。这场战役是由乔伊·古德尔首先发起的，他联合了自己的朋友吉姆·费斯克意图要夺取萨斯科哈那铁路的控制权。这两个年轻的投机者都是凶狠的角色，他们智谋过人，很多大投资家都败倒在他们手下。

恰逢华盛顿的金融紧缩政策，他们利用一些莫须有的交换债券，使铁路半数左右的股份落入自己手中。同时，他们还买通了纽约法院的两位法官，要求他们在萨斯科哈那铁路股东大会召开前夕查封该公司，并将总裁拉姆杰拉下台。

然后，他们便着手准备通过倒弄手中的铁路股票，来将萨斯科哈那铁路纳为己有。拉姆杰见自己斗不过这两个狠毒的家伙，便求助于华尔街年轻的金融投资家 J. P. 摩根。对于插手萨斯科哈那铁路的事情，J. P. 摩根并没有立即答应下来，因为他在思考该开口向拉姆杰要多大的酬劳。最后，他对拉姆杰说，可以帮忙抢回萨斯科哈那铁路，但代价是自己要成为这条铁路公司的股东之一。拉杰姆一听，毫不犹豫地就答应了，并许诺事成之后专门发行3000股新股，送给 J. P. 摩根及相关的人士。

经过一场畅快的交谈，J. P. 摩根就这样入主了萨斯科哈那铁路公司，同时，他也的确为拉姆杰谋划出了最好的解决方案——上法庭。J. P. 摩根将自己熟知的几位律师介绍给拉姆杰，并许诺一定能够利用法律手段将铁路的所有权夺回。

当拉姆杰再次站在法庭上时，他的对手却已经怯懦了。很快，通过法律的手段，拉姆杰官复原职。而下一个要面对的就是股东大会的问题了。现在，乔伊·古德尔和吉姆·费斯克也算是股东之一，可这两个人不会乖乖就范。J. P. 摩根和拉姆杰猜测古德尔及其同伙可能会在股东大会上以武力威胁股东，实现自己控制公司的目的，而那也将是他们所担心的。

股东大会召开当天，吉姆·费斯克早早地就带着许多全副武装的侍卫围在会场，威胁的意图非常明显。但突然戏剧性的一幕发生了，会场大厅入口突然传来一声断喝："费斯克，不要动！"随即许多身着灰制服的奥尔巴尼郡警察，将吉姆·费斯克团团围住，并将其逮捕。在众人还没有回过神的时候，费斯克已经被带走了。

乔伊·古德尔的计划自然泡汤了，股东大会顺利地举行。在会上，拉姆杰继续担任总裁职务，而他则任命 J. P. 摩根为萨斯科哈那铁路的副总裁。当这位新上任的高官走出会议大厅时，却不自禁大笑。后来，人们才知道，逮捕费斯克的人都是 J. P. 摩根花钱雇来的，什么"警察局长"和"警察"都是演戏的冒牌货，而这一幕也成了人们日后的笑谈。

此案了结之后，J. P. 摩根逐渐掌握了萨斯科哈那铁路的实权，取代了拉姆杰，他在商界的知名度也迅速提高。

1879 年，J. P. 摩根收购纽约中央铁路的大部分股份，并掌握其控股权。这时，他发现，凭借目前拥有的铁路投资，离自己的梦想——建立统一垄断的铁路企业不远了。尤其是在这次收购中，他出色果敢的表现为自己赢得了华尔街金融家们的信任和肯定，也为他的下一步举措做了良好的铺垫。

基于当时铁路业尚无规制的背景，铁路的建设非常不规范，质量参差不齐。因此，J. P. 摩根萌生了统合铁路，共同规划、治理的想法。倘若他能让美国的铁路动脉形成一个具有强大张力的网状市场，就一定能提高铁路运输的效率，并让铁路行业得到更快的发展。

想法一经敲定，J. P. 摩根便立即采取行动。经过仔细地分析，他将目光投向了美国西海岸的铁路。这是一条入不敷出的铁路，由于它和纽约中央铁路相平行，因此几乎没有什么收入，但是如果将它拓展一下，向芝加哥和加利福尼亚州进行延伸的话，那它就可能成为五大湖地区最大的运输动脉。如果能够将它据为己有，那么迟早它会带来丰厚的回报。

J. P. 摩根让自己手下立即去弄清楚西海岸铁路的股东成员。没想到，竟发现已经有人抢先一步要购买西海岸铁路，而买卖契约已经在暗暗进行了。由于西海岸铁路经营不善已面临破产，宾夕法尼亚铁路董事长罗勃兹出手买下了相应的股份。

这个消息听起来非常不利，倘若乔治·罗勃兹也看到了这条铁路蕴藏的价值，那么总有一天这条铁路会同 J. P. 摩根控股的纽约中央铁路相抗衡。

为了阻止乔治·罗勃兹，摩根决定亲自游说罗勃兹。在一个周末，他约罗勃兹到自己的海盗号船上做客，并大摆鸿门宴。

可想而知，交谈进行得并不顺利，罗勃兹的态度非常强硬，没有退让的意思。到最后，J. P. 摩根已经没有耐心再同他耗下去了。此时，他直截了当地要罗勃兹开个价码，以求能将问题速战速决。罗勃兹自然不会放过这个机会，他要 J. P. 摩根付出相当于买下一个南宾夕法尼亚铁路的代价。

不过，J. P. 摩根认为这一切还是值得的，他在购买了这条铁路后，消除了铁路企业之间的竞争，并提高了铁路的运费。而这场看似赔本的生意却最终为他带来了难以数计的盈利。在此基础上，J. P. 摩根正式开展了自己的铁路改组计划，并于1900年，完成了将近20余条铁路线的改造，形成了"摩根化体制"。至此，摩根已经在美国铁路界雄踞首位。

钢铁巨子重组世界

上帝在公元前4004年创造了这个世界，J. P. 摩根在1901年重新组织了这个世界。

——《华尔街日报》

19世纪后半期，美国的经济飞速发展，工业化的进程愈来愈快，作为工业的基础产业，钢铁将成为未来企业发展核心的这一趋势越来越明显。在感受到这一切的变化后，华尔街上的金融商人逐渐将财富游戏的目标从铁路转移到钢铁上来。正如当时的历史学家所说的那样，钢铁的时代来临了。

作为金融巨亨，J. P. 摩根不可能错过这样的机会，他早已为钢铁这一朝阳产业心动。并且，他还认为，如果想实现自己的雄心壮志，就必须把钢铁弄到手，否则就不可能控制全美企业。

于是，J. P. 摩根创办了自己的第一家钢铁企业——联邦钢铁公司。在经营初期，公司经营因缺乏经验而屡出问题，但经过几年的拼搏，联邦钢铁公司在钢铁界中已经有了一席之地。根据当时业内的排行榜，排在第一位的是钢铁大王卡内基，第二位是J. P. 摩根，第三位是洛克菲勒。

当下，J. P. 摩根急欲全面控制钢铁业，因此他一直将排在自己前面的卡内基视为自己成功的最大障碍，但钢铁大王也并非枉得虚名，摩根就是想挤掉此人，也需要等待合适的机会。

1899年，卡内基接连失去生命中几个最亲近的人——弟弟汤姆和母亲以及最信赖的助手琼斯厂长。一连串的打击，让他对经营企业再无兴致，从而萌生隐退的意念。他甚至说，"富人如果不能运用他所聚敛的财富来为社会谋福利，那么就是死去时也是死不安稳的。"

为了处理掉手中企业的股票，卡内基四处寻找买家，但似乎除了J. P. 摩根和洛克菲勒能接手这个企业外，其他钢铁公司根本无力将其运营起来。但是，由于两人一向交恶，卡内基并没有想过要将企业卖给摩根。

但，J. P. 摩根并不着急，因为他清楚，根据业界的情况，目前，只有自己有足够的能力、精力和财力来接管卡内基的事业，总有一天，卡内基会自愿地坐在自己的谈判桌旁。

情况也的确如此。当时，洛克菲勒正在为一项失败的投资案而头痛，并且又被卷入了一场反托拉斯的风潮中，成为众人责难的对象。以他目前的情况来看，自身尚且难保，更不用说来接管卡内基的产业了。

悉知卡内基无法找到买家，J. P. 摩根感觉到胜利已经在向自己招手了。恰巧，卡内基的钢铁企业刚上任了一位新总裁——许瓦布，此人同 J. P. 摩根的一个女儿的丈夫是熟识。透过这一层关系，J. P. 摩根和卡内基这两个"死对头"终于聚在了一起。或者，当时卡内基也清楚，除了摩根再无第二人有能力购买他的事业了。

为了方便交涉，卡内基让许瓦布全权代表自己同 J. P. 摩根进行洽谈。这也正是 J. P. 摩根所期望的，他几次将许瓦布邀请到坐落在华尔街的办公室里，进行恳切的交谈。许瓦布告诉 J. P. 摩根只要他以时价的 1.5 倍的钱来收购，卡内基的企业就是他的了。结果，J. P. 摩根毫不犹豫地应承下来。根据当时的资料记载，这笔交易涉及的金钱高达 4 亿美元以上！

1901 年 4 月，J. P. 摩根正式收购卡内基的钢铁企业，并成立 U. S. 钢铁公司。该公司以 8.5 亿美元的资金牢牢地占据钢铁业的榜首。如此规模的钢铁大联合，可以说是美利坚合众国历史上仅有的，而 J. P. 摩根就是这次钢铁大合并中最闪耀的人物。

在实现了多年的愿望后，J. P. 摩根发现自己不得不进行下一个收购计划，即购买洛克菲勒的五大湖矿，否则他可能会面临原料不足的危机。刚刚从一场收购案中脱身，J. P. 摩根又必须投身于应对石油大王洛克菲勒这一大案中。

J. P. 摩根盘算了一下洛克菲勒所拥有的铁矿资源，其中，数检瑟比矿山最吸引人。它是全美最大的铁矿山，藏量可以满足全美 60％ 的需求，且矿质优良，可位居全美首位。久经思虑，摩根还是决定买下这个矿山。

几天后，J. P. 摩根来到洛克菲勒的家中，开门见山地要求购买检瑟比矿山和五大湖的矿石输送船。洛克菲勒并没有直接给予答复，而是告知摩根该矿山现在由小洛克菲勒负责，希望 J. P. 摩根同自己的儿子去商谈。

实际上，这也不过是洛克菲勒的缓兵之计，他需要一些时间来思考如何和摩根讨价还价。毕竟自己若同他硬碰硬，已不是他的对手。

晚一些的时候，小洛克菲勒根据父亲的指示来找 J. P. 摩根，并给矿山标出了 7500 万美元的高价。但摩根所查清的消息上却显示，当初洛克菲勒购买这座铁矿仅花了 50 万美元！但一想到目前公司的迫切需要，摩根还是爽快地答应了。没想到，小洛克菲勒接下来的要求却让摩根笑出声来，因为他要求摩根用 U. S. 钢铁股票支付。若是这样，那这 7500 万的股票就不会让摩根有丝毫的负担。看来，连洛克菲勒也非常看好 U. S. 钢铁企业的前景，摩根不由得内心澎湃起来。

自从钢铁并购事件结束之后，摩根在华尔街就多了很多称号，例如"朱庇特"（天界的众神之王），钢铁帝王等。这些都形象地表现出当时摩根在华尔街的地位。无论摩根走到哪里，人们都以膜拜式的目光注视着他，因为没人会忘记，当初他重组钢铁公司时涉及到 14 亿美元，相当于当时美国 GDP 的 7%！

"政府保护神"拯救美国

> 一只"黑手"控制了我们的货币，它在偷美国的钱，一只"吸血蝙蝠"咬住了美国经济的动脉！
>
> ——摩根

一转眼，南北战争结束已 25 年之久，战火和硝烟在人们头脑中逐渐淡去。美国的经济在一条条铁路大动脉打通后，亦如攀上飞驰的火车，急速前行，并逐渐进入了一个经济变革的关键时期。

1892 年，克利夫兰再次竞选总统成功。欣喜之余，他重用了自己长久以来一直想提拔的朋友夏曼。在夏曼的建议下，克利夫兰通过了针对美国经济的转型制定的《夏曼白银购买法案》，并对美国的本位货币制度进行了调动。但后来发生的事情证明，这一举动并不明智，甚至成为了克利夫兰总统身上的一个污点，引人诟病。

根据这个法案，政府将要求人们更积极地购买和使用白银，并规定银币和金币的价格比。在政府的鼓动下，西部地区大大地增加了白银的开采量，市场上白银随之激增，而政府则每月将会固定以市场价格购买 250 万盎司的生银。按照"劣币驱除良币"的原则，黄金开始不断地在市场上消失，并流出国内。市场上的黄金越来越少，而这点对于实行金本位制度的美国来说，将是十分致命的。

1893 年，费城雷丁铁路公司的破产触发了经济危机。在金融形势恶化的情况下，黄金储备锐减，而流出国库的黄金如滚滚洪流涌向了欧洲。这时，华尔街的投资者们一致认为：政府至少应当留存一亿美元的黄金才能保证货币流通的畅通，但是国库中的黄金数量已经要逼近这个底线了。

1895 年 1 月，让投资者们感到害怕的事情还是发生了，国库中的黄金量跌破一亿美元，只剩下 6800 万美元！消息一被放出，立即引发了金融界的大地震。很多绿币持有者都害怕手中的钱会变成废纸，跑到银行要将钱兑换成黄金。受此影响，国库中的黄金量一路下跌，1 月 31 日降至 4500 万美元，2 月 2 日降到 1000 万美元。倘若局面按此趋势发展下去，用不了几天，美国的货币体系就会崩溃。

克利夫兰总统意识到自己犯了一个天大的错误，但现在后悔已于事无补，必须立即想办法让政府摆脱困境。此时，有人向一筹莫展的新总统提到了 J. P. 摩根——华尔街的巨富。在以往，克利夫兰是绝不愿意同大资本家们打交道的，因为他所在的民主党对那些因金钱而具有地位的人十分不满，可局势逼得他只能屈身，向摩根伸出求援之手。

在见到总统派来的密使后，摩根知道这个执著、独立的总统已把握不住金融局势的发展了。他立刻建议财政部发行一亿美元的债券，把国库中的黄金储备量提升到投资者的心理底线上，以换取民众对政府的信心。

克利夫兰总统却犹豫了，因为他对发行国债的安全性还没有把握。为了让总统安心，J. P. 摩根向他承诺说"我向你保证，我的财团会帮助政府走出困境，直到债券承销完毕，国库堆满黄金"。

J. P. 摩根并没有说空话。他和伙伴在不到 6 个月的时间里，成功地为美国在欧洲筹集了一亿美元的黄金储备，国库的黄金又回到了一亿美元之上！同时他还想尽办法，让黄金不再流向欧洲。

终于，慌乱的局面被稳住了。摩根凭借他无人可及的影响力和非凡的智慧，将美国从金融灾难中挽救出来，从而引起了人们对他高尚行为的评论。

一切雨过天晴。华尔街和摩根企业的发展迅速进入下一个崭新阶段。1901 年，摩根合并卡内基的钢铁企业，成立美国钢铁公司，并购买下洛克菲勒手下矿藏最丰富的矿山，几个月后，摩根又成立了一个庞大的铁路托拉斯——北方证券公司，该公司是在合并原北太平洋铁路和北方大铁路基础上建立的。

J. P. 摩根的财力与日俱增，其掌握的隐形权力也愈来愈大，华尔街已经无人敢挑战他的权威，连政府官员也敬他三分。还有人私下称他是"政府的保护神"，没有他，美国政府早就垮台了。

1901 年，西奥多·罗斯福总统上任。关于 J. P. 摩根的事迹他早有耳闻，只是，在外界眼里，政府屈居于他的保护之下，这点让罗斯福总统十分不满。没多久，罗斯福就展开了一场针对北方证券公司的反垄断斗争，将矛头直指向摩根。其实，这也不过是他给摩根一个下马威。结果，北方证券公司被政府拆分，而此后他也没有再找 J. P. 摩根的麻烦。

可惜，发生在美国的另一场经济危机，让罗斯福总统更清楚地认识到，美国经济的稳定发展离不开摩根。

20 世纪最初的几年，纽约的金融股市上充斥着很多新的信贷产品，因此，全市的银行贷款有近一半都被高利息回报的信托投资公司作为抵押投在高风险的股市和债券上，市场上投机气氛极度浓厚。问题是，此时的银行间并没有统一的管理和共同储备，整个系统十分脆弱，非常容易出现挤兑现象。

1907 年 10 月，当时的美国第三大信托公司尼克伯克信托公司投资失利，结果引发了一系列关于信贷机构的挤兑事件。在大大小小的信贷机构面前，挤满了来提取存款的投资者，而面对涌如潮水的人们，这些机构根本无法筹措到足够的钱，于是信贷业陷入"挤兑——破产——挤兑"的恶性循环。受到信贷业的影响，华尔街的股市也开始下跌……就这样，美国的整个经济都陷入了危局。

这时，连见惯大场面的罗斯福总统也束手无策了。毕竟他所能扮演的角色是个伟大的政治家，却不是个成功的金融家。他不得不邀请那个最讨厌的"大人物"出山了。因为，只有他，才有足够的能力和财力来力挽狂澜，终止这来势凶猛的金融危机。

是的，这个"大人物"指的就是 J. P. 摩根。不过，在接到总统的"邀请"后，他并没有立即行动。"保护神"做事情也不是没有代价的。J. P. 摩根向总统提出，若让他插手干预也可以，但政府要答应，让他继续扩大铁路托拉斯公司的实力，并不得有任何阻挠。因为，当时摩根正在打算让自己的美国铁路公司收购田纳西矿业和制铁公司，而这一举动一直碍于罗斯福的反托拉斯政策而迟迟无法进行。

在得到罗斯福总统的默许后，摩根立即将纽约银行界的大佬们召集到曼哈顿酒店，进行紧急对策的商讨。在他的努力下，共为证券交易所借到了3500万美元，并筹集数千万美元援助濒临破产的信托公司。此外，摩根和其他两位银行界的大腕为加强金融流通，还发行了1亿美元的票据交换所证明。

自从摩根等人介入后，市场跌宕的狂潮渐渐平息下来。11月6日，华尔街的股票开始上扬，股票市场上出现了好转的趋势。喜极而泣的人们为摩根欢呼雀跃，他的成功再一次向人们印证了"保护神"的巨大威力！

巨星陨落：远去的"摩根时代"

凡是看空美国未来的人最后都会破产。

——J. P. 摩根

在两次救市中的英勇表现，让J. P. 摩根赢得了广大民众的支持，他在民间的光辉形象逐渐树立起来。人们甚至开始相信，是J. P. 摩根在像巨人一样支配着整个金融世界，只要有他在，美国的经济就会安全地向前运转。

不过，"人无千日好，花无百日红"，J. P. 摩根不可能一辈子都走运，他也不过是个凡人。而以往助他成就金融霸业的好运气，在伍德罗·威尔逊成为美国总统时，就开始消失了。连J. P. 摩根自己都不愿意相信，自从这位总统上台，自己的苦日子就来了。

伍德罗·威尔逊是继西奥多·罗斯福之后入主白宫的美国第28任总统。这位总统是个雷厉风行的改革家，他具有强烈的民主意识。最重要的是，他同西奥多·罗斯福一样，致力于将民主从资本家手中解放出来，但与西奥多·罗斯福的最大差别就是，他的举措更加果断决绝。他曾在国内掀起了一场轰轰烈烈的反托拉斯运动，并力图要革新西奥多·罗斯福时期残留下来的一切不足。

在威尔逊的积极作为下，美国通过了《克莱顿反托拉斯法》《联邦银行储备法》《亚当森法》《童工法》等众多法案。其中前两个法案的制定，就是要限制大公司的垄断行为，削弱摩根等人干涉金融市场的实力，从而促使联邦政府在防范银行危机等方面有更大的作为。

在一次关于"货币托拉斯"不恰当权力的调查中，威尔逊成功地将人们的目光都引到了摩根身上。经过调查，众人发现一个令人震惊的事实：J. P.摩根在无形中，利用金钱为自己打造了一个庞大的帝国。

据统计，当时摩根家族的产业包括银行家信托公司、保证信托公司、第一国家银行，合计总资产约34亿美元。而以摩根公司为轴心的同盟企业总资本大约为48亿美元。在摩根羽翼的遮盖下，约有超过20万的主力金融机构互相联结，因而形成了结构庞大、组织严密的"摩根体系"。更令人震惊的是，这一金融集团占有全美金融资本的33％，不仅是保险、钢铁、通讯、石油领域，而是华尔街的每个大型企业中，几乎都渗透着摩根的钱。世人根本不能相信，摩根成就了怎样一份霸业！对于这些，当时有评论说："通过相互持股、互换管理者、资金方面的往来，这些公司、企业、银行已经结成一张强大而稳定的网，这样一来，货币和信贷的控制权更是集中到了这些人手中。"

顿时，全美国的闪光灯都对准了J. P.摩根，对准这个古稀之年的老人。在所谓的"货币托拉斯"听证会上，75岁的摩根被围绕着信贷和抵押的内容饱受质问，尽管在应对之时，他表现得仪表威严，可当回到居所时，却因筋疲力竭而病倒。

1913年，J. P.摩根接受医生的建议外出度假，但在从开罗旅游的回程中死去。一代巨星悄然陨落。或许他已经有所预感，因此，早已立下遗嘱："把我埋在哈特福德，葬礼在纽约的圣·乔治教堂举行。不要演说，也不要人给我吊丧，我只希望静静地听黑人歌手亨利·巴雷独唱。"

摩根的死，标志了一个时代的结束。虽然后来有很多人想取而代之，但碍于美国诸多立法案的限制，再也未能有像摩根这样的金融大佬出现。因此，每当人们想起摩根的时候，还会时常想到他曾在华尔街上耸立起的规模超群的摩根集团。

第三篇　比尔·盖茨的微软帝国

从小不甘落人后

比尔·盖茨的母亲是犹太人，所以他也具有犹太人的血统。比尔·盖茨的童年是在美国华盛顿州的西雅图度过的，西雅图是当时美国波音公司的总部所在地，全市职工近半数在这家公司工作，所以人们也把西雅图称为"波音城"。

小时候，长着一头沙色头发的 7 岁男孩盖茨最喜欢看的书是那套《世界图书百科全书》，他能够反复看个没完而不厌烦。他经常几个小时连续阅读这本几乎达他体重 1/3 的大书，一字一句、从头到尾地看，兴致盎然。

他也是一个爱思考的孩子。在看过这本书后，他常常惊叹：在这巨大的书本里面，藏着多么神奇的一个世界啊！文字的符号竟能把前人和世界各地的人们无数有趣的事情记录下来，又传播出去。他又想，人类历史就这样越来越长，无限发展下去，那么以后的百科全书不是越来越大，越来越笨重了吗？有没有什么好办法能造出一个魔盒来，只要小小的一个香烟盒那么大，就能包罗万象，把一本厚重的百科全书的内容都收进去，那该有多方便啊！

这个童年时奇妙的思想火花，到后来居然实现了，他也成为推动这场革命的使者。而且这个东西比香烟盒还要小，那就是电脑中的 CPU（芯片）。

盖茨看得书越来越多，想的问题也越来越多。有一次，他突然有所思悟地对同学卡尔·爱德说："与其做一棵草坪里的小草，还不如成为一株耸立于秃丘上的橡树。因为小草千篇一律、毫无个性，而橡树则高大挺拔、昂首苍穹。"他还每天坚持写日记，随时记下自己的想法，小小的年纪常常有大人般深邃的思想。

盖茨很早就领悟到人的生命来之不易，要珍惜这来到人世间的宝贵机会，有所作为。他在日记里这样写道："人生是一次盛大的赴约，对于每个人来说，一生中最重要的事情莫过于信守由人类积累起来的理智所提出的至高无上的诺言……"那么"诺言"是什么呢？在他看来，就是要干一番惊天动地的大事。

他在另一篇日记里还曾写道："也许，人的生命是一场正在焚烧的'火灾'，一个人所能做的，就是竭尽全力从这场'火灾'中去抢救点什么东西出来。"他这种"追赶生命"的意识，在同龄的孩子中是少之又少的。

盖茨所想的"诺言"也好，追赶生命中要抢救的"东西"也好，表现在盖茨的日常行动中，就是对于学校的任何功课和老师布置的作业，无论是演奏乐器，还是写作文，或者参加体育竞赛，他都会全力以赴做到最好。

一次，老师给他所在的四年级学生布置了一篇关于描述人体特殊作用的作文，要求写四五页的篇幅。结果，盖茨利用他爸爸书房里的百科全书，还查阅了其他医学、生理、心理等方面的书籍，洋洋洒洒地一口气写了 30 多页。又有一次，老师布置写一篇不超过 10 页的中篇故事，结果盖茨浮想联翩、妙笔生花，竟写出长达 50 页的神奇而又曲折无比的故事。这俨然成了一部长篇小说了，老师和同学们都大为惊讶。大家都这么称赞他："盖茨不管做什么事，总喜欢来个登峰造极，不鸣则已，一鸣惊人，不然他是不会甘心的。"

盖茨在体育和社会活动方面也表现出这种不落人后的精神。有一个暑假，"童子军"的夏令营 80 公里徒步行军，时间是一个星期，他穿了一双崭新的高筒靴，碰巧新买的鞋不大合脚，每天 13 公里的徒步行军，又是爬山，又是穿越森林，使他吃尽了苦头。第一天晚上，他的脚后跟磨破了皮，脚趾上起了许多水泡。他咬紧牙关，坚持走下去。第二天晚上，他的脚红肿得非常厉害，开裂的皮肤还流了血。同伴们都劝他停止前进，他却摇摇头，只是向随队医生要点药棉和纱布包扎一下，要了些止痛片服用，又继续上路了。就这样他一直坚持到一个途中检查站，当队长发现他的脚发炎严重，下令医治，才终止了这次行军。盖茨的母亲从西雅图赶来，看到他溃烂的双脚时，难过得哭了，直埋怨儿子为什么不早点停止行军。盖茨却淡淡地说："只可惜我这次没有到达目的地，其实我一直是队伍中走得最快的。"

有事没事钻机房

1968 年，当盖茨在湖滨中学的第一年临近结束时，学校做出一个对比尔·盖茨的未来具有重大意义的决定。当时，美国正致力于将卫星送上月球，由于计算机的飞速发展使得这种科技的狂热浪潮席卷全美国。湖滨学校领导也做出了一个很时兴的决定，让学生去涉足崭新的、令人兴奋的计算机世界。

就在那年秋天，比尔·盖茨和他的伙伴一回到学校，就在麦克阿利斯特厅前门附近的一个小办公室里，发现一个特别的机器，连带着的还有一个键盘和一大卷黄色纸。这个机器是 ASR—33 电传打字机，全世界的新闻编辑室一度都响过它那特有的有规则的嗒嗒声。电传打字机是衰落中的机器时代和迅速兴起的信息时代的有机结合物。这个有噪音的笨重电子机械新发明是个组合体，包括一个键盘、打印机、纸带穿孔器和阅读器，还有一个调制解调器，它可通过电话与外界取得联系。只要你按动键子，电传打字机就会以特大写字母打在一大卷 8.5 英寸宽的纸带上。你可以用穿孔器把你要打的内容记录在一个薄卷纸带上，然后将它的内容变成声音，自动放送出来。但更重要的东西是那个调制解调器，即两个"鼠耳"状的东西，它们紧卡在电话听筒上，使你与有时间共享计算机的人能够互相传输信息。可想而知，这个新奇的计算机对有数学天赋的孩子们具有多么大的诱惑力。比尔·盖茨和他的同学伊文斯就是他们学校最先染上这种近乎奢侈爱好的两个学生。他们对计算机可以说是一见钟情，刚刚接触就对它爱不释手。计算机严谨的逻辑和神奇的计算能力简直让这两个孩子兴奋无比。

年纪小对新事物的接受能力非常强，开始时这些孩子谁也不知道怎样操作这个机器，甚至都不知道它到底是什么东西、有什么用。但他们的动手能力和学习能力很强，最终掌握得比接触它的老师和其他成人都好得多。

湖滨中学是当时美国最先开设计算机课程的学校，学校的计算机房对几个优秀的学生尤其是盖茨来说，已成了最吸引人的地方，它仿佛有着强大的磁力，时刻牵绕着这几个低年级学生的魂魄。比尔·盖茨的一生从此以这台机器为分界，以前跟以后迥然不同。

最初使用的电传打字机应用地区线路，拨号进入通用电器公司的分时系统，这个系统使用的是后来大家所熟知的 BASIC 语言。数学教师保罗·斯托克林带着优等班的 16 个学生进入麦克阿利斯特厅的小屋,用十几分钟按操作步骤进行了一些讲解。他了解的计算机知识也非常有限,那次估计是他比孩子们懂得多的最后一次。"麦克阿利斯特厅有个非常有意思的机器"这事很快在校园数学尖子中传开,被称为"计算机室"的麦克阿利斯特厅小屋出现了电子热。

身材瘦小、脸上长着雀斑的八年级学生比尔·盖茨热情高涨,很快挤进了高年级学生的圈子里。他的老师所知道的所有计算机知识,比尔·盖茨不到一星期就学会了。

那时的湖滨中学还没有正式的计算机课程,一小批人只是通过费力地硬啃通用电器公司有关 BASIC 的基础指南才学会使用它的。这个通用电器公司的 BASIC 原始达特默斯版本,本身尚未发展完善,它缺乏几乎最基本的数学功能,对控制字符串也束手无策,程序长度大大受限。

但是,这些缺点对那些渴望摸索学习的初学者来说,几乎没有任何影响。盖茨所做的第一个程序是输入用一种算数法则表示的数字,然后再把它转换成用任何其他算数法则表示的数字。

有一次,一个高年级班学生操作 25 行的 BASIC 程序遇到了麻烦,老师早已知道盖茨的大名,于是带他到计算机室,盖茨立刻打出了所需答案。

盖茨对计算机非常痴迷,把大量的时间花在了研究计算机上。不管什么时候,只要他有空余时间,他总会往湖滨中学的计算机室跑,全身心投入这台机器,反复进行操作和练习。在湖滨中学,盖茨并不是唯一对计算机着迷的小伙子,他很快发现,还有其他一些人和他一样对计算机房非常着迷,有事没事都往计算机房跑。他不得不和这些人一起共用这台计算机。在这些人当中,有一个高年级的学生叫保罗·艾伦,此人比盖茨年长两岁,说话柔声细气。这个人后来也成了美国计算机界一个大名鼎鼎的人物。

几年以后,就是他们俩,创办了现今世界计算机史上最成功、业绩最辉煌的公司——微软公司。

从哈佛退学

1973 年夏天,盖茨以全国资优学生的身份,进入了自己梦寐以求的哈佛大学。这个日后哈佛校史上最著名的辍学生在来到哈佛之前还一度为自己的成绩而忐忑不安。许多年后他依然记得，当时参加完大学入学考试之后心情非常紧张，因为在他填报志愿的时候所填报的哈佛等3所大学都是国内一流的大学，要进入是有很大难度的。

盖茨的担忧并非没有道理，哈佛此时早已名扬四海。哈佛有着370多年的历史，学校非常注重培养学生的个性特长和兴趣爱好，不受制于传统的说教，有着务实开拓和锐意创新的精神传统，让这方崇尚"与柏拉图为友，与亚里士多德为友，更要与真理为友"的圣土成为美国顶尖科学家和领袖人物的摇篮。

从这个校园里走出了无数的社会精英：7位美国总统、12位副总统、33位普利策奖获得者、37位诺贝尔奖获得者、数十位跨国公司总裁、十几位最高法院大法官以及众多的国会议员，在全美500家最大的财团中有2/3的决策经理毕业于哈佛商学院……

盖茨入学时，当时担任校长的博克（Bok）正在大刀阔斧地进行着传统本科课程体系的改革，重申"每个哈佛本科生都应该被宽广地教育"，其核心是强调要加强对被认为对现代学生必不可少的7个领域中知识入门方法的学习。

刚刚进入哈佛大学，比尔·盖茨被新的要求和更激烈的竞争弄得方寸大乱。在这个宽松的环境中，盖茨遭遇到了人生的第一个打击：他发现周围的每个人几乎跟他一样聪明，甚至有些人考试成绩比他还要好。在他的一生中，第一次不能只在考试时露个面就可以获得一门课的满分。盖茨的不屈天性被最大程度地激发了出来，他投入了异常刻苦的学习中。

于是，就读于法律预科班的盖茨第一年就选修了哈佛大学最难的数学课——"数学55"，研究生级别的数学和物理课占去了他大学一年级1/3的时间。数学、科学、法律、经济等诸多职业生涯规划都曾在他的脑海里闪现，他曾经梦想当一名数学教授，也迷恋过科幻小说，对心理类、经济类书籍有一段时间也非常着迷，但是最终，他还是把主要的精力花在计算机方面，他在哈佛大学的艾坎计算机中心里度过了许多不眠之夜。

他的学习方法有点与众不同：他先蒙头大睡十几个小时，然后不间断地学习36个小时，接着再睡上12个小时，醒来啃几口加大的比萨饼后，再开始下一轮的长时间战斗。大学生活和让他感兴趣的新领域丝毫没有减弱他对计算机的感情，这个时候，人类技术发展的步伐正在加快。

有点遗憾的是，在大学一年级，虽然盖茨在大学入学考试中数学得了无可非议的800分的高分，可他平均成绩只是个B。这次考试给他的打击比较大，似乎也成为盖茨最终决定离开哈佛的一个原因。也许就是在第一个学期他便发觉自己并非是"世界上最聪明的孩子"，这多少让本来很想当数学教授的盖茨感到沮丧。

但是盖茨在计算机软件和商业方面的突破让他重新找到了自己的人生轨迹。盖茨在中学时就迷上了计算机，并在小伙伴中以精通计算机而小有名气。在上大学前，他曾和一位名叫保罗·艾伦的男孩成为忠实的朋友，后来，他们组建了一个小公司。除艾伦外，盖茨还有一个伙伴叫肯特·埃文斯，他们一起组织了一个湖滨程序员小组（LPG），给外面的公司编写程序以获利。

当时，艾伦和盖茨的名字被作为已经为好几家本地公司编写过调试程序的神童而流传开来，两人被华盛顿州电力网的自动化和计算机化的 TRW 项目组雇用了。仅仅 18 岁，还在上学期间，盖茨一年就挣了 3 万美元。

盖茨的电脑技巧与商业天分都非常高，加上想出人头地的强烈愿望，使很多人相信他的商业之旅将会在哈佛大学崭露。就在启程上大学的头天晚上，18 岁的盖茨曾踌躇满志地宣布："我要在 25 岁之前赚到我的第一个一百万"。结果他确实做到了，并且超过 310 倍。但此时他已经离开了哈佛校园，劝说他离开的正是中学时的那个好友保罗·艾伦。盖茨在哈佛上学期间，他和盖茨合作，为第一台微型计算机开发了 BASIC 编程语言，使盖茨走上了创建微软软件帝国之路。

当然，盖茨绝不是哈佛历史上第一个著名的"退学生"。在他之前，就已经有不少的哈佛先辈们因退学而成名。

例如，在 1894 年，有一位哈佛大学一年级的学生，因看好石油开采行业的市场前景，自己也迫不及待要投入，最后从哈佛大学退学。他后来果然因石油开采而成为美国的超级富豪，他的名字叫霍华德·休斯。

1926～1927 年和 1929～1932 年间，也出现了一位与众不同的学生，他在哈佛大学断断续续地读了三年的书，最后他还是经受不住各种科研工作的诱惑，自动终止了在哈佛大学的学业。在不懈的努力下，他后来获得了多达 500 多项的专利，是继爱迪生之后美国最有名的发明家之一。他的名字叫波尼·莱特。

当然，从哈佛退学的知名学生中不光有科学家或企业家，也有艺术家。1966 年，有一位来自佛罗里达州的哈佛二年级学生，因创立美国历史上第一个乡村乐队"国际潜水艇乐队"而从哈佛大学退学。他后来成为当时风靡全美国的著名歌手，他的名字叫格兰姆·帕森斯。

当然，在盖茨一门心思钻研计算机时，他最初并没有从哈佛退学的打算。盖茨最后下定决心从哈佛退学，这一切很大程度上得归功于他的老搭档艾伦。为了拉这位小兄弟回华盛顿州去一起创业，艾伦不惜放弃原来的工作，随盖茨来到哈佛，并就地找事做，以便劝说盖茨退学。

艾伦三天两头地来劝说，盖茨实在是扛不住了，同时也是深感计算机行业的市场机遇千载难逢，于是终止了哈佛大学的学业，在大三时退了学。另外，盖茨当初决定从哈佛退学，还受到过其他亲朋好友的劝阻，其中也包括他的一位室友。富有戏剧性的是，数年后，当这位室友在斯坦福大学商学院攻读 MBA 课程时，盖茨又来劝他退学去共创天下。他也禁不住昔日室友的轮番劝告，最后真从斯坦福退了学，去出任盖茨那间只有 20 来人小公司的总经理。

盖茨的父亲说有一些迹象显示他的儿子或许不同于一般人，但没想到会有如此的成就。"在他的班级里有许多聪明的孩子，他或许不是最聪明的。他很早就表现出令人诧异的独立性，他的性格、举手投足都显示出他的想法非常的独立。"

这种独立性让盖茨放弃了哈佛大学转而从事自己喜欢的计算机行业。他专注于软件，于 1975 年与他的同学艾伦创立了微软公司，1986 年他 31 岁时成为当时最年轻的凭自己的能力致富的亿万富翁。

"寄生"于 MITS 公司

1975 年 1 月份的《大众电子学》杂志封面上一幅 Altair8080 型计算机的普通图片，点燃了保罗·艾伦及好友比尔·盖茨的电脑商业梦。

这台世界上最早的微型计算机，打开了计算机发展的新时代。这个基于8008 微处理器的小机器，却是一位虎背熊腰的大汉的杰作，他的名字叫埃德·罗伯茨。当时他经营的 MITS 公司陷入了困境，情急之下，他发明了这台微型计算机。当时还在哈佛上学的盖茨看准了这个商机，他打电话表示要给Altair 研制 BASIC 语言，罗伯茨将信将疑。结果，盖茨和他的同学艾伦在哈佛阿肯计算机中心日夜不休地干了 8 周，为 8008 配上了 BASIC 语言。此前从未有人为微机编过 BASIC 程序，盖茨和艾伦为 PC 软件业开辟了一条新路。

1975 年 2 月，程序编好了，艾伦亲赴 MITS 演示，结果十分成功。这年春天，艾伦进入 MITS 公司，并担任软件部经理。在念完哈佛大学二年级的课程后，盖茨也飞往 MITS，加入艾伦从事的工作。那时他们已有创业的念头，但是还要等到 BASIC 被广大用户接受。他们清楚，以他们现在的实力，还离不开罗伯茨，他们有待羽翼渐丰。

微软诞生于 1975 年，但当时微软与 MITS 之间的关系十分模糊，更确切地说是微软"寄生"于 MITS 之上。1975 年 7 月下旬，他们与罗伯茨签署了相关协议，期限 10 年，允许 MITS 在全世界范围内使用和转让 BASIC 及源代码，包括第三方。根据他们的协议，盖茨他们最多可获利 18 万美元。罗伯茨于是在全国开展了声势浩大的宣传活动，生意也蒸蒸日上。借助于 Altair 的风行，BASIC 语言也推广开来，同时微软又赢得了 GE 和 NCE 这两个超级大客户。盖茨和他的公司渐渐地声名远播，实力也一下子增强了不少。

"鱼和熊掌不可兼得"。后来，盖茨和艾伦决定把更多的精力放在自己的公司上，但此时他们仍在 MITS 兼职。1976 年底，MITS 内部出现波动，公司业绩一落千丈。1977 年，罗伯茨将 MITS 卖给 Perterc 公司。Perterc 要把软件作为交易的一部分，这个争端最后被诉诸仲裁。在盖茨父亲及其律师朋友的帮助下，盖茨侥幸在这场官司中获胜了。"真是倒霉，这个裁决完全是错误的。"若干年后，罗伯茨仍然愤愤不平，觉得自己被人出卖了，因为 MITS 已经付足了 20 万美元，应该拿到这批软件的所有权才对。盖茨也承认这个裁决对罗伯茨是有些不公平。

但到了 1995 年，盖茨与艾伦在一次对话中谈到此事时，口气已变得完全不一样："他们想把我们饿死，我们甚至付不出律师费，他们想以此（指停止给钱）逼我们就范，我们也差点妥协了。"很显然，功成名就的盖茨开始以另一种语气来回顾这段至关重要的历史，因为这是微软颇不寻常的起步，这是一场微软输不起的官司，如果输掉这场官司，盖茨不得不从头再来，今日微软的历史也许会重新改写。

艾伦回忆起当年的情况，心有余悸："这场官司让人心惊胆战，如果我们输了，我们就得从头再来。盖茨让他老爸想办法，我们对实际的情况心里没底，一直如坐针毡。但发生过这件事情后，微软再也没有借过钱。"

罗伯茨这位微软曾经的"功臣"，在此时俨然成了微软的"罪人"。

但不可否认的事实是：正是 MITS，让盖茨和艾伦有机会进入 BASIC 语言这个新天地，并从此跻身这个新兴行业。同样是 MITS，为微软的发展积累了第一桶金和客户资源，同时他们在目睹并参与了 MITS 从设计到生产、从宣传到销售服务的全过程后，锻炼了自身的市场能力。

借来的 MS－DOS 系统

MS－DOS 是 Microsoft Disk Operating System 的简称，意思是由美国微软公司（Microsoft）提供的磁盘操作系统。

MS－DOS 建立起了一个在磁盘操作时代相对完备的人机交互环境，就是由它开始，一步步过渡到 Windows 系列，微软公司后来用自己的实力征服了世界。然而，给微软带来辉煌的 DOS 操作系统并不是微软的"亲生"儿子，DOS 的创建者是西雅图计算机公司的工程师——皮特森。

1978 年 7 月底，26 岁的皮特森参加了一个有关 Intel 8086 的研讨会，会后他认为可以在 8086 基础上进行进一步的开发，西雅图计算机公司老板 Rod Brock 对此表示高度认可，并给予了有力的支持。

1980 年春天，皮特森开始着手开发磁盘操作系统（DOS），到 7 月份的时候，他已经很顺利地完成了系统的 50%，只两个多月时间，就快速开发出来了，皮特森干脆把这一操作系统叫做 QDOS 0.10，QDOS 的意思是"Quick and Dirty OS"。

1981 年 4 月，86－DOS 1.0 正式发布。1981 年 7 月，微软洞察了 DOS 的商业前景，于是掏腰包从西雅图公司购得了 DOS 的全部版权，并将它更名为 MS－DOS。随后，IBM 发布了第一台个人计算机（PC），其实当时采用的操作系统依然是西雅图公司的 86－DOS 1.14，但微软很快改进了 MS－DOS 系统，并使它成功地成为 IBM PC 采用的操作系统。微软"帝国"从此开始了它辉煌的发展历程。

微软自 1983 年春季才开始研究开发 Windows，希望它能够成为基于 Intelx 86 微处理芯片计算机上的标准 GUI 操作系统。它在 1985 年和 1987 年分别推出 Windows 1.03 版和 Windows 2.0 版。

Windows 起源可以追溯到 Xerox 公司进行的工作。1970 年，美国 Xerox 公司成立了著名的研究机构 Palo Alto Research Center（PARC），从事局域网、激光打印机、图形用户接口和面向对象技术的研究，并于 1981 年宣布推出世界上第一个商用的 GUI（图形用户接口）系统 Star 8010 工作站。但如后来许多公司一样，由于种种原因，技术上的先进性并没有给它带来它所期望的商业上的成功。

当时，苹果电脑公司的创始人之一史蒂夫·乔布斯在参观 Xerox 公司的 PARC 研究中心后，认识到了图形用户接口的重要性以及广阔的市场前景，开始着手进行自己的 GUI 系统研究开发工作，并于 1983 年研制成功第一个 GUI 系统：Apple Lisa。随后不久，Apple 又推出第二个 GUI 系统 Apple Macintosh，这是世界上第一个成功的商用 GUI 系统。当时，苹果公司在开发 Macintosh 时，出于市场战略上的考虑，只开发了苹果公司自己的微机上的 GUI 系统，而此时，基于 IntelX86 微处理器芯片的 IBM 兼容微机已渐露峥嵘。这样，就给微软公司开发 Windows 提供了发展空间和市场。

当时在 GUI 系统领域，人们所青睐的是 GEM 和 Desqview/X，Windows 1.03 版和 Windows 2.0 版这两个版本并没有取得很大的成功。此后，微软公司对 Windows 的内存管理、图形界面、人性化等方面做了重大改进，使图形界面更加美观并支持虚拟内存。1990 年 5 月，微软公司推出 Windows 3.0 并取得了开门红。这个"千呼万唤始出来"的操作系统一面世便在商业上取得惊人的成功：不到 6 周，微软公司销出 50 万份 Windows 3.0 拷贝，打破了任何软件产品的 6 周销售纪录。之后微软公司趁热打铁，于 1991 年 10 月发布了 Windows 3.0 的多语言版本，进一步开拓非英语母语国家，从而为微软在操作系统上取得垄断地位奠定了基础。

1992 年 4 月，Windows 3.1 发布，对 Windows 3.0 做了一些改进，引入 TrueType 字体技术，这是一种可缩放的字体技术，它改进了性能，还引入了一种新设计的文件管理程序，改进了系统的可靠性。更重要的是增加对象链接合嵌入技术（OLE）和多媒体技术的支持。Windows 3.0 和 Windows 3.1 都必须运行于 MS－DOS 操作系统之上。Windows 3.1 同样取得了不菲的成绩，上市 2 个月内，销量就突破了 100 万份。

随后，微软公司借 Windows 东风，于 1995 年推出新一代操作系统 Windows 95，它可以独立运行而无须 DOS 支持。Windows 95 是操作系统发展史上一个里程碑式的作品，它对 Windows 3.1 版做了许多重大改进，包括：更加优秀的、面向对象的图形用户界面，从而减轻了用户的学习负担；全 32 位的高性能的抢先式多任务和多线程；内置的对 Internet 的支持；更加高级的多媒体支持（声音、图形、影像等），可以直接写屏并很好地支持游戏；即插即用，简化用户配置硬件操作，并避免了硬件上的冲突；32 位线性寻址的内存管理和良好的向下兼容性等。以后我们提到的 Windows 一般均指 Windows 95。

Windows 95 的发布，成为 1995 年计算机领域最为轰动的事件。就像 20 世纪 80 年代深圳人买股票一样热闹，很多人根本没有接触过电脑，受到宣传和其口碑的影响纷纷排成长队来购买此软件。Windows 95 刚刚推出，在短短 4 天内就卖出超过 100 万份。

Windows 操作系统取得重大成功后，微软公司又相继推出了 98、Me、2000 版本，不过 Windows 2000 又分为专业和服务器两个版本。

2001 年 10 月 25 日，Windows 发展中的又一个里程碑——Windows XP 诞生。Windows XP 是微软继 Windows 2000 和 Windows Millennium 之后推出的新一代 Windows 操作系统。Windows XP 糅合了 Windows 98、Windows Me 和 Windows 2000 的诸多优点，从而打造出了有史以来最为优秀的一款 Windows 操作系统产品。

Windows XP 在原有的 Windows 2000 代码基础之上进行了很多改进，并且针对家庭用户和企业用户的不同需要提供了相应的版本。

在 Windows XP 发布后，微软开始着手研发下一代操作系统，Longhorn 计划孕育而生。其实早在 Windows XP 推出之前，微软就已经开始规划下一代的操作系统。新的操作系统要具有前所未有的操作体验和彻底阻隔病毒的安全性。而且，Longhorn 也将是微软第一个全面支持 64 位硬件结构的操作系统。

2005 年微软正式细分了 Longhorn 系统，将 Longhorn 分成了家用版的 Vista 和面向企业的 Longhorn，在其后的一年里，微软分别推出了两个 RC 版来测试 Vista 的稳定性。

现在，Windows Vista 系列已经全面上市，而微软的系统创新之路还在继续。从 MS—DOS 到 Windows，从 Windows 1.0 到 Windows Vista，二十多年来可谓历经风雨，微软由名不见经传的工作室，已经成为富可敌国的 IT 巨鳄。

上瘾后，再收钱

最初，微软是靠收取 MITS 公司的软件许可费度日，当时 MITS 公司每月售出几千台机器，却只能卖出几百套 BASIC，盗版软件成了盖茨创业路上最大的拦路虎。1975 年一年，他们仅收到少得可怜的 1.6 万美元软件许可费。

当时，自由拷贝软件在电脑爱好者们之间风行，不为软件付钱似乎成了天经地义的事。盖茨出于为微软利益着想的目的，第一次勇敢地向传统提出了挑战。1976 年 1 月，他在《电脑通讯》杂志上发表了有名的《致电脑爱好者的公开信》，信中公然把软件的非法拷贝者称为贼，并断言：如果不给软件开发者合理的报酬，就再也没有人会去开发真正有用、好用的软件了。

信的开头是这样写的：对我来讲，现在的电脑爱好者圈里最致命的问题就是缺乏优秀的应用软件和相关书籍。如果没有好的软件和一个懂得编程的所有者，个人电脑简直就是一种废物。高质量的软件可以被业余爱好者编写出来吗？

他诘问广大的电脑爱好者：“多数的电脑爱好者想必自己心里清楚，你们中大多数人使用的软件就是偷的。硬件必须付款购买，可是软件却变成了某种共享的免费的东西。有没有人关心过，开发软件的人是否得到了相应的报酬呢？”

在发表了给盗版者写的第一封公开信后不久，盖茨又写了第二封公开信。他的言辞越来越激烈，对后果的严重性也越说越突出。他强烈要求个人计算机的早期用户们停止盗用他们的软件，只有这样他们才能赢利，然后才能用赢利生产出更好的软件。这些信件在软件史上留下了一席之地，但盗版风仍愈闹愈凶，成为一个时代的新闻。

其实，让盖茨始料未及的是，盗版和盖茨的一系列反盗版的活动，让微软的名声一下子广为传播，为盖茨的微软事业打下了社会基础。经过这几次反复的大讨论，源代码被纳入知识产权的保护范围之内，从而使软件产业真正进入了商业化的时代，也为微软的发展提供了制度方面的保障。1979 年，盖茨将公司迁往西雅图，并将公司名称由“Micro—soft”改为“Microsoft”。

同时，有关微软公司的广告也不断出现，广告直接打出了这样的口号：

没有了微软，微处理器算什么？这个广告强调没有软件，硬件一点用处也没有，让更多的人意识到了软件的重要性，因此，广告做得非常成功。广告还自诩微软公司大量生产并提供优质的软件，它可以面向任何数量、任何复杂水平上的任何微处理器。

为了减少盗版软件给微软带来的损失，盖茨在该出手时也绝不手软。他还与微型仪器公司对簿公堂，打了将近九个月的官司，最终成功收回了其软件的许可权。在此期间，盖茨摸索出了另外一条反盗版的路子。他认为软件应该按固定价格卖给硬件公司，然后硬件供应商将软件的成本加到计算机的价格上就可以了。后来的事实证明，这是一种非常成功的商业模式。

1981年，微软跟IBM合作，通过向IBM的新款个人电脑授权许可MS—DOS操作系统大赚了一笔，此后它又向其他多家计算机制造商进行软件捆绑式的销售，开创了在个人电脑行业施展身手的大舞台。这种操作模式一直延续到今天。就这样，在低价授权、以量制胜的促销方式下，微软BASIC很快就成了电脑产业的软件行业标准，当时几乎没有一家个人电脑制造商不使用微软授权的软件。

如此一来，软件公司就再也不必为软件被盗版而苦恼了，而且，微软通过这种方式还牢牢控制了其衍生产品，可以在特定条件下以免费或者低价的方式迅速占领其他市场。之后，盖茨反复使用这个伎俩，特别是在他决定进攻具有巨大市场潜力的中国市场时。他先让大家用上他的软件，慢慢地上瘾后，他再通过正常途径收钱。盖茨深谙软件行业商业运作之道，要知道没有一定程度的开放性（也就是非法复制传播），任何一种软件都无法获得足够的市场动力。

在盖茨和他的团队的不懈努力下，他的软件产品终于见到了黎明的曙光。从此，盖茨按照这个既定的创业计划，在软件开发推广的道路上开始了加速度的冲锋，驶向了微软帝国财富的巅峰。

美国司法部起诉"垄断魔王"

微软帝国的扩张之势，引起了人们对它一系列商业行为的质疑，特别在垄断问题上。

微软的 Windows 产品有效地垄断了桌面电脑操作系统市场。那些持担忧看法的人指出，几乎所有市场上出售的个人电脑都预装有微软的 Windows 操作系统。

一些观察家声称，微软作为一个垄断企业，令其竞争对手处于两难的境况：在一方面，微软的竞争对手是不愿意承认微软的垄断地位的，即使事实上它的确是这样。因为如果真的是在一个被完全垄断的市场里，毫无疑问，就等同于承认只有垄断者的那家产品或服务是大家所公认的最好的产品或服务。因此，对微软的竞争对手来说，把微软称为垄断者，那相当于把自己置于一个失败者的境地：这样做既承认了自己产品或服务的劣势，同时也否定了自己生存、竞争的能力。

而从另一方面，竞争对手又希望市场管理机构（政府）或媒体等能将微软当成是垄断企业，这样一来会给自己带来不少实质的好处。其一，这将会让市场管理机构有可能介入其中来调整，从而在政策上得到扶持。其二，被看作是弱势群体的微软的竞争对手，将会在公共关系上更利于获得公众的同情或好感，从而提升自己产品或服务的支持度。

无论微软是否是垄断企业，我们可以肯定的是：在多数微型电脑软件市场，微软是主导企业。这种主导会引发很多的不满，这种不满不仅仅只存在于竞争对手中间。

有人认为微软试图利用其在桌面计算机操作系统市场上的垄断地位来扩大自己在其他市场上的市场份额，例如，网页浏览器（Internet Explorer）、服务器操作系统（Windows NT）、办公软件（Microsoft Office）、多媒体播放软件（Windows Media Player）。在微软将 Internet Explorer 与 Windows 操作系统捆绑销售后，微软在浏览器市场获得了非常大的份额。

1990 年，有着强大光芒的微软由于在推出其新的操作系统时，采取了应用软件与操作系统捆绑销售的方式，很快引起了其竞争对手和美国反垄断法组织官员的注意力。随后，美国联邦贸易委员会开始全面介入详细调查微软的这种市场行为。他们接到过最多的关于微软垄断行为的投诉就是针对这种捆绑销售的方式，因此，这种销售方法首当其冲地成为此次调查"专政"的首要对象。不过作为信息时代的行业翘楚的微软，已习惯了法律对它的优待，所以此时它依旧如故，贸易委员会在调查了大半年之后也没有拿出什么实质性的行动。

直至 1994 年，司法部才对微软频繁的市场垄断行为做出了一些限制性裁决。特别是当微软准备并购财务软件市场的领导性企业 Intuit 公司时，司法部这次选择了快速出击，指控这起兼并案为非法。微软不得不选择放弃这个烫手的山芋。

到了 1995 年，美国法院终于做出对微软有史以来最严厉的裁决，禁止微软将不同软件产品强行捆绑在操作系统上销售。微软的竞争对手总算是在此时取得了部分的胜利，但是这种裁决对微软来说是毫发无损的，因为它早已把市场给抢先占领了。

2001 年 6 月，美国上诉法庭当时驳回了美国地区法庭法官 Thomas Jackson 的裁决，使得微软避免被一分为二。上诉法庭认为将 IE 与 Windows 捆绑确实是一种垄断行为，但是地区法庭的裁决过于严厉了。在这之后，盖茨将微软 CEO 的职位交给鲍尔默。据业内人士分析，当时如果微软被拆分，那么盖茨很可能与鲍尔默形成竞争，盖茨的公司也有可能被雅虎收购。

微软在风雨中继续前行。

变身传媒大亨？

显然，以微软公司的战略目标和长远规划，它将不仅仅局限于卖几套 Windows 操作软件那么简单。种种迹象表明，微软在发展过程中从来不忘扩张自己的新势力，如新传媒、移动通信等领域。

随着微软公司的各种媒体产品及其服务的不断增强，以及公司资本实力及技术延展力的不断上升，1996 年年初，微软公司吹响了全面向新媒体领域进军的口角。1998 年，微软的新媒体产品线成功延伸到微软数以千万计的操作系统用户中，此时，标志着它已经由一个单纯的电脑公司成功地变身成为一个新型的大传媒帝国企业。它此时的影响力足以与经营传统媒体数十年的媒体王国相抗争。从"软件大王"到"传媒第一大亨"，盖茨只用了不到 2 年的时间。

由于长期观察各种市场和机会，盖茨发现了这个掘金的新大陆。在这个大陆上，不但竞争者稀少，更重要的是在这里可以充分发挥微软的核心优势。这是微软必须抢先占领的阵地，微软需要在这个战场上继续它的王者征途。微软就是试图用它的软件去搭建这样一个新的多媒体硬件产品的平台。毫不夸张地说，其深远意义将不亚于 DOS、Windows 等操作系统的出现。

　　新闻记者史卓斯曾与微软公司接触了三个月，他写道："当我近距离检视微软的运作时，震撼我的不是这家公司的市场占有率，而是该公司拟定决策时那种密集、务实的深思熟虑。据我观察，微软不像昔日的 IBM 那样，在墙上挂着训斥员工要思考的牌子，但是思考彻彻底底地渗入了微软的血脉。"

　　身处竞争大潮中的盖茨十分清楚，纸上谈兵对微软的发展没有任何促进作用。在微软的发展过程中，起决定作用的还是一个又一个被市场检验过的正确决策。当然，他更清楚，随着各国"信息高速公路"的推进，这场全球性的信息革命已经正式拉开帷幕。在这个崭新的信息时代，云集了众多的实力竞争者：索尼、松下、富士通……它们极具竞争实力，同时虎视眈眈，稍有不慎，等待微软的就是失败的悲惨下场。

　　因此，盖茨在决策的过程中更多了份深思熟虑。盖茨一贯奉行稳健的经营作风，让他在这个竞争的时代少了一分冲动，多了一分理智。虽然他已经像是用望远镜看到了娱乐事业的美好前景，但是在没有完全的把握之前，他一直没有行动。

　　1995 年，盖茨通过全体高管的大会，确认进军新媒体市场比单纯发展软件业务更有利于微软未来的发展。他马上开始了气势恢弘的世纪淘金大行动，其动作之大，令所有对手瞠目结舌。1996 年，微软公司正式宣布以 4.25 亿美元的价格收购 WebTV 公司。借助 WebTV 公司原有的网络渠道，微软公司将软件以及微软公司制作的信息内容，一下子打入大众家庭，并且抢在电器商与电视台之前，部署大媒体时代的全方位策略。

　　一切还只是一个序幕。2004 年 10 月，盖茨又向全世界的客厅发起了自己的最新攻势。

　　在美国洛杉矶举行的发布会上，微软给 Windows XP 媒体中心 2005 的定位是最好的家庭用户操作系统。该技术被定位为微软数码娱乐战略 "Digital Entertainment Anywhere" 的核心。

　　这种能将一台个人电脑转变成一个娱乐中心的最新操作系统，使用 Windows XP Media Center Edition，可以很方便地欣赏照片、电影、音乐等数码娱乐；除使用鼠标和键盘外，还可以用遥控器操作；可录像和暂停正在广播的电视节目，可将照片或电影/电视节目保存到 CD－R/DVD 媒体，还可编辑从数码相机导入的照片；利用 "Movie Finder" 功能可用演员、类别或导演等作为关键词搜索电影，也可发现相类似的电影。该版本集成了 "Windows

Media Player10"，很容易通过各种在线服务简单下载或播放音乐及电影。附带 "Windows Messenger"，可一边看电视一边和朋友聊天。

"如果你看一下消费者对音乐、照片、电视等数字娱乐内容的巨大兴趣和需求就会发现，这正是他们想要的 Windows。"微软内部人员在接受记者采访时说。

上市后 6 周，微软宣布，迄今为止该产品已经售出超过 100 万份拷贝，截止到 2007 年，其销量已超过了 1800 万份。在全力以赴的运作中，微软乐观地认为，未来几年内，将有 1/3 的消费类 PC 采用媒体中心。

在推出新产品的同时，微软还进行了一系列大规模的营销活动。

面对如此大的阵势，在所有与微软竞争的对手中，能让自己的决策走下纸面的寥寥无几，能坚持让自己的决策执行到底的，更是少之又少。

但从目前微软媒体中心的销量来看，并不是太理想。尽管如此，这仍然是一项值得注意的计划——不但因为它可能带出一种全新的个人电脑形式，也因为微软往往在多次失败之后会推出一些伟大的产品让世人拍案叫好。

对于微软来说，更为幸运的是，所有的媒体科技都离不开电脑，而电脑软件正是微软公司的强项所在。所有新的产品的开发，都将在微软公司的专属领地当中角逐，因此，微软公司无疑已经抢占了一个居高临下的战略要点。

微软公司占有全球个人电脑操作系统八成以上的市场，这场信息革命令微软公司的规模更加扩大，其领导地位也更加坚固。微软正在试图在新媒体领域搭建一个系统的平台，让所有的设备都统一在这个平台上运行。这个设想一如当年的 Windows 操作系统的提出。

微软之野心，世人皆知。

580 亿的裸捐

2008 年 6 月，53 岁的微软创始人比尔·盖茨卸任微软执行董事长职务，连 "人" 带 "钱" 全部投入慈善事业。

就这样，盖茨正式退出了公司的日常管理工作，结束了其在微软的全职任职生涯。但盖茨仍会转任微软非执行董事长，每个星期还会在公司待上一天，目前仍是微软最大的股东。

对于盖茨的离开，业界普遍认为，不会对微软造成太大的影响。早在2000年，盖茨就将CEO职位交给了大学好友鲍尔默，为自己的退休提前做好了铺垫。

分析师指出，盖茨已经成为微软形象的一部分，他的离开只是象征性的。"盖茨离开后，微软不会发生太大变化。如果他认为某些事情重要，尽管告诉鲍尔默就是了。鲍尔默也会听他的。"《华尔街日报》评论说。

盖茨前不久在接受媒体访问时表示，自己已经将580亿美元的财产全部捐给了其名下的慈善基金会——比尔及梅琳达·盖茨基金会，盖茨还表示，离开微软后将会把更多的精力用于慈善事业。

盖茨夫妇曾打算去世后留给3个子女数百万美元遗产，捐出其余资产。2003年盖茨对外界宣布，将计划把自己98%的财产留给他们的基金会。这样他的三个子女仍然能得到1000万美元的遗产。如今，他们悉数捐出，连一分遗产也无意留下。"我们决定不再给孩子们留财产"盖茨说，"我和妻子希望以最能够产生正面影响的方法回馈社会。"

盖茨1975年创办微软后，Windows软件一直雄霸操作软件市场，令他在过去13年里一直是全球首富。为全心投入慈善事业，盖茨两年来不断为自己在微软内部从事的工作"减负"。为了专注开展自己的慈善事业，盖茨早就对自己在微软的工作进行了长期规划。2000年，他任命自己哈佛大学同窗好友鲍尔默为微软首席执行官，自己则改任公司首席软件设计师，为20年来的这位得力助手充当配角。2005年，时机成熟，他又放心地把首席软件设计师一职移交给原首席技术官雷·奥齐。如今，他正式卸下微软执行董事长职务。

当所有人都对比尔·盖茨在退休之际捐出580亿美元财产表示惊叹的时候，比尔·盖茨曾经的同事、现任Google中国区总裁的李开复则对比尔·盖茨的做法表示了充分的理解。

"我觉得这是一个价值观的问题。我可以看到45岁以后的盖茨认为人的价值不在于他拥有多少，而是他留下多少。"李开复接受记者采访时表示。

其实在美国社会，富豪们热衷慈善的一个重要原因是捐款避税，美国是世界上少数几个捐款免税的国家之一。但是比尔·盖茨将高达580亿美元的巨额财产全部捐出，这已经不能用一个简单的"避税"作为原因来理解了。

"当一个人把全部财产捐献出去，我们不应该再怀疑他的'动机'。就算有动机，也是为了人类的福祉，而不是有什么私心。"李开复说。

2008年6月，盖茨用自己的一言一行为一些对财富斤斤计较的富豪们好好地上了一堂生动的财富课。这位曾经的世界首富不但捐出了全部财产，而且传递出"以最能够产生正面影响的方法回馈社会"的慈善理念。这种慷慨的财富价值观，这种发人深省的慈善意识，足以让一些富豪们汗颜。

过去13年里，盖茨一直是全球首富，直至2008年被其好友"股神"巴菲特超越。580亿美元几乎是盖茨的全部身家，他希望以这种方式回馈社会。

2000年，盖茨夫妇正式成立了比尔及梅琳达·盖茨基金会。该基金会的慈善范围，最主要的是全球卫生保健，致力于缩小贫富国家的卫生差距，帮助发展中国家提高医疗技术。基金会下面又分为五个优先项目：艾滋病、肺结核和生育健康，传染病，全球卫生保健技术，全球卫生保健战略，以及全球卫生保健宣传。其余还包括教育事业，如增加对美国中学教育的投入，提高中学生的学习水平和技能水平等。

盖茨为基金会运作制定了一系列规章制度，明确要求基金会不得有傲慢的"施舍者心理"，确保运作透明而高效。

目前这一基金会的规模是全球最大的，预计超过1000亿美元。

卷四 思考致富

——500 位成功犹太人信奉的财富奥义

有梦想，有信心，善规划，勤思考，敢决断，
不拖延，挖潜力，不放弃，迎成功。

第一篇　信心和梦想帮你铸就成功

梦想的力量超乎想象

回顾人类发展的每一个历史阶段，我们可以发现：人类的每一个进步，最初都源于人类自身的梦想。同样，许多成功人士的经历也表明，他们在成功之前都有他们为之奋斗的梦想。梦想激励人们去努力、去奋斗，推动人们不畏艰难、坚忍不拔地追求成功。梦想是我们成功的原始动力。

人类的梦想就是一种祷告，它激发了人类内心深处渴望成功的勇气和力量，假如你心中有了梦想，那么，就请在心底虔诚地祷告，并坚忍地、一贯地去实现它。

梦想总有一天会扶助你走向成功！

唤醒心灵的巨人，你也可以成就伟大！

你是一个梦想者吗？

使人类的生活更有意义，把很多人从困境中解脱出来的，都应归功于一些梦想者。我们都得感谢人类的梦想者啊！

梦想者是人类的先锋，是我们前进的引路人。如果把梦想者的事迹删去，谁还愿意去读那些枯燥无味的历史呢？他们毕生劳碌，不辞艰辛，弯着背，流着汗，替人类开辟出平坦的大道来。现在的一切，不过是过去各个时代梦想的总和，不过是过去各个时代梦想的现实化。

如果没有梦想者到美洲西部去开辟领地，那么美国人至今还徘徊在大西洋的沿岸。

对世界最有贡献、最有价值的人，就是那些目光远大，且有先见之明的梦想者。他们能运用智力和知识来为人类造福，把那些目光短浅、深受束缚和陷于迷信的人解救出来。有先见之明的梦想者，还能把常人看来做不到的事情，一一变为现实。有人说，想象力对于艺术家、音乐家和诗人大有用处，但在实际生活中，它的位置并没有那样显赫。但事实告诉我们：凡是成功者都做过梦想者。工业界的巨头、商业的领袖，都是具有伟大的梦想，并持以坚定的信心、付出努力奋斗的人。

马可尼发明无线电，是惊人梦想的实现。这个惊人梦想的实现，使得航行在惊涛骇浪中的船只一旦遭受到灾祸，便可利用无线电发出求救信号，由此拯救人的生命。

电报在没有被发明之前，也被认为是人类的梦想，但莫尔斯竟使这梦想得以实现。电报一旦发明，世界各地消息的传递，从此变得是多么便利。

斯蒂芬孙原先是一个贫穷的矿工，但他制造火车机车的梦想也变成了现实，使人类的交通工具大为改观，人类的运输能力也得以空前的提高。

横跨大西洋的无线电报是费尔特梦想的实现，这使得美欧大陆能够密切联络。

许多功成名就者之所以拥有惊人的梦想，部分应归功于英国大文豪莎士比亚，是他教会人们从腐朽中发现神奇，从平常中看出非常之事。

人类所具有的种种力量中，最神奇的莫过于有梦想的能力。如果我们相信明天更美好，就不必计较今天所受的痛苦。有伟大梦想的人，即使千难万险，也不能挡住他前进的脚步。

一个人如果有能力从烦恼、痛苦、困难的环境，转移到愉快、舒适、甜蜜的境地，那么这种能力就是真正的无价之宝。如果我们在生命中失去了梦想的能力，那么谁还能以坚定的信念、充分的希望、十足的勇敢，去继续奋斗呢？

美国人尤其善于梦想。无论多么苦难不幸、穷困潦倒，他们都不屈从命运，始终相信美好的日子就在后面。不少商店里的学徒，都梦想着自己开店铺；工厂里的女工，梦想着组建一个美好的家庭；出身卑微的人，梦想着掌握大权。

人只有具有这些梦想，才可能有希望，才会激发人们内在的智能，促进人们付出努力，以求得光明的前途。

仅有梦想还是不够的，有了梦想，同时还要有实现梦想的坚强毅力和决心。如果徒有梦想，而不能拿出力量来实现愿望，这也是不足取的。只有那实际的梦想——梦想的同时辅之以艰苦的劳作、不断的努力，那梦想才有巨大的价值。

像其他能力一样，梦想的能力也可以被滥用或误用。如果一个人整天除了梦想以外不做别的事情，把全部的生命力花费在建造他们那无法实现的空中楼阁上，就会弊害无穷。

那些梦想既劳人心思，又耗费了梦想者固有的天赋与才能。

要把梦想变成现实，全靠我们自己的努力。有了梦想以后，只有付出不懈的努力，才可以使梦想实现。

在所有的梦想中，造福人类的梦想最有价值。比如说，约翰·哈佛用几百元钱创办了哈佛学院，最后成为了世界闻名的哈佛大学。

人不仅要有梦想，更要激励自己去实现梦想。人若具有向上的志向，志向就会像一枚指南针，指引人走上光明之路。

你的财富始于你的梦想

梦想，是欲望的理想化。

对于梦想，有各种不同的看法。

有人认为健全的人会面对现实，不会沉溺于梦想。也有人觉得，爱梦想的人，根本不适合在现实社会存在。

可是本书的看法和大家不一样。

只要懂得判断能够实现的梦想和近乎虚妄的梦想之间的差别，拥有梦想并不是一件坏事。善于梦想的人，无论怎样贫苦、怎样不幸，他总有自信，甚至自负。他藐视命运，他相信好日子终会到来。一个伙计，会梦想到住在他自己的店铺中；一个贫苦的女工，会梦想着购置一所美丽的住宅。

正是这种梦想，这种希望，这种永远期待着较好日子到来的心态，使我们可以维持勇气，可以减轻负担，可以肃清我们前进道路上遇到的困难、挫折。

约翰·哈佛以数百元的金钱创立了哈佛大学，耶鲁大学在初设时，只有少数的书籍。这是化梦想为现实的好例子。

不要阻止你的梦想、信仰，并且鼓励你的憧憬，激发你的梦想，同时努力使之实现！

这种使我们向上面展望，向高处攀登的能力，是与生俱有的。

它是指示我们走上财富之路的指南针。

你生命的内容，将全依你的梦想决定。你的梦想，就是你的生命历程的预言。

约翰·坦普登的高中时代是在田纳西州的曼彻斯特度过的。他内心经常梦想着有朝一日要成为一家大公司的首脑。

虽然这只是一名 17 岁男孩的梦，却是其人生目标的萌芽。

进入耶鲁大学后不久，他的兴趣就从经营一般企业转移到研究评估公司财务之上。

大学二年级时，他的父母由于生活拮据而无法继续供他念书，迫使他陷入不知该休学就业还是该半工半读的窘状。要做这个决定非常困难，但因为约翰有自己的梦想，因此，他很快就做出决定：无论如何都要坚持到毕业。

最后他也做到了。

3 年后，他除获得经济学学士的学位外，还获得著名的路德奖学金，并取得全国优等生俱乐部耶鲁分会会长的头衔，以极其优异的成绩毕业。

以后的 2 年，他前往英国牛津大学进修硕士。此行对于他后来从事财务经营有很大的影响。

约翰回到美国后，便与一名田纳西的女子结婚。随后，他前往纽约，正式开始追求自己的目标。他的起步是一家颇具规模的证券公司，他在里面的职位为投资咨询部办事员。

不久，朋友告诉他有一家公司正在招聘年轻上进的财务经理。这家公司的名称是国家地理勘察公司，是一家石油勘探公司。

约翰听说之后，便前往这家公司应聘，因为他认为这家公司可以让他进一步学到许多有关财务经营方面的东西，于是他就进了这家公司，一干就是 4 年。

4 年之后，他又回到早先的那家公司工作，并等待机会。

最后，机会终于被他等到了，一名资深职员即将退休，这个人拥有 8 个相当有实力的客户，欲以 5000 美元出让。这对约翰来说是相当大的赌注，5000 美元相当于他的全部财产，若此举失败，他将变得一文不名。而且，这些客户顶下来之后，能不能留住还是问题。这时约翰再一次面对重大抉择。

最后，他一心想自立门户的野心战胜了一切，他接下这 8 个客户，并且立即前往拜访，十分坦率而且诚挚地向他们说明自己的理想与计划。客户们被他的热情与直率打动了，都表示愿意留下观察一段时间。

当时的约翰才 28 岁。

2 年的时间很快就过去了，熬到第 3 年，公司业务开始蒸蒸日上，客户也显著增加，约翰自立的梦想终于实现。

今天，他已经是一家投资咨询公司的总裁，拥有将近一亿美元的资产，并兼任某大型互助银行的常务董事及数家公司董事。

全新的创富理念

100 个富翁，会有 100 个发家故事，100 种创富经历，100 条致富之路。百万富翁到底是怎样发财的？如果你向身边的人请教如何创富，那么 100 个人可能会有 100 个答案。

排队买彩票的人会告诉你致富完全靠运气；银行职员会告诉你致富全靠储蓄；保险代理人会告诉你致富全靠保险；你和你孩子的老师会告诉你致富全靠教育基础；珠宝店的老板会对你说致富全靠投资珠宝；期货市场的炒家会告诉你致富全靠期货买卖……

他们全都信誓旦旦，不容你有任何质疑，因为他们会同时列举一大串成功的例子。其实这些人并不真正懂得怎样才能创富并成功致富。

创富的根本在于掌握创富理念，创富要从学习理念入手。《穷爸爸 富爸爸》一书向我们阐述了以下一系列创富新理念：

一、树立强烈的求富欲

创富首先要从"心"开始，强烈的求富欲使你充满动力，创富目标促使你奋勇向前，可行计划使你稳步上升。你要真正地热爱金钱，认识到没有金钱是万万不能的，立志要成为富豪，不断激励自己，挖掘和开拓自身的创富潜能。

二、更新你的财务观念

时代不同了，许多老的规则都要改变。但有一些人就是顽固，当他听到"时代不同了，你要改变你的规则"时，他会抬起头来表示同意，当他再埋头工作时，他仍在走老路子。我们的社会已进入信息时代，与农业时代和工业时代不同，财富的代表已不再是土地、工厂，而是集中了智慧力量的各种信息，如知识、创意网络等。成功创富的历程也有鲜明的时代特点，创富不一定需要"千层高台，起于垒土"式的积累，创富实力不全看年龄、智商、教育背景和政治、财力基础，致富也不全靠运气。只有更新观念，才能进步。比如，一个杯子，如果里面满是水，那么油是倒不进去的。

三、集中力量创富

创富需要集中力量，搜集信息，把握并创造机会。只有全力以赴，目标才能攻克，理想才会实现。专心于重点工作，防止注意力分散，合理利用自己的时间，是成功的不二法门。

四、不要为金钱而工作，让金钱为你工作

如果让金钱成为你的主人，它会毫不客气地把你当成奴隶，挥动皮鞭让你付出健康、快乐，甚至让你去赌博、犯罪，到后来把你榨干，让你两手空空，然后毫不留情地把你推入不见底的深渊。相反，如果你做了金钱的主人，你就可以使它为你工作，以钱生钱，由小而大，并让它为你带来自信和快乐的感觉。

五、获得个人的财务自由

人类渴望拥有的是自由，"不自由，毋宁死"。但自由要钱保障，有钱就有更多的自由和保障。如果你有足够的钱，那么你不想去工作或者不能去工作时，你就可以不去工作；如果你没钱，不去工作的想法就显得太奢侈。所以你要追求财务自由而非职业保障，勇敢地去干，你必须勇敢，因为你原本并不富有。

六、构建个人的金流系统

金流系统是棵摇钱树，它能最大限度地、合法地为你带来现金流入。有了金流系统，你就可以摆脱拼命工作的命运，从而聪明地工作着，你可以有更多的时间去旅游、陪伴家人、教育孩子及做你想做的一些事。如果你没有这个系统做你的挣钱机器，就等于你没有替身，那么你就不可能有时间和力量去做那些你该做和想做的事。

七、留住你的财富

财富是水，如果你不筑一道闸门，它会流失得一点儿不剩，你要学会控制开支。除了学会节俭这个传家宝之外，你要学会不把大钱化小，要学会及时追债，要学会合理节税，这是保证你财务健康的实用技巧。

八、让财富与善举同行

人生快乐是一种精神的追求，有了一定的物质基础，如果不懂得让财富与善举同行，那么你同样也是很"穷"，而且"穷得只剩下钱了"。学会追求金钱以外更可贵的东西，与社会共享财富，人生才会更充实，你才会感觉到真正的富有并快乐。如果致富并不能使你快乐幸福，那致富还有什么意义呢？

以上这些财富理念会使你的财富保值并增加，使你拥有一个富裕的人生。财商能给你带来现金流的思想素质或智慧能力。创富新理念可以让你的生活更具品位、更有质量。创富理念是幸福生活的源泉，学习它、运用它，你就可以有金色的"钱"程，美满的人生。

理想、希望和梦想

我们把心动整理成人生的目标，那就是理想。

"崇高的理想是一个人心上的太阳，它能照亮生活中的每一步路。"这是一位哲人的睿语。

理想，是热能与力量、朝气与生机之源，是升腾智慧之剑的导火索，是洞穿生活中一切磨难的激光。理想是点燃生命之灯的火花，是引领夜航船的灯塔，是激励心志的精神家园。

人，只有在理想光辉的照耀下，才会在岁月悠悠、长路漫漫之中不断跋涉，遭遇迷津而不徘徊彷徨，身受诱惑而不心摇神荡。

理想、抱负、志向是人们极为重要的心理品格。

我们应以理想导航，以信念统领生命之躯。我们确信，再高的山峰也挡不住我们理想的双翅，再深的大海也淹没不了我们信念的灯塔。

希望就是清醒着的人的梦，理想、志气正是生命的灵魂，是成才的动力之源。崇高的理想是一个人心上的太阳，它能照亮生活中的每一段征程。正如英国作家托马斯·布朗所言："生命是纯洁的火焰，我们就靠心中看不见的太阳生活。"

在当今的中国，确实存在着倾心实惠、理想淡化的现象。不少青年目光短浅、胸无大志，存在着信仰危机。

生命中不能没有七色阳光，人生不能没有信念和理想。

在最悲伤的时刻，不能忘记信念；最幸福的时候，不能忘记人生的坎坷。

一个追求卓越的人，总是希望攀登绝顶，领略顶峰的无限风光。

巴尔扎克说："每个人一生都有一个顶点，在那个顶点上，所有的原因都起了作用，产生了效果，这是生命的中午，活跃的精力达到了平衡的境界，发出灿烂的光芒。"

可以说，绝顶是极致、是尽兴、是满盈，能攀上人生顶点的人，是幸运的。一个有志气的人，应该靠脚踏实地地奋斗，迎接辉煌的到来。但是，人不能由此而止步，若是眷恋于顶点、贪恋于顶点，则会滞留、观望，失去了继续前行的方向。而不倦的奋斗者，却会将顶点变为另一次攀登的起点，继续前进。

一个失去理想和追求的民族是难以起飞的，一个缺乏抱负的人，也必将难以攀上成功的巅峰。

因此，我们要认识理想、树立大志，并用理想撞开成功的大门，用志向之犁耕耘事业的田园。

梦想要远大而具体

要有远大梦想的原因是，在所有人的体内，都有着一股不可限量的能力。这是一个新的发现，无论在心灵或是身体上，从没有任何人曾经在人类身上加注精确的极限。所有建立起来的纪录，都是可以被其他人打破的；所有的意见或想法，都能够有所改进而变得更好；超级成功者在交谈或讨论中，他们一再强调，每一个人一定都可以比现在的自己做得更好、更成功。他们坚持，他们以前若是懂得这个道理，一定比现在发展得更好、更成功；而且，他们相信，任何界限都是不存在的。

现在，请你把以下这个句子写下来，因为它是人生中最宝贵的真谛之一：我们心灵能够到达之处，直接与我们个人梦想的大小相关；它也与我们对是否能够实现梦想的信念强弱有关。

所以，你要有远大的梦想，帮助你自我成长，也帮助你周围的人成长；要有远大的梦想，来启发及改善你自己与其他人的生活；要有远大的梦想来证明，这种启发及自由民主的梦想方式，一定可以改变世界的纷争。

　　远大的梦想给予我们目标及方针，而远大和正确的目标及方针，则能提高自我信心及自尊心。为了小小的梦想，而浪费了许多年的青春岁月，投注了太多的努力及承诺，是完全没有道理的。因此，你千万不要为了那些极小的梦想而限制了你的人生，或压抑了自我的能力。你所要注意的是：想要追随你的梦想，将所有的梦想逐一实现，需要另一项特别的才能，那就是要设定目标，并许下你的承诺来完成自我的梦想。有很多人在 10 年前就许下宏愿，但是 10 年后仍然在和梦想追逐。这不是因为他们缺乏动机、缺乏欲望，而是因为他们根本没许下承诺要实现梦想。

　　有某些人告诉你，他们想要成为富翁、成为名人，或在某个领域中成为一名佼佼者。假若你想知道他们是否会成功实现目标，你只需问他们一个非常简单的问题，马上就可以知道答案。

　　这个问题就是：为什么？为什么他们要实现那个目标？你一定会很惊讶，有多少聪明的人，都被这个问题考倒了！因为他们也许根本没想过要回答这个问题，或者，他们在回答时，根本没经过大脑思考。

　　决定梦想的方向，许下势必实现目标的承诺，将所有的注意力集中在为什么要实现目标的理由上，这就是你必须牢记的重点。假如我们只是为了个人崇高的理想，或自我的启发去追求一个梦想，我们会很自然地把那些我们喜爱的、应该帮助的人排除在梦想之外，不希望他们加入这个梦想实现的竞赛中。

　　在你自己的梦想中，强迫外加一些额外的目的，无论这些目的的价值多高，对任何梦想而言，都会变得毫无价值。所以，你必须将心中潜藏的私心和贪念，以及任何要去控制别人、整个团体的想法完全清除，而代之以有目标地编织自我的梦想，没有任何不良企图并且要有宽大的胸怀，让你自己都感到荣耀，且能启发所有参与的人。

　　要将一个梦想由充满各式各样想法并存的心灵中划分出来，在真实世界是绝对可行的，你只需要将你的想法及理念确定出来，组合成一个非常清楚的架构，全篇记录在纸上。然而，这常常是最容易出现问题的地方！尚未完成的梦想，只能算是一个小孩子的幻想而已！假若你对自己的梦想一点儿都不认真，那么，你就必须赶快进行以下的行动：将你的梦想详列在纸上，认真地检视一番。

　　首先，你可以用非常轻松、口语化的方式将你的梦想写下来，不要加进任何的评断、装饰或修改限制。接着，再进入细节部分，将你所有新的想法、主意全部包括进来。最后，你再决定要不要将这份书面化的梦想和其他任何人分享。假若你决定与别人分享，你就不要害怕别人看了之后会有什么样的反应；同时，也不要在意别人对你已经成形的梦想会有任何批评。

要给你自己足够的时间记录这些梦想，但是，当你准备跨越幻想国度，进入现实世界时，你千万不要给自己太多的时间来思考找理由，阻碍你的行动。除非你已确定所有你想要记录的细节，无法再多加任何内容，否则你就不要回头去阅读修正你所记下的人生目标及梦想。

假若你发现，你已经迷失了方向，偏离了主题，就应该马上停止，等过了几天之后，再重新检视你的梦想。然而，你却必须承担因此可能错失一些好主意的风险！因为，在这段时间里，也许你已经忘记，或因为其他的理由和想法，而有不同的决定。或者，你可以等到你有特别的心情感觉时，再回过头来进行第二度的修改，效果可能也不错！

梦想不等于成功

如果你留心一下周围形形色色的人，就会发现，这些人所受教育不等，家庭出身不同，经济状况不一，所从事的职业也不相同，他们对人生、对生活的看法也因人而异。而且这些人中，只有少数人在赚钱、养家、赢得别人尊敬这几方面做得很成功，大多数人都是失败的。

所以，那种认为只要有了梦想就十有八九可以获得成功的观点是不正确的。因为现实中存在许多摧毁梦想的因素，主要有以下 6 种：

一、我没有足够的资金开创自己的事业

早在 20 世纪初期，就有许多人梦想着能拥有自己的事业。然而，从前许多想成为企业家的人，从不因别人告诉他"你没有足够的钱，还是趁早打消这个念头"而放弃他的梦想。

没有足够的资金，只不过是那些缺乏思考力，不运用自己丰富想象力的人所编出的借口罢了。

有一位年轻的女士，她的梦想是做一系列漂亮的短衫去卖。她从会计和经营小本生意人那里打听过，才知道最少要有 15 万元左右的启动资金。她后来找到一位职业顾问，请求帮助。

"我没有办法拿出这么多钱来。"这位女士说。

"那你目前有多少钱?"专家问。

"有 5000 元左右。"

"这很不错,如果你的梦想确实可行的话,你就可以用 5000 元开始做短衫生意了。"然后,专家给她建议,她可以和成衣厂签订契约,花点钱让他们做一系列样品;然后她可以付给代理商一点酬金,通过他们销售这些样品。

只用 3 年的时间,她的梦想就实现了,而且每年收入 500 万元。她的梦想还在不断扩展,她未来 3 年的目标是:经营一个每年营业额达 5000 万元的企业。

因此,如果下次有人对你说"你没有足够的本钱"时,你可以姑妄听之,只管去大胆实践你的梦想。

二、我的教育程度还不够

接受一定程度的教育,对于许多职业而言是必需的,但因而就断定只有受更多的教育才能晋升和赚钱,那就太片面了。在美国 500 家最大的企业负责人中,有些人根本就没上过大学,然而许多有高等学位的人只不过是企业雇员而已,薪水也不见得优厚。由此可见,教育程度的高低与成功是无直接关系的。

许多有才干的人被那些鼓吹"多受点正规教育"的人给唬住了。是的,接受教育的确很重要,但是许多成功的记者或作家并不是从正规教育中学习如何写作的,不是所有成功的画家都是在大学中学习绘画技巧的,也不是所有成功的演员都上过大学学习表演的,这一点也令人深思。

三、干这一行的已经人满为患了

假设你现在想改行的话,在你身旁多半有人会这样劝你:"你看,这一行竞争太激烈了,失败的可能性太大。我看你还是别干算了。"

可是我们想想,如果是一个崭新的行业,你一定得冒很大风险。但如果是老行业,竞争者又多,看来是没有什么好干的行业了。但俗话说:"三百六十行,行行出状元。"只要你精于自己的专长,并坚持不懈地付出努力,你终会有所收获。

四、我是个梦想家,在这现实的世界我应实际些

分析一下你就会发现,每件事都是由梦想开始的。每个人的事业、每幢高楼、每条高速公路、每个学校、每间教室……任何事物,可以说所有的事物在它成为一个事实之前,都只是个梦想而已。过分谨慎的人通常是不会成

功的，因为他们不敢想象他们将来要做什么，过分谨慎限制了他们的想象。

想想涅赫·蒙·布昂吧！当初人们讥笑他想把人送上月球的野心时，他在意了吗？如果亨利·福特听从了那些好伙伴的规劝，而不去试着制造一部人人都买得起的汽车的话，他会有今天的成就吗？

梦想是各种各样的。许多人不敢梦想治好其病，因此他们无法痊愈。遇到同样问题的人，如果坚信自己一定能战胜病魔，他就能恢复健康。有些从事一般工作的人，从没有想过，也许有一天他们可以自己经营商场，所以他们就只好庸庸碌碌地过下去；另有一些人认为他们将来会有一份重要工作，最后他们有了自己的事业。

当生命走到尽头时，我们才会了解到梦想是干成一切事情的起点。以后如果有人说你傻得如同白日做梦，你就分析一下那个人，也许你会发觉他或她肯定非常平庸，什么成就也没有，也不会受人佩服。这种人绝不是你的榜样。

每个人都需要别人的建议，但要记住，你只能接受那些相信梦想有其不可思议的力量的人所给你的建议。

五、我没有时间

其实，只要充分利用闲暇时间，人们就会有许多机会来发展自己的事业。这些事业可以使你赚钱，带给你莫大的乐趣，而且不会妨碍你的正常工作。但如果你把自己想在一年的时间内多赚几千元钱的梦想告诉你的一些朋友，他们准会说，你没有时间去做那些事情。

那些"我没有时间"的摧毁梦想者，他们是在自我欺骗。他们认为自己实在是太忙了，然而每个人每天不都是一样有 24 小时的时间吗？我们每个人都可以决定自己是要利用时间来做更多的事情，还是把这些时间虚度掉。

六、现在的经济状况太差了

这对一个不敢下定决心换一份新工作或是做一项新投资的人来说是个笑掉牙的借口了，许多人就是因为这个借口而不采取行动。也有许多人不愿进行新的尝试而需提防风险不去行动。

诚然，一个国家的经济发展难免会有盛衰更迭，这是一种规律，而所有股票、证券、不动产或其他各项投资或是居高不下或是处于无力回升的情况也从未出现过。

如此看来，经济层面总是变动不定的，还是有许多值得投资的事业，只是大部分人不了解这一点。他们通常犯了两个错误：一是当大家在采购时，他们也一窝蜂地跟人家买；二是当别人抛售时，他们也跟着卖。

只有少数投资者能赚大钱，因为只有少数人能够抗拒他人的影响，不跟着人家一窝蜂去做。肯尼迪的父亲约瑟夫·肯尼迪就是一个典型的例子。在20世纪30年代，美国处于经济大萧条时，肯尼迪先生竟能提高其纯利达8倍之多。道理很简单，因为他知道当人们疯狂地抛售时，这表明他可以买进了；而当人们开始抢购时，就是他卖出的好时机。

肯尼迪先生对社会的经济制度是相当了解的。当经济复苏时——因为情形总是这样的——他已经准备好接受下次的考验了。

如果你已经过了30岁，那么你花几分钟时间回顾一下，高中时代你非常熟悉的那些人，他们的经济状况如何？也许有些人已朝着经济独立的目标迈进了，他们将是那些能了解和洞悉经济状况、脱颖而出的人；而也许你大部分的朋友都只是勉强过得去的，这些人就是一看到坏消息就深信无疑的人。这些坏消息，告诉人们要放弃，不要冒风险，而且最好就是打消这个念头，因为经济状况越变越糟是必然之势。

你对这个社会制度信不信就靠你的选择了，这一点你应牢记在心。数十年来，有一些人就是专门靠灌输大众经济恐慌的念头而致富的。

永存希望在心中

按照我们所希望的方式，或者说按照事物应有的方式去思考和评判事物，并相信我们自身的完美，相信我们不会有任何缺憾，这样一种思维方式会成为一种巨大的内在力量，从而改变我们的生活，改变我们的人生。要时时记得我们所想成为的那种理想的人。牢记你对自己能力、自己各方面素质的期望，不断地克制自己。不要总是想着自己的弱点、不足或失败，而要牢记理想，勇往直前、顽强拼搏，这才有助于你实现自己的目标。

时时期望，相信自己能实现雄心壮志，这种习惯会产生一种神奇的力量，促使我们的梦想变成现实。时时充满希望，坚信事物是在向好的方向发展而不是朝着坏的方向发展，相信我们是在走向成功而不是在走向失败，这种积极向上的生活态度会使我们精神振奋、备受鼓舞。

无论发生任何事情，我们都会感到快乐。

永远充满希望，保持乐观向上的态度——朝最好处着想，用最高标准要求，保持最快乐的心境——而绝不容许自己陷入悲观、绝望的心境。

你要完全相信，你能完成你想做的事情，对此，你不能有一丝一毫的怀疑。如果这种怀疑的念头爬上你的心头，你要毫不客气地把它驱逐出去。在你的脑子里，只能保留那些与你的理想一致、对你理想的实现有帮助的思想，而要排斥一切敌对的思想，抛弃一切令人沮丧的情绪，包括那些有可能导致失败和不愉快的情绪。

你想做什么事，或者说，你想成为什么样的人，这倒没什么关系，重要的是，你要时时充满希望，保持乐观的态度。这样，你各种能力的增长，你全面素质的提高，会令你本人也大吃一惊。

一旦你形成了乐观、快活、充满希望的精神风貌，你就不会轻易陷入与之相反的颓靡状态。

要是我们的后代获得了这种良好的素质，就会使人类的文明很快发生彻底的革命，使我们的生活水平极大地提高。

一个受到此种训练的心灵会时时保持一种良好的状态，它会最大限度地发挥自己的潜力，克服人生旅途中的种种不和谐、不友善，消除那些妨碍我们的安宁、舒适和成功的敌对因素。

你的前途无限光明，你会变得富有和幸福，你会拥有一个温馨舒适的家，你会事业有成，正是这些对未来的憧憬和向往，构成了你生活中的最大资本。

把自己所要达到的目标大胆地表达出来，即使这种目标表面上看来希望渺茫，甚至完全遥不可及。如果我们常常把自己的理想表达出来，我们所期盼的结果往往会变成现实。我们所想获得的东西——不管是强壮的身体、高尚的品德，还是上等的职业，如果我们尽可能地使之具体化，并全力以赴地为之奋斗，那么，这种目标实现的可能性要比我们消极无力时大得多。

布莱恩·布洛辛拥有过他想要的一切：美式足球的球员合约、漂亮的妻子珍和即将诞生的儿子班。

布莱恩回想以往，说："突然有一天，我的美好世界开始支离破碎。球队排挤我，我失业了，没有能力找一份好工作。更糟的是，我的儿子生来没有双脚、少了一只手，医生遗憾地告诉我们，他得了非常罕见的疾病，全加拿大仅有3例病例。1979年，我的妻子驾车失控，迎面撞上一辆时速65英里的货柜车，我就坐在她旁边，亲眼看着她断气。被送到加护病房后，医生发现我的脖子断裂，所幸仍能走路。"

假如你觉得相信未来是困难的，记住布莱恩的故事，他像浴火凤凰般从梦想的残骸里劫后余生。他说："那实在是一段艰苦的岁月，如没有上帝和安利朋友的支持，我早已陷入绝望的无底深渊了。"

他没有绝望。我们问他如何走过那段暗淡的岁月，他说："我对美式足球很在行，我可以阻球、抱球、运球，但我对自由创业一无所知，所以我渴望获得知识。我每个星期读一本书，每天听一卷录音带，我发现良师益友和心中理想的人物。我并不害怕问他们问题，我接受各方的指导，相信上帝可以帮我度过每一天，而且我一直相信自己。"

如今布莱恩有成功的事业、美丽的新妻子黛卓和快乐的家庭。15 岁的儿子班克服了残障，成为一个杰出的学生和出色的作家。

是什么因素使布莱思相信他自己呢？那是个秘密，但这是通往未来的关键。假如你相信自己，你将会成功；假如你不相信自己，不妨听从布莱恩的建议，阅读他人战胜困难的故事，找寻一群积极、相信你的人，相信上帝和你自己。就像布莱恩一样，你会从悲剧中走出来，实现新梦想。

梦想面前，规划自己

从小开始，大人就教我们有关其他人的事情，是什么使得人有这样的行为，背后的动机是什么；哪些人做了什么事，有什么样的成就；哪些人的想法、理论和解说是怎样的，等等。很少有人鼓励我们替自己着想，或者是想一想自己，找出我们自己的能力是什么，有什么样的弱点，有什么作为，有什么成就，对于其他人有什么影响……

你的重要决策由谁来做？你的事业由谁来从事？按照别人的意见去办，你也许觉得很不称心。如果你听了他们的意见，有人会高兴，但是高兴的人不是你。如果你想得到幸福，想要取得成功，就得由你去计划自己的人生。

要让目标实现，梦想成真，仅有目标还不够，你还必须制定实现目标的计划。没有计划的目标是空中楼阁。你必须以目标为中心，制定自己的"个人成功计划"。

如果你想达到自己的目标，就必须要有计划，而且是行之有效的计划。概括来说，就是当你考虑自己的长期目标和中期目标时，你必须留有充分的余地，以适应可能发生的变化。

做出几年、几月、几周的计划后，以同样的办法制定出各个阶段应当采取的相应步骤。把你的目标记下来，贴在镜子旁边的墙上，以此不断提醒自己。

新年开始时，我们都会提出新的目标，但是，当一年结束时，我们完成的目标究竟有多少呢？

为什么会这样呢？你想想看，你对你的目标有计划吗？如果有，你又是如何计划的呢？在制定计划前，你有准备吗？

在制定自己的个人成功计划之前，要先做好以下准备工作：

明确你自己想达到什么目标，使这一目标明朗化；将各时期的进度规划出来，每一天的、每一周的、每一年的、每十年的，这可使你的工作有条理。

无论计划将是什么，无论自己将去做什么，要想着自己的优势而不是劣势，想着自己的能力而不是各种各样的问题，要有把计划进行到底的决心。

下决心将你的计划坚持到底，不要理会别人怎样想、怎样说、怎样做。你所要做的就是以不懈的努力、专注及集中的力量来筑起自己的决心。

下面你就可以制定你的计划了。

第一步应当以你的目标为基础，写出一份陈述。陈述要简单，但应当包括你的目标的各个方面：你人生活动的重点是什么，你想拥有多少财富，你想怎样去实现你的财富梦，你为什么想做这些事情，你打算如何做到这些事情。

在明确了以上几个最基本的问题后，应当制定更细致的目标，计划应尽可能的明细。

计划制定后，应当评估你的计划，你至少应在计划开始实施前评估一次，如有必要，对计划做出调整。在计划开始实施后，要进行阶段性的评估。看看你的阶段性计划是否奏效，目标是否完成；如果没有，问题出在哪里，如何对计划做出调整；或者计划仍然是个好计划，只是因为你的懒惰或意志力薄弱而未能实施。

最后，你会发现，你决心实施并为之热情奋斗的计划实现了，而你"半推半就"，缺乏热情和决心实施的计划却搁浅了。

规划造就成功

如果你准备外出旅行，你一定会先确定目的地，然后研究地图，确定行走的线路，制定旅行计划，包括第一天到哪里，晚上住哪家宾馆，然后才会出发。然而，让许多创富学研究者大惑不解的是，虽然许多人都有创富的欲望，也确定了创富的目标，但100个人当中，大约只有两个人制定了达到创富目标所准备实施的创富规划，大多数人是随波逐流。这正好与100个人当中只有两个人成为富豪而大多数人没有富起来有惊人的吻合。

没有规划的人，就如同没有航线图的航行者，不知身在何方，目的地在何处，即使非常忙碌，也不会有什么成效。现实与目标之间，有着较长的路程，并且这段路程往往充满了艰难和坎坷，绝不可能是一帆风顺的。我们要实现目标，路要一步一步地走，饭要一口一口地吃。创富也是一样，我们需要将通向创富目标的路程分解成一个一个步骤，逐步完成。

对于我们的创富目标，我们要把它分解成每天、每周、每月必须实施的行动和要达到的结果，然后一步一步、一天一天地认真完成。只有这样，目标才能实现，梦想才能成真。如果仅仅是念叨，"我想成为一个大富豪"或"我想在两年内赚到两百万美元"，而缺乏具体实施的规划，则一事无成。因此，我们不但需要确立一个切合实际的致富目标，而且还需要制定一个可行的创富规划。然后一步一步地走向目标，走向成功。

制定规划实际上也就是制定行动纲领，它告诉你如何通向目标，就像路线图一样告诉你如何从A点到达B点。例如，如果你的目标是增加50%的生产量或销售量，你就必须规定每天每月所必须达到的数量以及需要采取的措施。例如，每天打电话给5位新的潜在客户；再如你想在年底前修3门新课程，那么必须事先规划，否则你可能排不出时间去上任何课程。

许多人创富的欲望很强烈，天天想的就是创富发财；创富的目标也制定得非常明确，想赚几百万，想坐好车，想住好房，但他们最终却是一场空梦，其原因就是缺乏具体可行的创富规划。说得更加明确一点，就是缺乏实现创富目标的具体计划。成功者的经验表明，只有当你事先做好规划，并且让你的规划帮助你发挥潜力和创意，你才有可能真正实现你致富的梦想，达到创富的目标。

一般来说，在制定创富规划时，要注意以下几个问题：

（1）你的目标是什么？

（2）对于你自己以及影响目标实现的一切事物，你有何了解？

（3）你拥有什么样的物质条件来实现你的目标？

（4）你计划运用怎样的人力、物力来实现你的目标？

要把每个目标都当成是某一天的第一任务，全力以赴地去完成。然后对本年度或一个月来各个目标的执行情况一一检查，凡是能够顺利完成的目标加以保留，否则便取消或更改。

另外，一个没有期限的梦想或是目标，效果是非常有限的。

有些人设立过很多的目标，但是，却很少实现，原因有以下几点：

（1）不合理。

（2）没有期限。

（3）缺乏详细的计划。

（4）没有天天衡量进度。

这种计划是注定要失败的。即使偶尔取得成功，也是侥幸得来的运气。千万不要靠运气生活，你一定要靠目标和计划生活，这是成功者必备的条件。每一个成功者都有明确的目标，也都有伟大的梦想，同时他们都具有具体可达成的计划和期限。

下面，我们就说一下目标的具体规划。

一年之中，也许你有 10 个、20 个目标，也许只有七八个，不管这些目标能不能实现，把它全部写下来；从全部目标中选出 4 个最重要、最想在今年达成的目标，再选出其中一个最重要的作为核心目标。

所谓核心目标，就是你在今年最想实现的目标，假如今年只能够完成一个目标，就选那 1 个；选出核心目标之后，再把其他 3 个依照优先顺序排列；当你完成这些步骤时，你已经有 4 个非常明确的目标，而且是依照优先顺序来排列的。

有 90％的人设立目标，可是他们没有排定优先顺序，因此，他的时间管理不当，经常在同一个时间，做非常多的事情，而且效率不高。

列出优先顺序后，下一步是要定出具体的完成期限。

每一个目标都需要具体的完成期限，然后再把每一个期限分割出每一个月的工作——如果你 7 月份要达成核心目标，在 1 月份要完成哪些事情，在 2

月份要完成哪些事情，等等。

这样的规划方式，会让你的生活更有系统、更有组织；你会感觉凡事更轻松，能够事半功倍；达到目标的概率，也会大大提高。

如果你从来没有设定过任何目标，你可以从这个礼拜开始设立，先列出这个礼拜要完成的目标，依照优先顺序排列，选出最重要的目标。从今天开始就制定一个计划，然后向这个目标前进。

梦想与现实的统一

在目标的实现过程中，有有利条件，也有不利条件，你必须认真分析，从而利用有利条件，克服不利条件，通过认识这些主客观条件去制定实现目标的计划。同时你要了解制定计划、达到目标的过程中自己所必须具备的素质、能力、条件等，找出限制目标实现的阻碍，如性格上的缺陷、做事缺乏思考，等等。这些都是阻碍你前进的绊脚石，你必须先要看清楚，正视它们。在制定计划的过程中必须了解以下几点，才能使梦想与现实完美统一。

第一点：了解自己想做什么。

按愿望进行分类，则可将人分为：

（1）确切知道自己在生活中想做什么并且付诸实施的人。

（2）不知道也不想知道自己想做什么的人。他们害怕自己有理想。他们说："我实际想要的东西，从来没得到过，所以我干脆也不去想了。"这些人并不知道他们想要做什么。一个愿望刚出现，就已被他们扼杀在摇篮中："我能做到吗？我有资格做吗？别人将会怎么说呢？如果我不能胜任它，结果会怎样呢？"如果说这些人也想做些什么的话，那也只是别人想做的而不是他们自己想做的。

（3）看起来非常清楚自己想做什么的人，而实际上他们对此却一无所知。他们与上面提到的两类人的区别在于：他们非常重视给别人留下一种印象，好像他们知道自己想做什么。这使得他们比较自信，看起来也比别人略高一筹。

第二点：了解自己能做什么。

按能力进行分类，同样可将人划分为三类：

（1）过低估计自己的人。

（2）无限高估自己的人。

（3）正确估计自己，能得到他们想要得到的东西。

第三点：将愿望和能力、现实相统一。

拥有一份计划的第三点在于，将我们想做和我们能做的与现实相统一。这是因为，只有将我们实现愿望的多种情况都考虑在计划之内，我们的愿望才能得以实现。

第四点：为了达到目标，必须学会放弃。

当今时代的一个典型特征，就是人们认为他们不应错过生命所赋予他们的一切。那种抑制不住的贪婪欲望促使他们想知道一切，达到一切，拥有一切，搞得自己一生就像是在进行百米赛跑。

忙于不错过一切，使得绝大多数人忽略了这个不容改变的现实：在我们的生活中没有任何东西，是不需要代价即可得到的。这种代价就是放弃。

我们总是在想我们想得到什么，而不去想为了得到它我们必须放弃什么，所以很多人的一生都充满了不断的失望。我们制定了一个目标、一个理想、一份计划，但我们没有同时决定为了达到这一目标自己应首先放弃什么。

所以，拥有一份计划，用以消除所有影响，去做有利于我们的幸福、成功的事情，这意味着：

一方面我们必须做出决定，什么有利于实现我们的计划，并毫不犹豫地去实施这份计划。

另一方面我们必须决定，尽管有些东西目前看起来十分诱人，但却不利于计划的实现，那么必须放弃它们。

这种简单但很自然的认识就是我们获得自信的关键。谁懂得了这一点，谁就会对自己坚信不疑，正如基尔希·施来格博士所说的那样"对自己要有信心"；谁忽视这一点，不按这个原则调整自己的生活，谁就会像亨利·基辛格所说的那样"陷入困境"。

打造连接财富的云梯

制定一个周详的人生计划，对创富而言，是相当重要的，你会锲而不舍地去完成它。事实上，那些胜利者在努力迈向成功的过程中，也曾想过放弃，但是当他们决定继续为目标奉献一切时，事情就立刻有了重大的进展。所以，只要有了坚定的目标、积极的心态、必胜的意志力与严格的锻炼，那么就没有克服不了的阻碍。

如果你确实知道自己要什么，对自己的能力有绝对的信心，你就会成功。如果你还不知道自己的一生想要追求什么，现在就开始，此时此刻，想好自己要什么，你有几分的决心，何时会做到。

利用以下四个步骤，理清你的目标：

（1）把你最想要的东西，用一句话清楚地写下来；当你得到或完成你想要的事物时，你就成功了。

（2）写出明确的计划，如何达成这个目标。

（3）定出完成既定目标明确的时间。

（4）牢记你所写的东西，每天像祈祷词一样地复述几遍。结束这项仪式时，要表达感恩之心。

遵照这几项步骤，你很快会惊讶地发现，你的人生愈变愈好。这一套模式将引导你与无形的伙伴结合，让他替你除去途中的障碍，带来你梦寐以求的有利机会，实现创富的梦想。持续进行这些步骤，你就不会因为别人的怀疑而动摇。

记住，任何事情都不会偶然发生，一定是有人促成的，包括个人的成功。成功者都是下定决心，相信自己会做到的人，成功是切实的行动、谨慎的规划及不懈努力的结果。

你为自己所设定的目标——正如灯塔——会引领你驶向终点。如果没有了人生的目标，你就不可能掌握正确的航向。

创富比盖房更需要蓝图。然而一般人从来没有规划过自己的人生，所以他们也极少成功。成功人士和平庸之辈的差别，就在于前者为人生计划，决定一生的方向，制定未来十年、五年、三年的计划；最接近此刻的长期计划是一年；最后是一月、一周、一天。

（1）定出一生大纲：你这辈子要做什么？当然有很多事，只能定出个大概。你必须认真选择自己所喜欢做的事。

（2）二十年大计：有了大概的人生方向，就可以制定细节。第一步是 20 年。定下这 20 年内你要成为什么人，有哪些目标要完成。然后想想从现在起，十年后你要成为什么样的人。

（3）十年目标：20 年大计一定要 20 年才能完成吗？不一定，你越富有，就越快达到目标。

（4）五年计划：只需要一台计算器和几秒钟时间，你就知道五年内要赚多钱。

（5）三年计划：三年是重要的一环，一生大计通常只是简单的方向，而三年计划是最重要的决定点。

（6）明年计划：这是你每周至少要检视一次的工作计划。每年都要有计划，尽量简单扼要，以数字为主，比如，赚得的金额、认识的人数等。12 个月的计划不是论文，而是行动大纲。

（7）下月计划：认真地执行下个月的计划。以每月 15 号开始算起，是最适合的日子。

（8）下周计划：对大多数人而言，这是实现计划的关键所在。

（9）明日计划：明天 6 件最重要的事。

别被 20 年大计吓到了。好好写下来，修改是难免的。定计划是件愉快的事，而非一项任务，如果你的计划是一串上升的数字，你很快会对它发生兴趣。

如果短期计划超过了 90 天，你会对它丧失兴趣，要把它分散成单项，然后逐一在 90 天内完成。

创业者们应该把自己的目标想象成一个金字塔，塔顶是你的人生目标。你的每一个目标和为达到目标而做的每一件事情都必须指向你的人生目标。

金字塔由五层组成。最上的一层最小，是核心。这一层包含着你的人生总体目标。下面每一层是为实现上一层的较大目标而要达到的较小目标。这五层可以大致表述如下：

（1）人生总体目标：这包含你的一生中要达到的 2～5 个目标，如果你能达到或接近这些分目标，就说明你已经基本实现定下的人生目标了。

（2）长期目标：是你为实现每一个人生分目标而制定的目标。一般来说，这些是你计划用 10 年时间做到的事情。虽然你可以规划 10 年以上的事情，但这样分配时间并不明智。目标越遥远，就越不具体，就越可能夜长梦多。但制定长期目标是重要的，没有长期目标，你就可能有短期的失败感。

（3）中期目标：这些是你为达到长期目标而定的目标。一般来说，这些是你计划在 5 年至 10 年内做的事情。

（4）短期目标：这些是你为达到中期目标而定的目标。实现短期目标的时间为 1 年至 5 年。

（5）日常规划：这是你为达到短期目标而定的每日、每周及每月的任务。这些任务由你自己分配时间的方式而定。

虽然制定短期目标一直是创富者的主要策略，但是很多人仍然不太懂得如何制定目标。"短期目标"是一种独特的工具。短期目标界定什么重要，什么不重要，它使我们集中力量努力完成每一阶段的目标。短期目标是动用人力去取得特殊结果的基本工具。

第二篇　思考力和决策力帮你构架财富

思考激活思维

思考的力量是巨大的。任何创新的成果，都是思考的馈赠。人世间最美妙绝伦的，就是思维的花朵。思考是才能的"钻机"，思考是创造的前提。因此，潜心思考总是为成功之士所钟情。

"书读得多而不加思考，你就会觉得你知道得很多，而当你读书而思考得越多的时候，你就会清楚地看到你知道得还很少。"这是哲学家伏尔泰的感悟。

"学习知识要善于思考、思考、再思考，我就是靠这个学习方法成为科学家的。"爱因斯坦如是说。

牛顿敞开心扉："如果说我对世界有些微贡献的话，那不是由于别的，只是由于我的辛勤耐久的思索所致。"

思想家狄德罗坦言自己的治学之道："我们有三种主要的方法：对自然的观察、思考和实验。观察搜集事实，思考把它们结合起来，实验则来证实组合的结果。对自然的观察应该是专注的，思考应该是深刻的，实验则应该是精确的。"

将一半时间用于思索，一半时间用于行动，无疑是人才的成功之道。不懂得运用思索这一才能的"钻机"的人，是难以开掘出丰富的智慧矿藏的；不善于思考的人，就不能举一反三，触类旁通，享受创新的乐趣。赢得一切、拥抱成功的关键，在于积极的思考、持续的思考、科学的思考。

在工作中，要战胜困难，达到理想的效果，深思熟虑是不可缺少的条件。

在科学、艺术创造中，在规划方案、产品设计、经营运筹中，在理论体系的构筑中，思考具有不可替代的功能。

思维是人的特有能力。思维具有广阔性、深刻性、独立性、灵活性、敏捷性、批判性等内在品格。心理学家曾将思维方式分成三种形式。一是实践思维或动作思维，即以直观的、具体的形式提出解决问题的任务，用实践行动解决问题。发明创造者运用的是实践思维方式。二是理论思维，即运用抽象概念和理论知识达到解决问题的目的。思想家、理论科学家们惯于运用这种思维形式。三是形象思维，即运用已有的直观形象去解决问题的方式。艺术家们正是利用这种形式来创造作品的。

这三种思维常常被交互使用，有机地融合在一起。因此，需要锻炼这几种思维的能力，并力求有所侧重。这样，才有利于解决工作中的问题，逐步进入较高层次的创造。

思维在认识世界的过程中起着重要作用，在改造世界的进程中更有不容忽视的作用。思维是科学艺术创造之母。思维的结晶——"金点子"能救活一个企业，振兴一个国家。它是塑造大千世界的神奇刻刀，是改天换地的伟大杠杆。

世界上一切革新、发明、创意、主张，都是思考的产物。科学的思考创造了五彩斑斓的世界，推进了文明的演进。

长时期的持续思考能创造奇迹。梦也是思考的延续。有时，甚至在梦中都会有所得。在科学史上，这种奇迹比比皆是，缝纫机的发明即是一例。当时，埃利阿斯·豪将全部财富均投资于缝纫机的发明，但这个项目的最后一个问题，即缝纫机针的针孔应设在什么部位，他千思万虑，都得不到确切的结果。有一次，在睡梦中，他见有一群野人在他周围唱歌、跳舞，蛮族王下令他必须在 24 小时之内制成缝纫机的针，若是超过规定时间，就将他放进大锅煮熟给大家分食。他烦恼万分。突然，他发现野人手中的长矛，在尖刺上有个孔。他终于找到了答案。他惊醒时，是夜里 3 点钟。于是，他急忙起床，赶到工作室，借由梦中得到的启示，完成了世界上第一台缝纫机的设计。

唯有思考，才能开发出智慧的潜能，才能撞开才智的大门。当今，人类的知识总量已超过以往一切时代的总和。全部科学知识的四分之三是 50 年代以后发现的。"知识爆炸"的态势警策我们，光会积累知识，即使皓首穷经，充其量只不过是一个双脚书橱，难有多大作为。思维能力强的人，能再造知识，开发智能，将知识转化为现实的生产力。

据科学家计算，现代人的大脑潜在能力十分惊人。人的神经元每秒钟可接受 14～25 字节的信息量，即是说，一个正常人的大脑能容纳的信息量，约相当于 5～7.5 亿册书籍的容量。在现实生活中，人的脑力开发量还是微乎其微的，人的巨量"脑力资源"尚有不少"处女地"尚待开垦。开垦的重要方法就是要积极调动大脑的思维功能，采取多种方法，激活大脑的运行，开发潜在的思维能力。

养成思考的习惯

习惯具有不可逆转性，它每时每刻都在控制我们的生活。良好的习惯是一种坚定不移的高贵品质，恶劣的习惯则会毒化我们心灵，摧毁我们成功的梦想。

所以，有人说："播种一种行为，就会收获一种习惯；播种一种习惯，就会收获一种性格。"

在生活中，我们必须学会思考，逐步养成善于思考，勤于思考的良好习惯。只有这样，你才会在遇到困难和挫折之后，运用自己的思考想出处理办法，从而提高你独立办事的能力，进而帮助你走向成功。

要养成良好的思考习惯，你必须弄清楚思考习惯的来源。

首先，思考习惯来源于生理遗传。

经过世代遗传的本性和特质会影响你的思考习惯，你可能是严肃的或是不受拘束的思考者。前者强调的是详细，而后者强调的是计划的广博性。正确的思考可以修改、加强和引导这两种思考方式，因为每个人都具有这两种能力——可能其中一个较强而另一个较弱。

其次，思考习惯来源于社会遗传。

环境、教育和经验都属于社会刺激物之一，思考受到这些因素的影响最深。这实际上是一种危险信号，因为这表示人多半都是受到外界的激发，才开始思考的。你可以控制并挑选这些影响因素。

大多数的人在选择宗教，参与政党，甚至买车时，都不以他们对于目标的正确思考作为决定的依据，而是受到他们周围其他人的影响，如朋友、亲戚或认识的人。

正确的思考者完全不同，除非他们已谨慎地对目标做过分析，否则不会接受任何政党、宗教或其他思想，他们会自由决定取舍，并且从取舍的过程中获得更大的利益。

曾经担任过美国田纳西州州长的泰勒，有一次问一位年轻人："为什么要做那么忠诚的民主党人？""喔！"这年轻人回答，"因为我住在田纳西，而且我的父亲和祖父都是民主党人，所以我也参加民主党。"

泰勒听了之后回答道："如果你的父亲和祖父都是马贼的话，那你是不是也要当马贼呢？"

要培养正确思考的习惯，你还应该克服三方面的思考缺点。

轻信（不凭证据或只凭很少的证据）就是人类的一大缺点。

正确思考者的脑子里永远有一个问号，质疑企图影响正确思考的每一个人和每一件事。但这并不是缺乏信心的表现，事实上，它是尊重造物主的最佳表现，因为你已了解到你的思想，是从造物主那儿得到的唯一可由你完全控制的东西，而你正在珍惜这份福气。

少数正确思考者一直都被当作是人类的希望，因为他们在他们所做的事情上，都扮演着先锋者的角色，他们创造工业和商业，不断使科学和教育更进步。

爱默生说得好："当上帝释放一位思想家到这星球上时，大家就得小心了，因为所有事物将濒临危险，就像在一座大城市里发生火灾一样，没有人知道哪里才是安全的地方，也没有人知道火什么时候才会熄灭。科学的神话将会发生变化，所有的文学名声以及所谓永恒的声誉，都可能会被修改或指责，人类的希望、人类的思想、民族宗教以及人类的态度和道德，都将受下一代摆布，普遍化将成为神力注入思想的新入口，因此悸动也跟着而来。"一般人往往会接受那一再出现在脑海中的观念（无论它是好的或是坏的，是正确的或是错误的）。你可以充分利用这一人性特质，使你今天所思考的到了明天仍然反复出现，进而接受此一再出现的思想，这正是明确目标和建立积极心态的力量本质。

阻碍人类正确思考的第二块绊脚石是褊狭的观念。

由一双未受训练的眼睛看来，水晶矿石不过是一块普通的石头。在地质学者的眼中，却能看出在矿石内部有着美丽的水晶。那些因为闭塞的心理而拒绝变革的人，将错失生命中的最好的机会。因为机会就如同水晶一般，通常是藏在不起眼的外表之下。

别让自己成为习惯的产物，等待着生命来推动你。在上班时换条路走，组合一幅拼图，不看电视改看报纸，或是在午餐时间到博物馆逛逛。这些都会刺激你的思考程序，帮助你开启心灵去接受新的意念。

一般人的缺点，就在于不相信他们所不了解的事物。

当莱特兄弟宣布他们发明了一种会飞的机器，并且邀请记者亲自来看时，没有人接受他们的邀请。当马可尼宣布他发明了一种不需要电线，就可传递信息的方法时，他的亲戚甚至把他送到精神病院去检查，他们以为他失去理智了。

在调查清楚之前，就采取鄙视的态度，只会限制你的机会、应有的信心、热忱以及创造力。不要将质疑未经证实的事情，认为任何新的事物都是不可能的。正确思考的目的，在于帮助你了解新观念或不寻常的事情，而不是阻止你去调查它们。

学会勤奋的思考

一位美国妇女曾经对她的女儿回忆过这样一个人："他满头白发，十分凌乱；他个子不高，肥大的衣服随便地套在身上，就像人们为了保暖，将毯子裹在身上一样；他有一双深凹的眼睛，嘴上长着粗硬的胡子。他老是凝视着，思考着。当他走近时，突然发现了我，愉快地微笑一下，然后又继续走着和思考着。"这个人就是继伽利略、牛顿之后最杰出的物理学家阿尔伯特·爱因斯坦，他可以说是勤于思考又善于思考的典范。

世界上勤奋的人，数不胜数，但在事业上获得成功的人却不是很多。同样都是勤奋，为什么有的人成功了，有的人却没有成功呢？这里的分界线，就在于你是不是勤于和善于用脑。

勤奋思考，是打开成功宝殿的钥匙。许多人没有成功，是因为他们懒得动脑，有些人成功了，是因为他们时时刻刻都在勤奋思考。许多年来，熟透了的苹果自然掉在地上，却没有人认真地思考这件事。牛顿却认真地思考了，从这里面受到启发，他发现了万有引力。由此，我们可以看到，许多被人认为是不屑一顾的小事，却隐藏着极大的成功要素，这全靠我们的头脑去发掘。最没出息的人，是不愿动脑，饱食终日，无所用心的人。这样的人，虽然也能做一些工作，但永无成功的希望。牛顿对勤奋思考的意义有深刻的认识，牛顿说："我并没有什么方法，只是对于一件事情很长时间很热心地思考罢了。"一个人能否实现自己的奋斗目标，关键在于是不是勤奋思考。有许多人，虽然经过了千辛万苦，却一生都没有什么成就。这些人的教训，就是盲目努力，没有认真地动脑筋思考。相反，那些在事业上获得成功的人，都是思想上的勤奋者。美国著名化学家，1946年诺贝尔化学奖获得者萨姆纳说："只要你不停地使用你的大脑、你的大脑就绝不会衰竭，而你这个人也就永无老朽之悲。在科学上取得成就的诀窍就在于此。"

世界上一切创造发明和科学进步，都是科学家勤奋动脑的结果。每一项工具的改进都是由一个好的想法引起的。在我们这个地球上，最初的人们，也就是原始社会的人，他们以树叶为衣裳，以野果为食物。后来，有人发明了纺织技术，有人开始种植食物。这样，人们的穿着和饮食才逐步得到了改善。这些改善，首先是人们在生产实践中勤奋用脑、积极思考的结果。

马克思有一句警世名言："思考一切。"世界上各行各业的伟大人物，比如政治家、科学家、文学家、艺术家等，他们之所以伟大，就是因为他们很好地发挥了头脑的思考功能。

英国著名物理学家卢瑟福，经常教导身边的人要学会思考。有一天深夜，他走进实验室，看见他的一个学生仍然伏在工作台上忙碌着。卢瑟福问道：

"这么晚你还在做什么？"

"我在工作。"学生答道。

"那你白天做什么呢？"

"在工作。"

"那么你早晨也工作吗？"

"是的，教授，早上我也工作。"

卢瑟福问道："这样一来，你用什么时间来思考呢？"

在你确定了奋斗目标以后，要想尽快达到目标，那么，每一天你都必须把思考的时间留出来。爱因斯坦曾经说过："整个科学不过是日常思维的一种提炼。"这是爱因斯坦科学生涯的最好写照。许多人没有获得成功，那是因为他们没有认真去想，拼命去干。如果认真去想了，拼命去干了，你会发现，成功离你并不遥远。

培养正确思考的方法

正确的思考方法具有巨大的威力，那么，怎样才能养成正确的思考方法呢？

一、培养注意重点的习惯

正确的思考方法包含了两项基础技能。第一，必须把事实和纯粹的资料分开。第二，必须把事实分成两种：重要的和不重要的，或是有关系的和没有关系的。

在达到主要目标的过程中，你所能使用的所有事实都是重要而有密切关系的，你所不能使用的则是不重要及没有重大关系的。某些人因为疏忽而造成了这种现象：机会与能力相差无几的人所做出的成就却大不一样。

只要你勤于寻找研究，你将会发现，那些成就大的人都已经培养出一种习惯，把影响到他们工作的重要事实全部综合起来加以使用。这样一来，他们常常比一般人工作得更为轻松愉快。由于他们已经懂得诀窍，知道如何从不重要的事实中抽出重要的事实，因此，他们为自己的杠杆找到了一个支点，只要用小指头轻轻一拨，就能移动沉重的工作量。

一个人若能养成把注意力集中到重要事实上的习惯，根据这些重要事实来建造他的成功殿堂，那他就已为自己获得了一种强大的力量。

为了使你能够了解分辨事实与纯粹资料的重要性，为此，我们建议你去研究那些听到什么就做什么的人。这种人很容易受到谣言的影响，这种人对于他们在报上看到的所有消息全盘接受，而不会加以分析。他们对别人的判断，则是根据这些人的敌人、竞争者及同时代的人的评语。从你相识的朋友当中，找出这样的一个人，在讨论这一主题期间，把他当作是你的一个例子。注意，这种人一开口说话时，通常都是"我从报上看到"，或者是"他们说"。思考方法正确的人都知道，报纸的消息并不是一向正确的，他也知道"他们说"的内容通常都是不正确的消息多过正确的消息。

如果你尚未超越"我从报上看到"和"他们说"的层次,那么,你必须十分努力,才能成为一个思想方法正确的人。当然,很多真理与事实,都是包含在闲谈与新闻报道中。思考方法正确的人并不会把他所看到的以及所听到的全部接受下来。

二、看清事实才能拥有正确的思考方法

在法律的领域中,有一项被称之为"证据法"的原则,这项法律的目的就是取得事实。任何法官都可以把案子处理的对一切有关系的人都同样公平,只要他能根据事实来做判决;但他也可能冤枉了无辜的人,只要他故意回避这项"证据法",根据道听途说的消息来做判决或结论。

"证据法"根据它所使用的对象与环境而有所不同。在缺乏你所知道的事实时,如果你能够假设,在你眼前的证据中,只有那些既能增进你自己的利益,但又不会对任何人造成损害的证据,才是以事实为基础的证据。你只要以这一部分的证据去判断,就不会出错。

但目前的状况是,有许多人错误地——他自己可能知道,也可能不知道——把事情的利害关系当作事实。他们愿意做一件事,或是不愿意做一件事,唯一的原因是能否满足自己的利益,而未曾考虑到是否会妨碍到其他人的权益。

不管多么令人感到遗憾,这仍然是事实。今天大多数人的想法,是以利害关系作为唯一的基础。在事情对他们有利时,他们表现得很"诚实",但当事情对他们似乎不利时,他们就会不诚实,还会为他们的不诚实找到无数的理由。思考方法正确的人订了一套标准来指引自己,他时时遵从这套标准,不管这套标准能否立即为他带来利益,或是偶尔还会带给他不利的情况。因为他知道,到最后,这项政策终将使他达到成功的最高峰,使他最后达到生命中的明确而主要的目标。

要想成为一个思考方法正确的人,必须具备顽强坚定的性格。

思考方法正确,有时会受到某种力量的暂时性惩罚,对于此一事实,无须否认。同样的,由于思考方法正确所将获得的补偿性报酬,整体来说是利大于弊的。

在追求事实的过程中,经常需要借鉴他人的知识与经验,用这种途径收集事实之后,必须很小心地检查它所提供的证据,以及提供证据的人。当证据的性质影响到提供证据的证人的利益时,我们有理由要更加详细地审查这些证据，因为，他们所提出的证据和有关系的证人，通常会向诱惑屈服，而对证据予以掩饰或改造，以保护这项利益。

三、正确评价自己和他人

作为一个思考方法正确者，利用事实是你的权利，也是你的责任。

许多人之所以失败、退却，主要是，由于他的偏见与怨恨，使他低估了敌人或竞争者的优点。

一位思考方法正确者必须有点像一名优秀运动员——他必须很公正（至少对自己如此），能够找出别人的优点与缺点，因为所有的人都是同时具有各种各不相同的优点与缺点的。

"我不相信我可以欺骗他人，因为我知道我不能欺骗我自己。"

这句话可以做你的座右铭。

一个人如果知道他是凭着事实工作，那么，他在工作时将会产生自信心，这使他不会踌躇或是等待。他事先就知道，他的努力将会带来什么结果。因此，他的工作效率比其他人高，成就也将胜过其他人；其他人则必须摸索前进，因为他们无法确定自己所从事的工作是否合乎事实。

四、只有真理才永垂不朽

在你成为一个思考方法正确者之前，你必须知道无论在什么行业，当一个人担任领导职务时，反对者就开始散布谣言，传播闲话，对他展开攻击。

不管一个人的品行多么好，也不管他对这个世界有多么卓越的贡献，都无法逃过这些人的攻击，因为这些人喜欢破坏而不喜欢建设。林肯的政敌威尔逊散布谣言说他和一名黑人女人同居。华盛顿的政敌也散布类似的谣言。由于林肯和华盛顿都是南方人，因此，制造这些谣言的人也就认为，这是他们所能想象出来的最合适及最有破坏力的谣言。

思考方法正确者必须防范闲言闲语攻击的，并不只是在政界。一个人只要开始在工商业界扬名，这些闲言闲语马上就会开始出现。如果某人所做的捕鼠器比他的邻居要好的话，那么，全世界的人都会涌到他家门口向他道贺，这是毫无疑问的。但是，在这些前来道贺的人群当中，却有一些人并不是来道贺的，而是前来谴责及破坏他的名声的。已故的美国国家收银机公司总裁派特森，就是最著名的一个例子。他所制造的收银机胜过其他人，因此，也就受到了无情的打击。然而，在思想方法正确者看来，并没有一丝一毫的证据可以支持派特森的竞争者所散播的恶毒谣言。

至于威尔逊，我们只要看看林肯和华盛顿已经名垂青史，就可以知道，后人将如何看待他了。只有真理与事实能够永垂不朽，其余的都经不起时间的考验。

五、建设性的思考能导致成功

以上我们谈到了如何建立正确的思考方法。正确的思考方法再加上积极进取的精神，可以使一个人获得伟大成就。反之，消极的、破坏性的心态将毁掉所有的成功的可能性，如果继续下去，它最后终将破坏你的健康。

这里有一个惊人的资料，在所有病人当中，将近75％的病人患有"忧郁症"。这是一种不正常的心态，会引起对自己健康的无谓烦恼。

用清楚易懂的话来说，"忧郁症患者"就是指，一个人相信他自己正患上某种想象中的疾病。这些可怜虫相信，只要是他们所听到过名称的每一种疾病，他们全都染上了。

"忧郁症"是所有不正常症状的开端。

当人类的意识生病时，就会造成身体生病。在这种时候，它需要一个更强壮的意识来治疗它，给它指示，特别是使它对自己产生信心与信仰。

每个人都有责任去阅读有关人类意识能力的一些最佳书籍，学习人类意识如何能够发挥惊人的功能，使人们保持健康及快乐。我们可以看到，错误的思想方法会对人类产生极为可怕的影响，甚至迫使他们发疯。现在正是我们去发掘人类意识所能从事的善事的时候了。因为人类意识不仅能够治疗心理失常，也能治疗肉体疾病。

积极思考的方法

人们现在所拥有的，就是他们心里一直想要的。也许有些人对这句话难以接受。

心理学家说，如果你每天花费一个小时，完全思考某一问题，五年后你会成为那个领域的专家。

以你自己为例，如果你知道自己还有发展的空间，可以变得更好。你要寻求如何让人发生建设性的改变。因此，你可以花费五年的时间，在这个漫长而艰辛的路上寻找答案，你应该相信，你一定可以找到答案。思考是最大的力量，你应该设法掌握这个过程，这样你就可以把握自己的人生。

你的思考会受到正负两方面的力量的影响："正面"是创造性和建设性的因素；"负面"则是令人失望的和破坏性的因素。前者让你进步和改善，后者则让你放弃和伤害。

每个人都可以选择积极或消极、建设性或破坏性的思考及行动。那么，怎么会有人选择消极呢？重点在于，没有人会故意选择消极思考。你可能让自己遵循习惯性的思考模式，不断重复。成人所有的思考几乎都有习惯性。

英国词典编纂专家塞缪尔·约翰逊说："习惯的锁链通常太小以致难以察觉，但它又太坚固而难以打破。"我们平时养成了太多负面的思考习惯。我们都受制于某些习惯性的思考模式而不自知。

当人们认识或开始意识到自己有不良习惯时，他们为什么不改掉这些坏习惯呢？人们不改变自己的不良习惯，其原因是不愿意承担责任。此外，保持这些习惯得到的快乐超过带来的痛苦。他们可能会：

（1）缺乏改变习惯的愿望。

（2）缺乏训练，不知如何改变习惯。

（3）缺乏能够改变习惯的信念。

（4）缺乏需要改变习惯的意识。

这些都不利于我们改正不良习惯。我们都有选择权，既可以对不良行为放任不管，让它自行消失，也可以正视它、克服它，从而更好地生活。改变行为需要克服莫名的恐惧，从安逸舒适中走出来。请记住，恐惧是一种习惯的行为，只要不去学习它，就感觉不到它。

以下是那些不改变坏习惯的人最常用的借口：

我们总是那样做的。

我们从来不那样做。

那不是我的职责。

我认为那样做不会有什么改变。

我太忙了。

············

"亡羊补牢，未为晚矣"，现在开始改掉坏习惯还不太晚。不管我们的年纪有多大，习惯有多顽固，只要有改正行为的意识和技巧，我们就能改变它。

成功的秘密就是成功者习惯了去做那些失败者不喜欢或不愿做的事。或许，成功者也不愿做这样的事，但他们还是去做了。例如，失败者不愿意接受训练，不愿吃苦，不愿信守诺言；成功者也不喜欢受训，不愿吃苦，但不管怎样，他们还是那样做了，因为他们养成了去做失败者不喜欢做的那些事的习惯。

一切习惯在刚刚形成的时候都是很不起眼的，但最终往往会变得难以打破。态度属于习惯，也是可以改变的，问题是要用新的良好习惯去破除和取代旧的不良习惯。

防止坏习惯的形成比克服那些已形成的坏习惯要容易。要形成好习惯就要战胜诱惑。优秀品质的形成是有意识地付出一次又一次努力的结果，它需要经过大量的实践直到变成一种习惯。

习惯对你的人生有很大的影响。它可以帮助你达到新的高峰，同样它也可能限制你的行动。

习惯是以某种习惯性的方式思考的结果。你大多数的行为（超过99%）反映出深藏在潜意识之中的信息。你所有的想法几乎都受到过去的感受和经验的影响。因此，你必须学习成为一个思考者，最好是一个原创的思考者，唯有如此，才能让理性战胜过去的阴影。

我们都应该有这样的感知，过马路之前，你肯定要先看清左右两边的车辆。如果你生长在美国，你会习惯先看左边，再看右边。如果你生长在英国，则习惯先看右边，再看左边，因为车子是靠左行驶。美国的游客在伦敦的街头往往无所适从。我们从小就学习并且养成习惯，几乎不需要思索，只是一种下意识的行动。

同样的，思考模式被输入到你的潜意识之中，造就了现在的你。这些模式可以因为重新学习不同的、更有效的思考模式而改变。提升你想要改变的认知层次，在想象之中不断重复新的、你想要的学习经验。新的思考产生新的生活经验。

异想天开的思考

"异想天开"这个词的原意是：忽发奇怪的念头，希望天门打开。天之门岂能为凡夫俗子打开呢？

其实，"异想天开"并不坏，说实在的，人类的进步很多就得益于"异想天开"。

就从"天"说起吧！

在很早很早以前，咱们的祖先就幻想着能在天上自由地飞翔。中外的神话里都有神仙腾云驾雾的传说。这在古代岂不是"异想天开"？然而正是这种"异想天开"激励着先人不断地努力，到了近代，美国人莱特兄弟经4次试验，于1903年设计、制造出用内燃机作为动力的有人驾驶飞机，第一次实现了人类翱翔蓝天的梦想。

你肯定听过"嫦娥奔月"的故事，仙女嫦娥身居月宫，寂寞无奈，以玉兔为伴，有时展袖起舞。这种传说反映人类向往自由的追求，无疑也是一种"异想天开"。但是，这种"异想天开"却也激励人们去努力，终于在现代实现了梦想。1969年，美国宇航员第一次在月球上降落，在月球上漫步，从月球上取回土壤样品，原来月球上没有生物，没有水，一片荒芜，人类对最近的天体星球总算有了初步的了解。

"异想天开"其实就是别出心裁，出人意料，想常人所不敢想，干常人所不敢干，这是战争取胜之道。

公元前184年，迦太基名将汉尼拔帮助比提尼亚国王，率领一支舰队去和帕加马国作战。这时，比国舰队的数量、装备都不如帕国。汉尼拔为了以弱胜强，想到用毒蛇计。他下令士兵三日内捕蛇，越多越好，越毒越好，捕后装入罐里。他带着许多蛇罐出发了，直向帕国国王乘坐的旗舰冲去。当接近帕国舰只，便向帕国舰只扔蛇罐。

蛇罐落地碎了，蛇便纷纷在船舱里游动，向人袭来，缠着裤腿往上爬，咬得人疼痛难忍。帕国国王旗舰上落下的蛇罐最多，国王吓得只好下令打蛇，同时赶紧撤退，被汉尼拔军队打得溃不成军。

战争史上许多战役都是出奇兵而取胜的，奇兵者就是出敌意料之外，使敌人手足无措，而奇兵的谋略本身便是一种"异想天开"。

此外，"异想天开"也是商战取胜之道。

有人开了一家出售凋谢的玫瑰花的商店。一朵凋谢的玫瑰花被装在锦缎盒里，价格不菲。商店这样登报做广告："对于负心人你怎么谴责都没有用了，不如送他一朵凋谢的玫瑰花，既表明自己爱他的心已死去，也叫他为负心而长久地内疚！"广告打出后，花店的顾客络绎不绝，供不应求。

翻开中外的商战史，类似的"异想天开"更是不胜枚举，人们挖空心思，遵循着"人无我有，人有我新，人新我奇"的思路，新奇的招数层出不穷，叫人眼光缭乱。

实践证明：敢于"异想天开"者，善于"异想天开"者，不论在什么领域，总能执成功之牛耳。

创造性的思考方法

"有志者，事竟成。"这是创造性思考的根本。传统的想法则是创造性成功的头号敌人。传统的想法会冻结你的心灵，阻碍你的进步，干扰你进一步发展和你真正需要的创造性能力。以下是对抗传统性思考的方法。

首先，要乐于接受各种创意。要摒弃"不可行""办不到""没有用""那很愚蠢"等思想渣滓。

有一位非常杰出的推销员说："我并不想把自己装得精明干练，我是这个行业中最好的一块海绵，我尽我所能地吸取所有良好的创意。"

其次，要有实验精神。废除固定的例行事务，去尝试新的餐馆、新的书籍、新的戏院以及新的朋友，或是采取跟以前不同的上班路线，或过一个与往年不同的假期，或在这个周末做一件与以前不同的事情，等等。

如果你从事销售工作，就试着培养对生产、会计、财务等的兴趣。这样会扩展你的能力，为你以后担当更重要的责任做准备。

最后，要主动前进，而不是被动后退。

成功的人喜欢问："怎样才能做得更好？"

如果公司的经理们总想："今年我们的产品产量已达极限，进一步改进是不可能的。因此，所有工程技术的实验以及设计活动都将永久性地停止。"以这种态度进行管理，即使是强大的公司也会走向破产。

成功的人就像成功的企业一样，他也总是带着问题而生存的。"我怎么才能改进我的表现呢？我如何做得更好？"做任何事情，总有改进的余地，成功者能认识到这一点，因此，他总在探索一条更好的道路。

创造性思考的创造力来源于人脑。人脑不仅是贮存知识的场所，同时也是智力的源泉。要开发人脑的智力，必须重视培养合理的思考习惯。读书学习，不能读而不思，应当从书本中发现道理，抓住问题，养成习惯，随后对这一问题提出自己的想法与看法，通过进一步的研究，运用自己思维的创造力，去解决问题。要培养思考的能力，就必须正确处理好下面几个关系：

第一，要处理好同异对比的关系。要摆脱片面性，不妨采用同异对比法。要集思广益，不要限制自己的视野，打开思路要用对比法，看出异中之同，又找出同中之异。在对比之中，对别人的意见，有所吸收，有所批判，有所增删，不被偏见束缚手脚，从一些看来不搭界的事物中发现某些相通之处，就会孕育并创造出成果。

第二，要处理好顺逆互变的关系。学习有两条思路，一是顺向学习，从事实中形成概念，组成判断，进行推理；二是逆向学习，分析形成结论的原因和根据。古代摩擦起火，从机械运动转化为热运动是顺向的发展。发明蒸汽机，从热运动转化为机械运动是逆向学习。顺逆互变可以互相检验，互相补充，有益于思维发展。

第三，要处理好纵横定点的关系。掌握好材料之后，要选好题目。题目既是全面情况的综合，又是历史分析的总结。从横向来说，指内、中、外的情况；从纵向来说，指过去、现在、将来。有人提倡古今中外法，可是事物是发展变化的，只考虑古今，不面向未来是不行的，只考虑中外而缺乏对中外之间多种因素的分析是不行的。考虑一个地方的发展，对天、地、人等方面要有所了解。所以，应归纳为七点：古、今、将、内、外、中、总。定出题目就是抓总，既要抓全局，又要抓重点。在思考问题时，从大局出发，遇到小困难时，暂时避开。有些问题，回头理一理就可以解决，要从全面地理解来克服局部的难点，从大局里面来解决小缺口，对培养创造性思维是很有好处的。

第四，要处理好点面织网的关系。读书要读懂或学会，必须掌握书中的知识结构和内在联系。从点到面，编织成网。点是每个概念、原理。面是指概念之间或原理之间的联系，按知识的纵横关系，编成知识网。编好网，要处理新旧知识之间的联系，要处理好各部分知识之间的联系。无论你进行"串联"或"并联"，只要你接通一组线路，就等于扩大知识之网。要培养这种方法，一要找好支撑点，二要进行合理组织。

第五，要处理好面体延伸的关系。思考问题，从点到面，又从面到体；既思前因，又想后果。扩大思维，不断突破，才能产生新境界。要有目的、有条理、有步骤、有秩序从多方面扩大创造思路。如电话的发展，从有线电话到无线电话，从耳听电话到眼看的电视电话，从声音输出电话到文字输出的自动记录电话等。

第六，要处理好目的和毅力的关系。创造性思维要有明确目的，才能产生坚强的毅力。把准确目的提在首位，一是解决动力，二是解决焦点。突出带有根本性的东西同那些可有可无的广博知识区别开来。目的确定后，要有科学的方法。

第七，要处理好新旧演变的关系。在创造性思维的过程中如果找不到好方法，要敢于弃旧迎新，旧的要扬弃，新的要鉴别。可采用两种方法：一是对熟悉的个别事物，有意识地看成陌生，按照新的方法去解决；二是将陌生的事物看成熟悉，按照已知的方法去解决。

但是，假如你缺乏创造力，那么你最起码还有一点想象力吧！因为每一个人都具有想象力，而想象力正是创造力的源泉。将梦境中所见尽量描绘出来，就是一种想象力的运作；发明一样东西或创造一样东西，也都是在发挥想象力。

众所周知，想象力丰富的人，好奇心会比别人强一倍。

一个人如果缺乏好奇心，却想做一位出色的实业家，那是相当困难的。好奇心强烈的人，不但对于吸收新知识抱有高度的热忱，并且经常搜寻处理事物的新方法。因此，一个人如果没有了好奇心，就不可能花心思研究新事物，只是遵循前人的步伐原地踏步而已，更不用说会有惊人的成就出现了。

不能因为缺乏创造力，你就变得畏缩，甚至妄自菲薄。迈出创造力的第一步，便是要坚信自己与生俱有创造力，并且对于自己的能力深信不疑。

这里我们要强调一下：深信我们自身的能力，具有一种积极向上的推进作用。

一旦你认为自己不可能做得到，那么你心底便已列出成千成万你做不到的理由。只要你相信自己拥有这种能力——由心底里发出确切的信念，那么这种信念便会发挥预想不到的效果，帮助你快点找到实现的方法。

科学的思考

爱默生说："伟人都知道用思想来掌握世界。"

思想是世界上所有成功、富裕和快乐的来源。历史上所有伟大的发现和发明，都是灵感和思考的结果，思想也是所有失败、贫穷和不幸的来源。这就是思想的两个方面：积极和消极的思想。思想主导着你的意识，决定你的个性、职业及生活中每一个层面。

英国诗人约翰·弥尔顿说："心乃自身之所，它可以创造出地狱中的天堂，也可挖掘出天堂中的地狱。"

思考是人类能力中最高级的活动形式，然而令人遗憾的是，许多人很少真正思考。有些人在脑子里进行某些活动，就以为自己是在思考，而事实上这种活动多半只是练习心理的功能，重现过去的经验，就像录音机里播放音乐一样，回想早先记录在潜意识中的画面或意象。回到先前输入的程式——你的内在忘记档案，然后导致习惯性的行为。先前输入的程式是你唯一可以比较的基础，你必须会采取某种预设的行动，或预期某种类似的结果再度发生。

正如美国企业家亨利·福特说的那样："思考是最辛苦的工作，难怪很少人认真去做。"

可见，真正的思考应该是正确的思考和科学的思考，那么，到底怎样才能做到科学的思考呢？

首先，你必须从以下几方面入手：

（1）质"疑"。学起于思，思源于疑。心理学认为：疑，易引起定向而探究反射。有了这种反射，思维便应运而生。

（2）引"趣"。凡是感兴趣的东西，多能引起人们的思维。

（3）勤"学"。知识是思维的动力，一般来说，学习愈勤奋，知识愈丰富，思维就愈敏捷。

（4）攻"难"。思维的"脾性"不爱和容易的问题打交道，而喜欢同疑难的问题交朋友。

（5）动"情"。俗话说："知情达理。"先动以情，引发思维，再通晓于理。

（6）求"变"。将现有的知识结构进行调整，重新组合，可以激发思维，对已熟悉的事情变换一个角度来认识，可以引起新的思考。

（7）务"本"。树立辩证唯物主义世界观，全面地考虑问题，思维才能开出娇艳瑰丽的花朵。

另外，你要科学思考，还必须克服思维障碍。

避免造成思维障碍，你必须对整个问题有个通盘深入地了解，考虑其全部的因素，不能只看到一点迹象或部分条件便着手解决。

避免造成思维障碍，你必须善于从不同方面、不同角度提出多种解决问题的假设，而不受传统看法、他人见解和已有知识的局限，充分考虑各种可能性，以便对各种思路加以选择。

避免造成思维障碍，你必须在你对问题苦苦思索时看看其他事物，或许能从中得到启发，获得要领，激发灵感，触类旁通地解决各类问题。

避免造成思维障碍，你必须把具有不同性能的多种事物，从功用上联系、组合起来解决问题。

避免造成思维障碍，你必须删除繁枝赘叶，将主要思路清理出来。

避免造成思维障碍，你必须把问题换一种方式提出来，或把事物的形式适当地加以改变，求得问题迅速解决。

你是创造的主体

我们犯了一个通病，认为只有作家、发明家与创造者才有创造的过程。事实上，不管是在厨房里工作的家庭主妇、学校里的教师或学生、售货员或企业家，都可以是创造者。我们每个人都有相同的"成功机器"，用以解决私人问题、经营事业、销售货物，就像作家的写作或发明家的发明一样。罗素建议读者采用他的方法来解决世间的私人问题。我们所称的"天才"只不过是一种过程，一种运用人类心智解决问题的方法，但是我们一直错误地认为：天才是一种在著书或作画中才有的过程。

由创造者的经验得到证明，创造性的想法并不是有意识思考，而是当意识不再想难题而在想其他事情的时候，像晴天霹雳般地自动产生。不过，开始时如果没有用意识思考难题，创造性的思想也不会自动降临。这些事实证明了一个结论：为了要接受"灵感"或"预感"，一个人必须对这个特殊的问题给予关注，或对寻求这特殊问题的解答，有极端的兴趣。他必须在意识上加以思考，在这个问题上尽力收集所有的资料，并考虑所有可能的行动。最重要的是，他必须有解决问题的炽热欲望。

大家都知道，爱迪生对问题找不出答案时，他总是躺下来小憩片刻。

达尔文告诉我们，当他写《物种起源》时，思考几个月也想不出一个问题，其后，有一个直觉突然闪进脑际。他说："我还记得，当我坐着马车在路上走时，突然有一个令人兴奋的问题的解答自动跑来找我。"

罗素说："我发现，如果我要写比较难深的题目，最好的方法是努力地加以构思，尽我所能地用几个小时或几天来构思，最后命令自己不去想它，任它在暗地里自行滋长。几个月后，当我再想到这个题目时，却发现文章的内容已经全部完成了。以前我没发现这个办法，老是因为没有进展而连续忧愁几个月。忧愁并不能解决问题，那几个月的忧愁等于白费。现在我可以将这几个月用在其他的消遣上了。"

你的"成功机器"在制造"创造行为"或生产"创造意见"上，其运作情形并没有两样。任何一种技巧，无论是运动、弹琴、谈话或售货，都不需要很费劲地去思索每一个要做的动作，只需要轻松地让事情做下去。创造性地做事，是自发的、自然的，没有自觉意识与研究的性质。世界上技巧最好的钢琴家在弹奏时，如果思考指头应敲在哪个琴键上，那么他连最简单的曲子也弹不出来；在平时学习时，必须有过这样的苦思，但是等他练习到弹琴变成自动的习惯后，就不必再那样思考了。当他能够不用意识，而用无意识的习惯演奏时，他就成为一名技术熟练的演奏家了。

激荡你的大脑

我们知道，脑力激荡是最古老的创意技巧之一。创始人亚力士·奥斯本，在 1939 年为自己的广告公司 BBD&O 主持脑力激荡会议。

奥斯本是一个革命性的思考者。在开始工作不久，他就发现了思想的力量。想象变成他的嗜好，他相信每个人都具有创造力，而且可以经由学习变得更有创意。他也认为创造力在企业中非常重要。他提出理性、创造两个大脑的观点，即预言右脑与左脑的研究。

奥斯本将脑力激荡发展成一种群体思考的技巧，就特定的一个问题集中思考，以产生大量的构想，再加以检讨与评估。在他的经典之作《你的创造力》一书中，奥斯本列出使用脑力激荡的规则：批评犯规、愈广泛愈好、愈多愈好、合并及改良。

这些游戏规则，至今仍主导脑力激荡会议。经常举行脑力激荡会议，对于企业开发新产品与服务、个人提升生活品质的贡献是难以计量的。

在过去几年间，很多人研究脑力激荡的效果，发现有 3 个条件决定脑力激荡会议的结果：

1. 群体认同：对脑力激荡的结果，兴趣愈高的团体效果愈好。

2. 群体混合：将不同背景、技能及组织的团体混合，比单一的团体更有效果。

3. 同行的压力：每个人都会尽量与团体中其他成员保持一致。为了使脑力激荡更有效果，必须尽量减少这种压力。例如，让每个人有充裕的时间发表意见，将这些团体打散成小团体，经常做团体交流，并善用幽默感，打破组织之间的藩篱。

以下有几种方法，让脑力激荡会议更成功且更有效果：

1. 布置场地：设计一种让想象自由飞驰的气氛。再对每一个人强调，这只是构思的阶段，所有的意见在稍后将做检讨，不用负任何责任。

2. 脑力规划：将源源不断的意见做脑力规划，有助于激发其他意见由中心焦点放射出来。

3. 热身：以成功的脑力激荡可产生的利益做脑力规划，带动气氛。例如，以开发一项新产品所能产生的利润为焦点。如此可以有更多思考的弹性，并可引起成员共同参与脑力激荡会议、解决问题的兴趣。

4. 定义问题：进行脑力激荡前，必须先将问题加以定义。

5. 由个人开始：让每一个成员将意见在纸上做脑力规划。可激发灵感，并带动群体的参与性。

6. 分成两个或三个较小的团体：让小团体提出构想，再回到大团体，让这些构想刺激更多的构想。这种活动更活泼且更幽默。

7. 分配：在主团体做好脑力规划后，再打散成小团体，分配他们提出额外的构想。将小团体提出的构想组合起来，刺激大团体提出更多的构想。

8. 幽默感：在分组会议结束后，每个人似乎已被榨干脑汁。最后一回合的愚蠢与荒谬的构想，可以制造大量笑料，甚至能产生好的创意。

在这一回合的脑力激荡中，鼓励大家尽量想一些愚蠢与荒谬的主意。可以在小团体中举行，通常有提神醒脑的功用。将这些构想加以组合，回到大团体后，常可以将这些愚蠢与荒谬的意见变得合理且可行。

9. 大脑写作：这是一个简单的技巧。将一张白纸分成21格（横三直七），纸张须比人数更多。每个人在3个格子里各写一个构想，将那张纸放回中央，另外拿一张纸再写3个，直到时间到或整个团体都筋疲力尽为止。这种方法让所有的构想互相激发，不必知道是谁提出什么构想。

脑力激荡会议的效果，视整个团体的活力程度而定。如果团体的精力不济，可以用其他方式带动构想。例如，就问题的相关层面加以探讨。如果你们正为学龄前的儿童设计玩具，可以让他们说说所有历史上的传统玩具，或者学龄前的儿童最喜欢的电视节目、书、食物等。

用任何辅助方法带出相关资讯，都可以让大脑再度活跃起来。如果你想为文字处理服务开发新的市场，可以规划所有打字机的使用者，或者目前你最大客户的性质。辅助活动所获得的资料可以钉在墙上，作为参考，之后应立即回到脑力激荡会议的主题。

金元的工场

有个很聪明的犹太年轻人，他想赚钱，于是就跟着村里人一起来到山上，开山凿石头。

当别人把石块砸成石子，运到路边，卖给附近建造房屋的人时，这个年轻人竟直接把石块运到码头，卖给城里的花鸟商人了。因为他觉得这儿的石头奇形怪状，卖重量不如卖造型。

就这样，这个年轻人很快就富裕起来了，三年后他在村子里盖起了第一座漂亮的瓦房。

后来，不许开山了，只许种树，于是乡亲们都种上桃树、梨树等果树，唯有这个年轻人却种上柳树。大家都不解其意。过了几年，果树开始结果了，当地的水果汁浓肉脆，香甜无比。漫山遍野的水果引来了四面八方的客商，乡亲们有堆积如山的鸭梨、蜜桃等水果，却苦于没有装水果的筐。好在卖石头的小伙子种了柳树，因为他早想到，来这儿的客商不愁挑不上好水果，只愁买不到盛水果的筐。正好用柳条编成筐，让大家的水果可以整车整车地运往外地。

当然，小伙子也获得丰厚的收入，五年后，他成了村子里第一个在城里买商品房的人。

再后来，一条铁路从村边穿过。这儿的人上车后，可以从费城到其他大城市。小小的山庄更加开放搞活了，村民们由单一的种果树卖水果起步，开始发展果品加工和市场开发。就在村民们开始集资办厂的时候，这个犹太人却又在他的地头，砌了一道三米高百米长的墙。

这道墙面朝铁路，背倚翠柳，两旁是一望无际的万亩果园。坐火车经过这里的人，在欣赏盛开的梨花、桃花时，会醒目地看到四个大字：可口可乐。据说这是五百里山川中唯一的一个广告。那道墙的主人仅凭这道墙，每年又有 4 万元的额外收入。

这个犹太年轻人的成功，恰恰印证了"智慧就是财富"这一真理，这是拿破仑·希尔在遍访当时美国最成功的 500 多位富豪之后得出的一个致富的秘诀。美国一位传奇的企业家也有句名言："没有做不到，只有想不到。"

亨利·福特 1863 年 7 月生于美国密歇根州。他的父亲是个农夫，觉得孩子上学根本就是一种浪费。老福特认为他的儿子应该留在农场当帮手，而不是去念书。

自幼在农场工作的福特，很早就对机器产生兴趣。福特 12 岁的时候，已经开始构想制造一部"能够在公路上行走的机器"，这一想法深深地扎根在他的脑海里。

旁边的人都劝导福特放弃他那"奇怪的念头"，认为他的构想是不切实际的。但福特认为这世界上没有"不可能"的事。他试着用蒸气去推动他构想的机器，试了两年多，但行不通。后来，他在杂志上看到可以用汽油氧化之后形成的燃料代替照明煤气，触发了他的"创造性想象力"，他开始全心投入汽油机的研究工作。他的创意被大发明家爱迪生所赏识，邀请他当底特律爱迪生公司的工程师，实现了他的梦想。

1892 年，福特 29 岁之时，他终于成功地制造了第一部汽车引擎。而在

1896 年，也就是福特 33 岁的时候，世界上第一部摩托车便面世了。

从 1908 年开始，福特致力于推广摩托车，用最低廉的价格吸引越来越多的消费者。今日的美国，每个家庭都有一部以上的汽车。而底特律不仅一跃成美国的大工业城，更变为福特的财富之都。

想象力是灵魂的工场，人类所有的成就都是在这里铸造的。从 12 岁的构想，到 33 岁的实现，福特花了 21 年在"灵魂的工场"铸造他的摩托车。以后的日子，福特的想象力便成为一个"金元的工场"，替他与数以万计的人创造了天文数字的财富。

第三篇　挖掘潜力，击退成功路上"拦路虎"

大人物成功诀窍

对每一个不甘平庸的人来说，养成每一时刻检视自己抱负的习惯并永远保持高昂的斗志非常重要。要知道，一切的成功都取决于你的抱负。一旦它变得苍白无力，所有的生活标准都会随之降低。你必须让理想的灯塔永远燃烧，让那火焰的光芒照亮你前行的道路。

雄心不仅意味着向往某样东西，还有那种想实现头脑中的某些理想的深层欲望。要成功，就必须先有雄心；而要有雄心，必须先有渴望，才能促使雄心表现出来以满足这渴望。因而任何能刺激人的心理渴望的事物都会激起雄心，并使人急于行动、急于成功。那么如何让自己产生出这种心理渴望呢？

心理学上有这样一条法则——要使心理渴望表现为雄心，就必须将理想呈现到头脑之中。只要看到、闻到、想到食物，胃部就会受到刺激，而分泌胃液。同理，只要看到、想到所需要的事物，这种心理渴望也会不由自主地产生。假若你对目前的生活很满意，不求过得更好，那主要是因为你不知道、没见过、没听过任何更好的，或者是你懒于思想，四体不勤。无知的野人如果不知道有铁犁或其他农业工具，他就只会想着用削尖的木棒去耕地，而不会渴望使用别的工具。他只是继续用着前人的老办法，而不向往更好的工具。但是不久有人带着铁犁出现了，野人惊奇地看着这神奇的东西。要是他有眼光，他就会开始产生兴趣，看看它比他那粗糙的尖木棒到底好用多少。要是他还有进步意识，便会开始希望自己也有一把这样奇特的新工具，而当他非常想要时，就会开始体验到一种对这东西的新奇的心理渴望，这种渴望强烈到一定程度，就会萌发出雄心。

这是关键时刻。在这之前他感到的是先于雄心出现之前的强烈渴望，但是现在雄心开始出现了，意志也就被激发起来。这就是雄心，由强烈欲望引起的强烈意志。

两者缺一，意志就无从谈起。缺乏意志的欲望不叫雄心。如果一个人只有很强的欲望，却没有强烈的意志与其积极合作，他的雄心便会"死于襁褓之中"。即使一个人有钢铁般的意志，若没有强烈的欲望去激活它，这意志也不能算作雄心。

要充分体现雄心，首先必须有热切的渴望，不仅仅是"向往"或"希望"，而是强烈的、不达目的不罢休的渴望；然后必须激起足够强烈的意志全力争取欲望之所需。这两个成分便组成了雄心的全部内容。

看看世界上那些在任何方面取得成功的人士，你会发现他们都有强烈的雄心。他们有强烈的欲望，而那坚定的意志则不会让欲望的满足受到任何干扰。研究一下恺撒、拿破仑、现代各国首脑、20世纪的工业巨头们的生平，你便会发现他们心中都熊熊地燃烧着强烈的雄心。

目标远大，才会激发潜能

我们都有这样的体会，参加五公里越野，跑到三四公里处时，会因松懈而感到十分疲劳，因为快到终点了。但如果参加十公里越野，那么，跑到三四公里处正是斗志昂扬之时。

歌德说："就最高目标本身来说，即使没有达到，也比那完全达到了的较低目标要更有价值。"

一个人活着如果胸无大志、游戏人生，就容易堕落。

一块手表可能有最精致的指针，可能镶嵌了最昂贵的宝石，然而，如果它缺少发条的话，它仍然一无用处。同样，人也是如此，不管你受过多么高的教育，也不管你的身体是多么健壮，如果没有远大志向的话，那么你其他的条件无论多么优秀，都没有任何意义。

生活中常常有这样一种人，他们在很小的时候就已才思敏捷、聪慧超常，然而他们却在今后的日子里日渐平庸，终生碌碌无为。

造成这一现象的原因就在于，在他们身上没有前进的动力，没有远大的抱负，没有高昂的斗志。

雄心抱负通常在你很小的时候就初露锋芒。如果你不注意仔细倾听它的声音，如果它在你身上潜伏很多年之后一直没有得到任何激励与释放，它就会逐渐暗淡，直至最后隐没、无踪。原因很简单，就跟许多其他没被使用的品质或功能一样，当它们被弃置不用时，也就不可避免地趋于退化或消失了。

自然界有一条定律，只有那些被经常使用的东西，才能不断进化并保持长久的生命力。一旦你停止使用你的肌肉、大脑或某种能力，退化就自然而然地发生了，而你原先所具有的能量也就在不知不觉中离开了你。

一个人如果不去注意倾听心灵深处"努力向上"的呼声，如果你不给自己的抱负时时鼓劲加油，如果你不通过精力充沛的实践对其进行有效地强化，那么，它很快就会枯萎、隐匿。

在现实生活中，这种到最后抱负消亡、理想尽失的人数不胜数。尽管他们的外表看来与常人无异，但实际上曾经一度在他们的心灵深处燃烧的热情之火现在已经熄灭了，代替它的是无边无际的黑暗。

如果说在这个世界上存在着一些可怜的、卑微的人的话，那么毫无疑问，那些抱负消亡的人是属于其中的一类。他们一再地否定和压制内心深处要求前进和奋发的呐喊，由于缺乏足够的燃料，他们身上的意志之火已经熄灭了。

对于任何人来说，不管你现在的处境多么恶劣，或者先天的条件多么糟糕，只要你保持了高昂的雄心，你对人生的热情就会永远像熊熊的大火，照亮你一生的希望。但是，一个人要是颓废消极，你所有的锋芒和锐气也就消失殆尽。

卡尔森曾忠告美国年轻人：明智地选择你的战斗。要想获得成功，这句话十分重要。在人的一生中充满了机会，每个人都可以选择小题大做，也可以一笑置之，甚至不必在意。但是你明智地选择你的战斗，在真正关键的时候，赢的机会就会很大。

生活中总是充满了各种各样不尽如人意的事情，于是，有人便开始和这些小麻烦较劲，结果只能是小题大做，徒耗精力。

如果你的首要目标不是凡事都要尽善尽美，而是过没有压力的生活，你就会发现，大部分的战斗都会将你拉离平静的感觉。向另一半证明你是对的，别人是错的，真的有那么重要吗？只因为别人似乎犯了一个小错，你就必须跟别人起冲突吗？仅仅为了你偏爱的明星或电影，真的值得你大吵一顿吗？

这些以及成千上万件小事，就是许多人一生吵吵闹闹的理由。想想你自己的所作所为，如果它跟上面所说的相类似，你只会越来越浮躁、庸俗。

如果你想要你的人生充满快乐与成功，那么就该树立远大的抱负。当你明白你要把精力放在哪里最恰当时，成功离你已经不太远了。

欲望就是力量

加拿大艾伯塔省一名 17 岁的女高中生最近发出豪言壮语：到 25 岁时她一定要成为百万富豪。

这位已拥有可观财富的理财高手叫莱丝莉·斯考吉，她有着与同龄人不一样的经历。从 10 岁起，她就把打工所得的收入投资于加拿大储蓄公债，不久又转而投资一家基金和证券市场。

斯考吉不是富家之女，她没有什么本钱，她的"投资观"是，即便是小孩子也要有赚钱的欲望。

欲望是开拓命运的力量，有了强烈的欲望，就容易成功。因为成功是努力的结果，而努力又大都产生于强烈的欲望。正因为这样，强烈的创富欲望，便成了成功创富最基本的条件。如果你不想再过贫穷的日子，就要有创富的欲望，并让这种欲望时时刻刻鞭策你、激励你，让你向着这一目标坚持不懈地前进。

许多成功者都有一个共同的体会，那就是创富的欲望是创造和拥有财富的源泉。

20 世纪的一项重大发现，就是认识到思想能够控制行动。你怎样思考，你就会怎样去行动。

你要是强烈渴望致富，你就会调动自己的一切能量去追求创富，使自己的一切行动、情感、个性、才能与创富的欲望相吻合。对于一些与创富的欲望相冲突、相矛盾的东西，你会竭尽全力去克服、消除，对于有助于创富的东西，你会竭尽全力地去扶植、扩大。这样，经过长期的努力和调节，你便会成为一个你所渴望的创富者，使创富的欲望变成现实。

相反，你要是创富的欲望不强烈，一遇到少许挫折，便会偃旗息鼓，将创富的欲望淡化或压抑下去。

安德鲁·卡内基没有受过什么教育，年轻时只能干一些锅炉工、记账员、电报业务办事员等最低层的工作。除了机敏和勤奋，卡内基一无所有。但卡内基具有强烈的致富欲望。他在少年时代就立下誓言：赚钱成为大富豪。当时美国处于动荡及战乱年代，他的梦想被人耻笑，说他是可笑的野心家。但他就是在这种强烈的创富欲望的激励下，最终登上了美国"钢铁大王"的宝座。

历史和现实都可以证明，信心与欲望的力量可以将人从卑下的社会底层提升到上层社会，使穷汉变成富翁，使失败者重整雄风，使残疾人享有健康……欲望的力量就在于，使人在强烈的欲望冲动下，把那些不可能的事变成可能，把"自己不行"的卑微感彻底抛开，昂首阔步地走向成功。尤其是在改变经济状况的活动中，欲望越强烈，成功的可能性就越大，离成功的目标也就越近。

50年前，巴尼斯从新泽西州的奥伦芝的货运列车上爬下来时，他的外表也许像一名无业游民，但是他具有国王一样的思想。

他通过铁路走向爱迪生办公室的途中，他想象自己站在爱迪生的面前，听见自己要求爱迪生给他一个机会，以实现他一生着了迷似的炽烈欲望——要做这位伟大发明家的商业伙伴。

巴尼斯的欲望并不只是一个希望。它不是一种祈求，它是一种强烈跳跃的欲望；它凌驾于一切之上，它是明确的。

数年之后，巴尼斯再度站在爱迪生的面前，站在与爱迪生初次会面时的同一间办公室里，这一次他的欲望已经转变为事实：他和爱迪生成为合作伙伴了，支配他一生的理想终于实现了。

巴尼斯的成功，是因为他具有强烈的成功欲望并选定了一个明确的目标，同时以他的全部精力、全部的意志力以及他的一切，去奔向这个目标。

这是一个由明确欲望产生力量的证明：巴尼斯达到了目标，是因为他什么都不要，只要做爱迪生的合作伙伴。他构想出一套计划，借此计划达到了目的。他破釜沉舟地坚持着他的欲望，直到这欲望变成事实为止。

前往奥伦芝时，他没有对自己说："我要劝说爱迪生随便给我一个工作。"他想的是："我要见爱迪生，并且告诉他，我来是要做他事业上的伙伴的。"他也没有想："我要睁大眼睛注视着另一个机会，以防在爱迪生的企业中得不到我所要的工作。"他只告诉自己："在这个世界中只有一样东西是我决心要得到的，那便是和爱迪生在事业上的合作。我要把我的整个前途投注在我的能力上，去获得我所要的东西。"

他不给自己留下一点点后路。他必须成功，否则便是毁灭。

这就是巴尼斯成功的全部方法。

在任何事业中，每个赢得胜利的人，都必须烧掉能使他返回的船只，切断所有退路。

只有这样做，他才会保持那种炽烈求胜的欲望，而这种欲望是成功的根本要素。

在芝加哥大火的第二天早晨，一大群商人站在斯台特街上，看着他们几乎全化为灰烬的店铺，然后集合在一起商量对策，是重建家园，还是迁离芝加哥到更有希望的地方重新做起？他们达成的决议是离开芝加哥。只有一人例外。

这位决定留下来的商人叫马歇尔·裴德。他指着他的商店的灰烬说："各位，就在这个地点，我要建立世界上最大的商店，无论它烧掉多少次。"

这几乎是一个世纪以前的事。这家商店早已重建起来，而且直到今天还矗立在那里。它那巍然的外形，正是马歇尔·裴德炽烈欲望所产生的意志力量所凝结的，无疑这极具象征意义。

对马歇尔·裴德而言，步他同业的后尘，原是非常容易的事。在生意难做或前途看起来暗淡的时候，他们便打点行装，迁到比较容易发展的地方去。但马歇尔·裴德没有这么做，他保持着炽烈愿望，并努力去实现它。最终他成功了。

马歇尔·裴德和其他商人的不同之处，特别值得注意。因为几乎所有成功者与失败者的区别，就在这一点。

每个人到了知道用钱的年龄时，都希望有钱。"祈求"不会带来财富，但是把"祈求"财富的心态变成坚定的意念，然后用计划明确的办法与手段去获得财富，并以永不言败的精神坚持这些计划，这样就会带来事业上的成功。

我针对如何把欲望转变为财富，归纳了六个明确而切实的步骤：

第一，你心里要确定你真正所企求的财富的数量目标，仅说"我要很多钱"是不够的，数目一定要明确。

第二，为了达到你所企求的目标，你决心付出些什么代价（"不劳而获"的事情是没有的）。

第三，确定一个具体的日期，你决心何时"拥有"你所企求的目标。

第四，拟订一个实现你欲望的明确计划，并且不论你是否已有准备，要立即开始将计划付诸行动。

第五，将你要得到的财富的数量目标、达到目标的期限以及为达到目标所愿付出的代价，以及如何取得这些财富的行动计划等，都简明扼要地写下来，并写一份督促自己的誓词类的声明。

第六，每天把这份声明大声地读两遍，一遍在晚上入睡前，一遍在早晨起床后。在你读这份声明时，你要想象、感觉到自己已经拥有了这笔财富。

这一点很重要，你必须遵照这六个步骤中所说明的指示去做，特别重要的是，你要遵守和奉行第六个步骤中的指示。你也许会抱怨说，在你未实际达到这一目标之前，你不可能看见你自己的成就和财富，但这正是"炽烈的欲望"能帮助你的地方。如果你真的十分强烈地希望拥有财富，进而使你的欲望变成了充满你大脑的意念，你将会毫无困难地使你自己相信你会得到它。这样做的目的是要使你渴望财富，并且切实下定决心要得到它，最后你将可以使自己相信必会拥有它。

大成功来自高层次的要求

在同样的一个社会现实里，一些人成大业成大功，一些人成小业成小功，一些人一蹶不振。

不少人为了一个远大的目标，能经受长年累月的奋斗考验，做长期的努力；也有不少人虽向往成功，却经不起几次挫折便向困难投降。

这里，一个重要的因素是，你的需要是什么？产生的内在动力是强还是弱？一个小马达，也许可以带动一辆小拖车，但绝对带动不了一列大火车。

你想成大功成大业吗？很好。但你必须了解带动火车飞速前进的动力机车与一般小马达的区别。确切地说，你必须了解你内心世界能推动你前进的动力是什么？动力有多大？

美国现代社会心理学家马斯洛一生最大的贡献是研究了人的需要与行为动机的关系。

马斯洛指出，人的行为动机与五个层次的需要相关联——

生理需要（饥、渴、性欲等）；

安全需要（身心不受侵犯、有保障）；

爱的需要（友情、归属、爱情等）；

尊重与成就的需要（地位、荣誉等）；

自我实现的需要（个人潜能得以发挥、为理想和信仰而奋斗、创造性的工作等）。

一般情况下，人们必须先生存后发展，所以人的低层次的生理需要、安全需要比高层次的爱的需要、尊重的需要更加强烈。自我实现的需要，一般必须在前面四个层次的需要得到基本满足之后才会产生。

有些人由于长期没有得到低层次需要的满足，可能会永久地失去对高层次需要的追求。

然而，从成功的大小来说，高层次的需要推动大成功，低层次的需要推动小成功。无论成功与否，都要把握住欲望的限度，即使欲望再强烈，我们也不要任其摆布。我们不能做欲望的奴隶，我们要做它的主人。

洛克菲勒出身贫寒，少年时在人家的农田劳作，每天挣三毛七分钱。他把挣来的钱存起来，有 50 美元时，他以年息七厘借给别人，结果发现一年所生的利息等于他做 10 天的苦工。从那时起，他发誓："我决心要使钱成为我的奴隶，而不再做钱的奴隶。"

因为赤贫，他也被女友的母亲斥为没出息，使他无法与女友结合。这些都大大刺激了他赚钱的欲望。

年轻时一心要赚钱的洛克菲勒，在他 55 岁一场大病后，他却又决心要捐钱了。他说："我深信上帝赐予我赚钱的本领……我要用上天这份礼物为人类谋幸福……我要赚更多的钱，然后与同胞分享这些钱，造福人类。"

这时，洛克菲勒似乎才真正懂得了什么是"钱"。

此后，他建立了洛克菲勒医学研究院、洛克菲勒基金会。在他生命的后半段，他几乎变成了个"大施主"。至今，洛克菲勒基金会仍然是世界上最大的慈善机构之一。

美国克莱斯勒汽车公司创办人沃尔特·克莱斯勒曾说："成功的诀窍在于狂热。"爱迪生也说过："世上从来没有一件伟大的事，是在欠缺狂热下完成的。"

"狂热"一词源自希腊语，大意为"上帝""感召"或"上帝住在里面"。

布道家葛拉姆说："只要态度够热切，什么都可以得到；渴求的时候必须让内心的热望满盈外溢，并且与创造天地的能量彼此结合。"

历史上，许多思想家均宣称，人类一切行动，不外受到两股强大力量所驱使。有人说，这两股力量是快乐与痛苦。但是，往深层考究，在苦与乐的背后，其实是两股更高层次的吸引力与排斥力，分别对人类行为与生活产生拉或推的作用。

这种力量拉你一把，你就会往上走一步，如果这种力量推你一下，你可能下跌不止一个台阶。欲望的力量神奇之处也就在这里。向上的欲望也是人的本性之一，那就让这种欲望发扬光大吧！而不是别的什么欲望。

野心不等于贪婪

事实证明，在同情、智慧以及正直的前提下，野心是一股积极向上的力量，它足以拨动勤勉的齿轮，为人们带来生机。反之，如果人们的动机纯粹是贪婪、野心，就会成为毁灭自己的力量，就会对所有的人造成无法弥补的伤害。野心，就是一种赤裸裸的欲望。

亨利·范戴克说："扬名天下并不算是最伟大的志向，愿意将整个人类提升到另一个层次，才是更可敬的野心。"

小时候我听我的母亲和杂货店老板谈论某人时，说"他真是个有野心的年轻人"或"他的野心的确不小"，从他们的口气可以听出，他们非常欣赏那个人的某些特点。他们所说的"野心"，是同情、智慧及正直所促成的。当然也时常听到他们说某人："他是个好人，就是没什么野心。"

有能力却未能发挥是人生的一大悲剧。只要有野心，再加上正直的品德、正确的方向，必然会凝聚成一股强劲的积极力量。

树枝往哪个方向弯，树就往哪个方向长。露丝·赛门是远近驰名的马塞诸塞州史密斯学院的新任校长，她的成功就是一个最典型的例子。从她身上也可以证明"美国人的梦想"绝对有可能实现，而且至今仍然深植在美国人心中。

小时候，赛门女士就告诉同学，将来有朝一日她会当大学校长。作为得州一个小农场主的第12个孩子，她的口气真是不小。但是她可能无论如何也没有想到，她会成为美国顶尖大学的校长。

她是第一位领导一流大学的非裔美国人，能够荣任大学校长的女性本来就不多，非裔美国人更是屈指可数。

大多数成功人士都有善于引导的父母，赛门女士也受到母亲极大的影响。她非常重视个性及道德，并且强调应该"爱人如己"。赛门女士说："我不是为了得到高分、称赞或奖赏才努力读书，而是因为母亲告诉我们：'用功读书是做学生的本分。'"

罗斯·甘贝尔博士说，人的个性在 5 岁的时候就已经形成 80%。从赛门女士的例子可以得到最好的证明。

史密斯学院的教师评审委员会说，他们聘请赛门女士当校长，并非因为她是非裔美国人。

正如评审委员之一彼得·洛斯所说的："我们希望找出最胜任的人选。赛门女士坚强的意志、优异的学术表现及坚忍不拔的个性，才是她获得这份工作的主要原因。"

如果每个家长都能像赛门的母亲一样，从小就注重培养孩子的品德，或许家中将来也会出现一位大学校长。

成功源自积极的心态

培养积极之心，是你生命中最重要的一环。所谓积极之心，包括所有"正面"的特质，如自信、希望、乐观、勇气、慷慨、机智、仁慈及丰富的知识。对人生态度积极的人，必有远大的目标并为此而不懈努力。

有些人虽然有积极的心，但是一遇到挫折就会失去信心，他们不了解成功需要用积极的心不断尝试。

有一次卡耐基接受广播节目的采访，主持人请他用几句话说明他所学到最重要的教训，卡耐基说："我所学到最重要的一课，就是想法显得多么重要。如果我了解你的想法，我就能知道你是个怎么样的人，因为你是你自己思想的产物。只要改变想法，我们就能改变人生。"

人类最大的问题——事实上也可能是我们唯一的问题——就是选择正确的思想。只要我们能做到这一点，什么问题都能迎刃而解。曾经统治罗马帝国，本身又是哲学家的马库斯·奥理亚斯说过两句话，这两句话可以决定你的命运："我们的思想，决定了我们的人生。"

纽约的零售业大王伍尔沃夫的青年时代非常贫穷。他在农村工作，一年中几乎有半年的时间是打赤脚的。他创富的诀窍就是让自己的心灵充满积极思想，仅此而已。他借来 300 美元，在纽约开了一家商品售价全是 5 分钱的店，曾经全天营业额还不到 2.5 元，不久后便经营失败。以后他又陆续开了 4 个店铺，有 3 个店完全失败。就在他几乎丧失信心的时候，他的母亲来探望他，紧紧握住他的手说："不要绝望，总有一天你会成为富翁的。"就在母亲的鼓励下，伍尔沃夫面对挫折毫不气馁，更加充满自信地开拓经营，最终一跃成为全美一流的资本家，建立了当时世界第一高楼，那就是纽约市有名的伍尔沃夫大厦。

其实不只是伍尔沃夫，几乎所有白手起家的创富者，都有一个共同的特点，那就是具有积极的心态。他们运用积极的心态去支配自己的人生，用乐观的精神去面对一切可能出现的困难和险阻，从而保证了他们不断地走向成功。而许多一生潦倒者，则普遍精神空虚，以自卑的心理、失落的灵魂、失望悲观的心态和消极颓废的人生目的作前导，其后果只能是从失败走向新的失败，至多是永驻于过去的失败之中，不再奋发。

仔细观察，比较一下我们大多数人与成功者的心态，尤其是关键时候的心态，我们就会发现心态导致人生惊人的不同。

在推销员中，广泛流传着这样一个故事。

两个欧洲人到非洲去推销皮鞋。由于炎热，非洲人向来都是打赤脚。第一个推销员看到非洲人都打赤脚，立刻失望起来。另一个推销员看后却惊喜万分："这些人都没有皮鞋穿，这里的皮鞋市场大得很呢！"于是想方设法，引导非洲人购买皮鞋，最后发大财而回。

同样是非洲市场，同样是面对打赤脚的非洲人，由于想法不同，一个人灰心失望，不战而退；而另一个人满怀信心，大获全胜。

因此，心态在很大程度上决定了我们人生的成败。我们怎样对待生活，生活就怎样对待我们；我们怎样对待别人，别人就怎样对待我们；我们在一项任务刚开始时的心态决定了最后有多大的成功，这比任何其他的因素都重要。

蒙利根是创富学理论的实践者。蒙利根想做薄饼生意，但每一个人都告诉他："你完全缺乏这方面的知识，你没有可能做到成功。"但蒙利根对这些议论不以为然，他排除万难，于 1962 年在密歇根州开设了第一间"多棉劳"薄饼店。30 年后，他在全球拥有 5000 多间分店，成为"薄饼大王"。

所谓积极的心态，就是一种进取心。这是一种极为难得的美德，它能驱使一个人在不被吩咐应该去做什么事之前，就能主动去做应该做的事。巴特对"进取心"做了如下的说明："这个世界愿对一件事情赠与大奖，包括金钱与荣誉，那就是'进取心'。"

人们在任何重要组织中地位越高，他的心态越佳。

我们创造了自己的环境——心理的、情绪的、生理的、精神的——我们自己的态度决定我们的人生。

积极的思维并不能保证事事成功，但积极思维肯定会改善一个人的日常生活。但是，可以肯定的是相反的态度必败无疑，从来没有消极悲观的人能够取得持续的成功。

也许你现在已经确信一点，积极的心态与消极的心态一样，它们都能对你产生一种作用力，不过两种作用力的方向相反，作用点相同，这一作用点就是你自己。为了获取人生中最有价值的东西，为了获得自己家庭的幸福和事业的成功，你必须最大限度地发挥积极心态的力量，以抵消消极心态的反作用力。

不懈的努力造就成功

克里蒙·史东是美国联合保险公司的董事长，美国的商业巨子之一，被称为"保险业怪才"。

史东幼年丧父，靠母亲替人缝衣服维持生活。为补贴家用，他很小就出去贩卖报纸了。

有一次他走进一家饭馆叫卖报纸，被赶了出来。他乘餐馆老板不备，又溜了进去。气恼的餐馆老板一脚把他踢了出去，可是史东只是揉了揉屁股，手里拿着更多的报纸，又一次溜进餐馆。那些客人见到他这种勇气，终于劝主人不要再撵他，并纷纷买他的报纸。史东的屁股被踢痛了，但他的口袋里却装满了钱。

勇敢地面对困难，不达目的绝不罢休——史东就是这样的人。

史东还在上中学的时候，就开始试着去推销保险了。他来到一栋大楼前，当年贩卖报纸时的情况又出现在他眼前，他一边发抖，一边安慰自己："如果你做了，没有损失，而可能有大的收获，那就去做。马上就做！"他走进大楼，如果他被踢出来，他准备像当年卖报纸被踢出餐馆一样，再试着进去。他没有被踢出来。每一间办公室，他都去了。他的脑海里一直想着："马上就做！"每一次走出一间办公室而没有收获的话，他就担心到下一间办公室会碰钉子。不过，他毫不迟疑地强迫自己走进下一间办公室。他发现，迅速冲进下一间办公室，就没有时间感到害怕而放弃。

那天，有两个人向他买了保险。就推销数量来说，他是失败的，但在了解他自己和推销术方面，他有了极大的收获。

第二天，他卖出了4份保险。第三天，6份，他的事业开始了。

20岁的时候，史东设立了只有他一个人的保险经纪社。开业的第一天，他就在繁华的大街上销出了54份保险。有一天，他有个令人几乎不敢相信的纪录，122份。以一天8小时计算，每4分钟就成交一份。

1938年底，克里蒙·史东成了一名百万富翁。他说成功的诀窍是由于一个叫作"肯定人生观"的东西。他还说："如果你以坚定的、乐观的态度面对艰苦，你反而能从其中找到好处。"

事业取得成功的过程，实质上就是不断战胜失败的过程。因为任何一项事业要取得相当的成就，都会遇到困难，难免要犯错误，遭受挫折和失败。例如，在工作上想搞改革，越革新矛盾越突出；学识上想有所创新，越深入难度越大；技术想有所突破，越攀登险阻越多。著名科学家法拉第说："世人何尝知道，在那些科学研究工作者头脑里的思想和理论当中，有多少被他自己严格地批判、非难地考察，而默默地隐蔽地扼杀了。就是最有成就的科学家，他们得以实现的建议、希望、愿望以及初步的结论，也达不到十分之一。"这就是说，世界上一些有突出贡献的科学家，他们成功与失败的比率是1∶10。至于一般人与这个比率相比当然要低得多。因此，在迈向成功的道路上，能不能经受住错误和失败的严峻考验，这是一个非常关键的问题。

姚莉·路易斯是佛罗桃尔罐头制品厂的创办人。她的工厂在加利福尼亚州的圣丘因谷，拥有3间大厂房，其中一间占地67英亩。

她的成功全是靠自己的努力。当然，我们不能忽视环境对她的直接或间接的助力，但我们仍强调她的主观努力，因为这是她获得成功的主要因素。

她的家庭环境并不是很好。父亲是个小唱片店的店主，收入还不够保证他的子女吃得好，穿得暖，以及送他们上学。她在15岁那年，嫁给了一个粗鄙的杂货商人。正因为这些不幸的遭遇，使她有了改变境遇的雄心。

我们假如细心研究一下那些艰苦出身的伟人的成功之路，便可以发现，他们的成功包含着许多主观的和客观的因素。

在主观方面，他们对生活有着极大的不满，渴望对艰苦的生活加以改善，这种不满的情绪，便成了他们改造环境的原动力。他们对于知识有一种如饥似渴的追求欲。像高尔基那样，他宁愿被人家拉到广场上狠狠鞭打一顿，而换取一个钟头的空闲时间来读书；安徒生是个至老也苦学不倦的大孩子，他认为学习新的知识比积蓄金钱更为有用，虽然获得盛誉，仍旧勤学不辍。

他们从实际环境中学习许多实用的知识，特别值得重视的是，他们学到一种极其可贵，而又为一般大学生所未学得的人际关系学——这就是说，他们学会了如何与别人相处，如何去领导别人。这是一门十分珍贵的、十分实用的学问。

他们在艰苦奋斗的过程中，获得了许多实际的经验，这些经验又是学校里的大学生所缺乏的东西。我们知道，书本的知识全是来自实际的生活经验。在未有建筑学之前，人们已经晓得用木、砖、石头建筑房屋了。在未有艺术理论之前，人们已经懂得在石头上刻出美丽的图画，已经懂得唱动听的歌曲，已经可以跳动人的舞蹈。在未有农业学以前，人们已经晓得用犁、锄来耕种土地。在未有药物学以前，人们已经懂得用草药来治病了。这些宝贵的生活知识用文字总结出来，便变得更具体、更系统，而且还有后人不断去改正它、丰富它、发展它。人们读完这些书就可以了解这门学问。但有一个弊端，就是光靠读书，不去实践，不去身体力行，便跟实际脱离，成了空想家、理论家。那些在艰苦中奋斗出来的人，因为先接触实际生活，有了经验然后去进修理论，就会触类旁通，比那些大学生获得更多的益处。这是那些艰苦奋斗的人之所以获得成功的主要因素。

充满热忱去行动

一个人成功并获取财富的因素有很多，而居于这些因素之首的就是热忱。戴尔·卡耐基在全美国发表的演讲，在广播中，在与教师的会谈中，都一再提到这一点。他也常常把他所说的话应用在自己的生活中，他的成功也可以说归功于他热忱的力量。听过卡耐基演说的人都常常说他不是一个很好的演说家，他也不会用"演说专家"的辞藻。不过，他所散发出来的热忱从一开始就会抓住听众，而且会使听众从头到尾一直全神贯注地聆听他的演说。

卡耐基也把这种热忱贯注在他的教学里。他看到听课的人有了进步，就非常兴奋，以至常常在下课之后还不想回家，而和他的同事根据当地的标准，来检讨学员的进步情形，直到夜深人静。

英文中的"热忱"这个字是由两个希腊字根组成的，一个是"内"，一个是"神"。事实上一个充满热忱的人，等于是有神在他的内心里。热忱也就是内心里的光辉——一种发自内心的炽热的光辉。

任何地方都能培养出热忱，其回报必然是积极的行动、成功幸福。这可以从体育比赛中看出来。卡耐基常引述纽约中央铁路公司前总经理佛瑞德瑞克·魏廉生的话："我愈老愈相信热忱是成功的诀窍。成功的人和失败的人在技术、能力和智慧上的差别通常并不是很大，但是如果两个方面都差不多，具有热忱的人将更能得偿所愿。一个人能力不足，但是具有热忱，通常会胜过能力很强，但是欠缺热忱的人。"卡耐基觉得，魏廉生的话清楚地反映出他自己的观念，因此，就写了一本小册子，谈论热忱的重要性，并给每个成员都发了一份。

对于创业者们来说，热忱能使他们发挥更大的潜力，能为他们赢得更多的创富机会。而且热忱不能只是表面功夫，必须发自内心，假装的热忱不可能持续多久。产生持久的热忱方法之一是定出一个目标，努力工作去达到这个目标，而在达到这个目标之后，再定出另一目标，再努力去达成。这样做可以提供兴奋和挑战，如此就可以帮助一个人保持热忱。

南非的一位学员阿尔夫·麦克依凡运用了热忱原则，和一个难缠的顾客建立了生意往来。麦克依凡是一家出租起重机给承包商的公司的推销员。那位被他称之为"史密斯先生"的人总是非常粗鲁无礼，经常大发脾气，见了两次面，史密斯都拒绝听他的解说。但是麦克依凡还是要再见史密斯一次。麦克依凡说出了经过，"他又在发脾气，站在桌子前向另一个推销员大声吼叫。史密斯先生脸红得像以前一样，而那个可怜的推销员正浑身抖个不停。我不愿意让这种景象吓倒我，我决心表现出我的热忱。我走进他的办公室，他粗声粗气地说：'怎么又是你？你要干什么？'在他继续说下去之前，我先微笑，以平静的声音和最热忱的态度对他说：'我要将所有你要的起重机租给你。'他站在办公桌后十五秒钟没有说话。他以很不解的眼光看着我，然后说：'你坐在这里等我。'他在一个半小时以后回来，招呼我说，'你还在这里。'我告诉他我有非常好的计划提供给他，因此，我必须要向他介绍了这个计划之后才会离开。结果我们签订了一年的合约，并且还新开展了一些业务。"

卡耐基的学员对卡耐基的课程也具有无限的热忱，他们常常建议自己的朋友或要求手下的职员去参加，并且为他们的配偶、子女和其他亲戚报名。有些社区里，卡耐基的毕业学员还定期集会，交换意见，以求继续获得更大的进步，并且互相报告卡耐基训练对他们的生活起了什么样的作用。

让我们的内心也充满热忱吧！对生活、对别人、对未来。如果能做到这一点的话，成功与创富的机遇一定会降临到我们身上。

锲而不舍，金石可镂

在将欲望转变为财富的过程中，毅力是一个不可缺少的因素。这种坚强的毅力是百折不挠的。

当意志和欲望结合的时候，它们就会形成一股不可抗拒的力量。拥有巨大财富的人通常被认为冷漠或无情，这是一种误解。事实上，他们是具有坚强意志的人，他们能在自己欲望的激励下，实现自己的目标。

大多数人只要稍微碰到一些挫折就会轻易地放弃自己的目标，只有少数人能够不断克服阻力继续前进，直到目标实现。

"毅力"这个词，也许不包括英雄式的含义，但是人类需要这种气质，就像钢铁需要碳素一样。

毅力是指一个人在为达到预期目的的行动过程中，能够不怕任何失败和挫折，努力克服各种障碍和困难，不达到既定目标誓不罢休的那种坚定的信念、充沛的精力和百折不挠的行动。简言之，坚忍性就是对行动目的的坚持性，就是在目的实现之前始终不屈不挠英勇奋斗的顽强性。

人们经常在做了90%的工作后，放弃了最后可以让他们成功的10%，这不但输掉了开始时的投资，更丧失了经由最后的努力而发现宝藏的喜悦。

人们一生中的许多时间，常在跨过乏味与喜悦、挣扎与成功的重要关卡之前就放弃了。

有一天，老师问学生：爱迪生是谁？所有同学齐声说：爱迪生是伟大的发明家。老师又问：米勒是谁？没有人知道米勒是谁。老师说，当爱迪生决定做灯丝的时候，他遇到很大困难，没有一种能够燃烧很长时间、又很便宜的材料。但爱迪生一定要得到，他相信自己一定能得到。但上天似乎有意为难，一次试验，两次试验；十次试验，二十次试验；一百次试验，二百次试验。一次次试验，一次次失败。但他没有放弃，一直坚持，实验做了几年时间，第 17776 次试验，他还是没有成功，但他没有放弃。第 17777 次，他终于获得成功。

爱迪生表现出只要你不放弃，没有人会使你放弃的成功者作风。今天当人们在黑夜中看到光明的时候，人们非常尊敬这位当代的普罗米修斯。米勒是与爱迪生同时代的人，当初也有一个梦想，但在实现梦想的过程中，遭遇困难、挫折，他选择放弃。结果正如他选择的，他没有取得任何成就。今天，没有人知道米勒是谁，因为，没有人会记住一个失败的人。

人们拥有不同程度的毅力。我们可以通过一些方法来分析一下自己的毅力。

通过下面几个问题，你会发现自己毅力上的弱点和造成这些弱点的潜意识原因。如果你真的希望了解你自己以及你的能力，你就必须勇敢地反省、检讨。所有想拥有财富的人，都必须克服这些弱点。这些弱点由以下一些方面组成：

（1）不知道以及不能明确说出自己所希望的是什么。

（2）有原因或无端的拖沓（通常会用许多借口与理由来掩饰）。

（3）对于获取专业知识不感兴趣。

（4）犹豫不决，在所有场合都推诿责任（会有一大堆借口），不敢正视问题。

（5）不能制定明确的计划去解决各种问题。

（6）自我满足。

（7）冷淡。这种弱点一般表现为对所有的事都只求妥协，而不想抗争。

（8）将自己的错误归咎于别人，并甘于在不利环境中生活。

（9）缺乏强烈的欲望。这是因为没有选择可以刺激行动。

（10）有欲望，但一遇挫折就打退堂鼓。

（11）缺乏完善的有组织的计划，不能将其写到书面上加以分析。

（12）不能当机立断抓住机会，以便采取行动。

（13）以祈求代替意愿，却不知行动。

（14）安于贫困的心态，没有获取成就的雄心。

（15）试图寻找发财的捷径，想不用努力便得到钱财，有一种赌徒心理。

（16）怕人批评。不愿制定计划并将计划实行，怕别人给予批评。怕人批评的原因往往隐藏在潜意识中，说到底这是一种弱者的自卑。

毅力可以通过培养而获得强化。

首先，我们要做到比平常人多勇敢五分钟。

当困难看起来难以克服时，这正是考验一个人毅力的时候，也是跨上新台阶的时候。生活中，很多失败不是因为没有知识与才能，而是因为在困难面前轻易放弃。成功并不遥远，只是耐性差了一点。

成功者仅仅只是比别人多忍耐了几分钟。"英雄并不在于他们比别人更勇敢，而是他们比别人多勇敢五分钟"。

其次，毅力的养成可以通过自我激励。

毅力是后天培养的，它只有通过实际生活的磨炼才能提高。人要不断摔打，在摔打中能力才会增强。不经历风雨，怎能见彩虹。成功者不害怕困难，而是积极面对困难，因为他们知道这是提高自己的机会。他们像海燕那样高呼："让暴风雨来得更猛烈一些。"

在迈向成功的过程中，注定要遇到苦难、挫折，甚至失败，而作为普通人来讲，又不具备很坚强的毅力，所以其中的伤痛是可想而知的。正是这样，普通人的成功就更令人感动。

我希望普通人不要被苦难征服。你所遭遇的苦难，别人一定会遭遇，没有人能够随随便便成功，不要把自己看成最可怜的人。

每当你遇到困难要放弃时，你该问问自己：为什么别人能克服困难，而你不能？

难道你真的不堪一击？

难道你真的要向困难缴械投降？

难道你真的是无所作为的懦夫？

难道你真的要过一辈子平庸的日子？

难道你真的要陷进普通人的日子而不能自拔？

最后，我们可以通过下面四个简单的步骤来加强自己的毅力。这四个步骤是：

（1）在欲望的支配下建立明确的目标。

（2）制定完整的计划并付诸行动。

（3）摒弃一切否定的，沮丧的，影响心理的因素，如亲朋好友的消极反应。

（4）与鼓励你实现自己计划的人结成同盟。

凡是用这四个步骤去克服困难的人，都会获得报酬。一个人努力地向世界索取自己所要求的价值，乃是他作为人的特权。

坚忍战胜一切

在西班牙，斗牛之前，小公牛要在斗牛场里接受考验。每一头被带进场的牛，得攻击一名用长矛刺它的骑马斗牛士。每一头牛的勇敢程度，就按照它不顾刺伤，勇往直前冲锋的次数，定出高低。我们也要承认，生命每天都在接受类似的考验。如果坚忍不拔，不断尝试，继续向前，就会成功致富。

我们并不是在失败中来到这个世界上的，血管里也没有失败的血液在流动。我们不是一只等待牧人来戳刺的绵羊，而是一头猛狮，不能和绵羊在一起谈话、在一起走路、在一起睡觉。我们不想听哭泣者的哭泣，抱怨者的抱怨。因为，那些都是有传染性的疾病。让他们加入羊群吧！失败的屠宰场不是命运的归宿，致富的康庄大道才是我们的前途。

生命的评价是在每一次旅程的终点，而不在起点的附近，但我们不知道要走多少步才能实现致富的目标。虽然可能在第一千步的地方遭遇失败，但成功就隐藏在失败的后面。我们不知道它有多远，除非我们迈过它。如果一步没有用，我们就再迈一步。实际上，一次一步不会太困难。

坚持到最后者必能成功，不懈努力者才能创富。

坚忍是解决一切困难的钥匙。试问诸事百业，有哪一种不经坚忍的努力而获成功呢？

有无数因坚忍而成功的事实。坚忍可以使柔弱的女子们养活她们的全家；使穷苦的孩子，努力奋斗，最终找到生活的出路；使一些残疾人，也能够靠着自己的辛劳，养活他们年老体弱的父母。除此之外，如山洞的开凿、桥梁的建筑、铁道的铺设，没有哪一样不是靠着人的坚忍而成功的。

在世界上，没有别的东西可以替代坚忍。教育不能替代，父辈的遗产和有势者的垂青也不能替代，而命运则更不能替代。

秉性坚忍，是成大事立大业者的特征。这些人获得巨大的事业成就，也许没有其他卓越品质的辅助，但肯定少不掉坚忍的特性。从事苦力者不厌恶劳动，终日劳碌者不觉疲倦，生活困难者不感到志气沮丧，原因都是由于这些人具有坚忍的品质。

依靠坚忍为资本而终获成功的人，比以金钱为资本而获得成功的人要多得多。人类历史上成功者的事例说明：坚忍是克服贫穷的最好药方。

已过世的克雷夫人说过："美国人成功的诀窍，就是不怕失败。他们在事业上竭尽全力，毫不顾及失败，即使失败也会卷土重来，他们会立下比以前更坚忍的决心，努力奋斗直至成功。"

有这样一种人，他们不论做什么都全力以赴，总是有着明确而必须达到的目标，在每次失败时，他们能够站起来，然后下更大的决心向前迈进。他们从不知道屈服，从不知道什么是"最后的失败"，在他们的词汇里面，也找不到"不能"和"不可能"，任何困难、阻碍都不足以使他跌倒，任何灾祸、不幸都不足以使他灰心。

坚忍勇敢，是伟大人物的特征。没有坚忍勇敢品质的人，不敢抓住机会，不敢冒险，一遇困难，便会自动退缩，一获小小成就，便感到满足。

历史上许多伟大的成功者，都是由于坚忍而造就的。发明家在埋头研究的时候，是何等的艰苦，一旦成功，又是何等愉快。世界上一切伟大事业，都在坚忍勇敢者的掌握之中，当别人放弃时，他们仍然坚定地去做。真正有着坚强毅力的人，做事时总是埋头苦干，直到成功。

有许多人做事有始无终，在开始做事时充满热忱，但因缺乏坚忍与毅力，不等做完便半途而废。任何事情往往都是开头容易而完成难，所以要估计一个人才能的高下，不能看到他所做事情的多少，而要看他最终完成的成就有多少。例如，在赛跑中，裁判并不计算选手在跑道上出发时怎样快，而是计算跑到终点的时间。

要考察一个人做事成功与否，要看他有无恒心，能否善始善终。持之以恒是人人应有的美德，也是完成工作的要素。一些人和别人合作完成一件事时，起先共同努力，可是到了中途便感到困难，于是多数人就停止合作了，只有少数人，还在勉强维持。可是这少数人如果没有坚强的毅力，工作中再遇到阻力与障碍，势必也随着那放弃的大多数人，同归失败。

有人在向其从事商业的朋友推荐店员时，举出了某人的许多优点，那位商人问道："他能保持这些优点吗？"这实在是最关键的问题。首先是，有没有优点？然后是，有了优点能否保持？遇到失败，能否坚持不懈？所以，具有坚忍勇毅的精神是最宝贵的，具有这种精神才能克服一切艰苦困难，获得成功。

永不放弃，直到成功

永不屈服、百折不挠的精神是获得成功的基础。许多青年人的失败都可以归咎于恒心的缺乏。很多青年颇有才学，也具备成就事业的能力，但他们的致命弱点是缺乏恒心，没有忍耐力。所以，终其一生，只能从事一些平庸安稳的工作。他们往往一遭遇微不足道的困难与阻力，就立刻往后退缩、裹足不前，这样的人怎么可能成功呢？如果你想获得成功，就必须为自己赢得美好的声誉，让你周围的人都知道：一件事到了你的手里，就一定会做成。

一旦你具备意志坚定、富有忍耐力、头脑机智、做事敏捷的良好名声后，无论在哪里，你都能找到一个适合你的好职位。与之相反，如果你自己都看不起自己，只知糊里糊涂地生活，一味依赖别人，那么你迟早有一天会被人踢到一边。

恒心称得上是世间的最有价值的美德，只要凭着恒心，就能使个人的生命力量发挥得淋漓尽致。

因为有了恒心与忍耐力，才有了埃及平原上宏伟的金字塔，才有了耶路撒冷巍峨的庙宇；因为有了恒心与忍耐力，人们才登上了气候恶劣、云雾缭绕阿尔卑斯山，在宽阔无边的大西洋上开辟了通道；正是因为有了恒心与忍耐力，人类才夷平了新大陆的各种障碍，建立起了人类居住的共同体。恒心与忍耐力让天才在大理石上刻下了精美的创作，在画布上留下了大自然恢弘的缩影。恒心与忍耐力创造了纺锤，发明了飞梭；恒心与忍耐力使汽车变成了人类胯下的战马，装载着货物翻山越岭，在天南地北往来穿梭；恒心与忍耐力让白帆撒满了海面，使海洋向无数民族开放，每一片水域都有了水手的身影，第一座荒岛有了探险者的足迹。恒心与忍耐力还把大自然的研究分成了许多学科，探索自然的法则，预言其景象的变化，丈量没有开垦的土地。

滴水可以穿石，锯绳可以断木。如果三心二意，哪怕是天才，终有疲惫厌倦之时。只有仰仗恒心，点滴积累，才能看到成功之日。

天才的力量总比不上勤奋工作含辛茹苦的力量。才华固然是我们所渴望的，但恒心与忍耐力才能让我们获得成功。

雨点能洗掉一座山，蚂蚁能吞掉一头大象，星星能照亮大地，奴隶能建造金字塔。我们要一次用一块砖头，建造自己的高楼。因为，我们知道小的尝试只要不断地反复去做，就可完成大事业。

我们绝不考虑失败。要将暂停、不能、没有办法、不可能、有问题、未必、失败、不能用、没希望以及撤退等字眼和词句，从心中删除。我们要避免绝望，我们要朝着目标昂首阔步，勇往直前。因为，干涸的沙漠尽头，就是绿洲甘草。

每一次我们听到反对的声音，就使我们更接近赞成。每一次见到皱眉，就是为我们准备未来的微笑。每一次遭遇的灾祸，其中就带有明日好运的种子。每一次我们为失败投入一美分，就意味着成功时将换回一美元。

我们要尝试、再尝试。我们要把每一次阻碍当作迈向目标路上的一次绕道，对创富努力的一次挑战。

我们要学习和应用别人在创富路上胜过我们的那些诀窍。当每天日落的时候，不管这天是成功还是失败，要再去推销一次。当疲惫的身体想回来的时候，我们要忍受疲劳，再去试一次，直到努力尝试到胜利时才罢休。如果这次失败了，我们就再来一次。绝不允许任何一天以失败收场。我们要植下明日成功的种子，要得到那些停止的人在一定时间内难以获得的优势。当别人停止奋斗的时候，我们还在奋斗，收获就会更丰富。

不要因为昨天的成功产生今天的满足。我们要忘掉过去发生的事情，不管它们是好的，还是坏的。要以信心迎接新的太阳，这是我们生命中最美好的一天。

只要我们一息尚存，就会坚持下去。如果我们坚持得足够长久，就会获得胜利。

没有冒险就没有成功

如果你想发财，就必须有勇气，不怕失败。所谓勇气，是一种冒险的心理特质，是一种不屈不挠对抗危险、恐惧或困难的精神。许多人无法成功，是因为他们心中存有许多障碍。事实上，成功创富只不过是一种心智游戏。

如果一个经营者不敢冒风险，那他的经营只能故步自封、原地踏步。当然，这种冒险也不是盲目的。盲目的冒险，会把你带到万劫不复的深渊。我们这里所说的冒险，是一种睿智的表现，是眼光长远的一种表现，所谓放长线钓大鱼，就是这个道理。

犹太人哈里斯在新泽西开了一家百货店。照常规，一般生意人都喜欢垄断经营，生怕旁家的店抢了自己的生意。哈里斯却一反常态，别出心裁地将市内一家声名远扬的咖喱饭店请进自己新建的百货店里来经营，并且请他们把咖喱饭的售价降低四成，这四成的差价由哈里斯的百货店补偿。

这不是"引狼入室"的赔本买卖吗？百货店的董事和员工们大为着急，认为老板哈里斯一定是受了蛊惑，因此，纷纷起来反对，请求他撤销决定。哈里斯一挥手，笑眯眯地说："你们不必着急，且等着看好戏吧！"

果然，物美价廉的咖喱饭店一开张，很快就引来了许多市民的热情光顾，消息传得沸沸扬扬："哈里斯的百货店里有好吃的咖喱饭，不仅味道美，价钱还差不多便宜了一半呢！快去尝尝吧！"于是，顾客冲着这份既好吃又便宜的咖喱饭，从四面八方蜂拥而来，哈里斯的百货店每天挤得人山人海，热闹之极。

因此，百货店生意自然也跟着水涨船高，营业额一下子翻了六倍多。相比之下，他补给咖喱饭店的那一点差价就显得微不足道了。

初看是"引狼入室"，实则是"狐假虎威"！哈里斯的这种"借"，是借人气，借他人的口碑来为其宣传，这就是我们常说的口碑效应，有了好的口碑，就不愁你的产品卖不出去。

卡赫利法是巴林一名犹太裔商人，他开始执掌商业权柄时，曾经显赫的家族已经分崩离析，产业也凋零殆尽。他真是"受命于危难之际"。

显然，无论从资金上还是政治、社会地位上，他都难再沾家族的光了。铁的现实将他"逼上梁山"，他只能走创新之路。

当时，沙特阿拉伯的驻军需要大量外地食品，卡赫利法贷款在沙特西部的吉达港从事食品进口，这些食品从埃及购进之后转卖给军方。这一商业项目，在当时无人去做，一片肥美的处女地，被卡赫利法捷足先登了。

当卡赫利法再返回中东时，已有所积蓄，羽翼初成，他雄心勃勃，准备起飞了。

不安分守己的性格，是卡赫利法成功的重要因素。他对传统商业项目不感兴趣，总喜欢冒险开创新兴项目。

阿拉伯半岛是个蒸笼般炎热的地方，卡赫利法认为这个地方发展冷冻食品大有可为，于是，他在美孚石油公司所在地的旁边，开办了中东第一家冷冻食品店，出售冷饮和袋装食品。自然，生意是火暴的，因为它是独一无二的。

出售冷饮和速冻袋装食品，起初是美孚石油公司旁唯一的一家，渐渐地步其后尘者多了起来，消费者也迷上了这类食品。当阿拉伯冷冻食品市场初步形成时，卡赫利法已发展壮大，独占鳌头。

宋诗"诗家清景在新春，绿柳才黄半未匀，若待上林花似锦，出门俱是看花人"，以此喻商事，也是很恰当的。

当冷冻食品市场的争斗成了一锅粥时，卡赫利法急流勇退，弃旧图新，果断跳出冷冻食品市场，避免在这块战场折将损兵，耗费精力，而是养精蓄锐，开辟新战场。

经过细致的可行性调查论证，卡赫利法向美孚公司的地方工业发展部贷款，开办了一家渔业公司，进行海鲜贸易。

5年的辛苦经营，卡赫利法已成为海湾地区的头号"渔翁"。1968年，卡赫利法在渔业方面的阵容和实力已是海外闻名了，当时，他拥有16条拖网渔船，渔业年产值高达500万美元，绝大多数海鲜打着"渔帆"商标出口美国。

渔业的巨额利润，又吸引了不少追赶"财神爷"的人。科威特、伊朗、巴林等国家和地区的商人纷纷嗅到鱼腥，都想大吃一口。但波斯湾的鱼虾不会随着捕捞规模迅速扩展而增加，反而锐减。

卡赫利法这时果断地鸣金收兵。众多渔业公司在昙花一现的高潮之后纷纷破产。卡赫利法又将魔头指向了建材业。

1970年之后，沙特房地产业迅速发展，卡赫利法集中精力生产混凝土砖块，这种砖块成为热销货，供不应求。

卡赫利法似乎在牵着财神爷的鼻子走，他走到哪里，财神爷就跟到哪里。卡赫利法是个喜欢挑战新事业的人，越喜欢冒险的人，获得高收益的几率就越大，而获利颇丰后，他冒险的神经就越发活跃。

对大多数人而言，自行创业是要担很大风险的，而且不仅仅是财力物力上的风险，更多时候是一种精神上的考验。敢于冒险的人，就要大胆地去挑战自己，果断地做出决定。洛克菲勒的成功，就是一个最好的证明。

约翰·洛克菲勒在19岁时，与人合开了一家公司，经营谷物和牧草，他们所有的资金加起来只有4000美元。但公司开业不久，农田便遭到了霜害，作物几乎颗粒无收。许多同业的公司已纷纷倒闭，洛克菲勒的公司面临着无生意可做的困境。此时，有不少的农民找上门来，要求用来年的谷物收入作抵押，付给他们定金。洛克菲勒认为，这对公司来说是一个难得的发财机会，于是马上做出决定，答应农民们提出的要求。

然而他全部的家当只有 4000 美元，要支付大笔的定金，钱从哪儿来呢？当地有一位银行总裁，名叫汉迪，与洛克菲勒都是虔诚的教徒，平日双方有一定的接触和了解，洛克菲勒于是决定向汉迪求助。

他向汉迪开诚布公地说明了情况，得到了这位银行家的同情和支持。汉迪生平头一遭在对方没有任何抵押品的情况下，凭着对朋友的信任，以"圣父、圣主、圣灵"的名义，向洛克菲勒贷出了 2000 美元。

有了这笔贷款，洛克菲勒顺利地实施了自己的计划，他们第一年的营业额就达到了 45 万美元，获利 4000 美元，而洛克菲勒本人也由公司的二把手，一跃而为坐第一把交椅的人物。

美国只有少数人是富豪，因为只有 18％的家庭中有自己开公司的老板或专业人士。美国是自由企业经济的中心，为什么只有这么少的人敢自行创业？许多努力工作的中层经理，他们都很聪明，也接受过很好的教育，但他们为什么不自行创业，为什么不去找一个根据工作业绩发薪水的工作呢？

这是因为他们害怕风险。但是，从某种意义上说，风险愈大，机会愈大。

由贫穷走向富裕需要的是把握机会，而机会是平等地铺在人们面前的一条通道。具有过度安稳心理的人常常会失掉一次次发财的机会，机会稍纵即逝，过度的谨慎就会失去它。

也许你听过这个笑话：有天晚上，机会来敲我的门，当我赶忙关上报警器，打开保险锁，拉开防盗门，它已经走了。

这个故事的寓意是，如果你活得过于仔细，你就可能错失良机。

在我们身边，许多富有人士，并不一定比你会做，重要的是他比你敢做。哈默就是这样一个人。

1956 年，58 岁的哈默购买了西方石油公司，开始做石油生意。石油是最能赚钱的行业，也正因为最能赚钱，所以竞争尤为激烈。初涉石油领域的哈默要建立起自己的石油王国，无疑面临着极大的竞争风险。

首先碰到的是油源问题。1960 年石油产量占美国总产量 38％的得克萨斯州，已被几家大石油公司垄断，哈默无法插手；沙特阿拉伯是美国埃克森石油公司的天下，哈默难以染指……如何解决油源问题呢？

1960 年，当花费了 1000 万勘探基金而毫无结果时，哈默再一次冒险地接受一位青年地质学家的建议：旧金山以东一片被行士古石油公司放弃的地区，可能蕴藏着丰富的天然气，并建议哈默的西方石油公司把它租下来。

哈默千方百计筹集了一大笔钱，投入了这一冒险的投资。

当钻到 860 英尺（262 米）深时，终于钻出了加利福尼亚州的第二大天然气田，估计价值在 2 亿美元以上。

哈默成功的事实告诉我们：风险和利润的大小是成正比的，巨大的风险能带来巨大的效益。

要想成功就必须具备坚强的毅力，以及拼着失败也要试试看的勇气和胆略。

当然，冒风险也并非铤而走险，敢冒风险的勇气和胆略是建立在对客观现实的科学分析基础之上的。顺应客观规律，加上主观努力，力争从风险中获得效益，是成功者必备的心理素质。这就是人们常说的胆识结合。